U0298887

本书编委会

主　编：刘　岩　孙典荣　虞　为

副主编：单斌斌　杨长平　纪东平

编　委：邱永松　马胜伟　吴洽儿　邹建伟　刘蔓婷

谢啟健　赵　雨　张公俊　赵　旺

前言 · *Preface*

《南海鱼类图鉴及条形码》（第一册）介绍了200种南海鱼类。书籍出版后，有幸获得了许多同行宝贵的建议和帮助，同时也得到许多读者的赞赏与鼓励，这也是我们继续编著《南海鱼类图鉴及条形码》（第二册）的动力。

本书继续记述了199种南海海洋鱼类，隶属于2纲、20目。不同于第一册罗列了较多经济鱼类，本书包含了许多珊瑚礁鱼类以及非常见种类，部分种类的学名存在争议。为此，在通过形态特征与DNA条形码技术对样品进行准确的鉴定后，编者依据2017年出版的《拉汉世界鱼类系统名典》记述了本书鱼类的中文名与拉丁学名。

南海鱼类种类繁多，但鱼类多样性持续衰退，许多种类或许仅可见于鱼类书籍，样品收集工作任重而道远。虽无法囊括南海所有海洋鱼类，但尽可能记录下这些逐渐消失的种类，仍值得编者们继续努力。

本书得到中国水产科学研究院南海水产研究所中央级公益性科研院所基本科研业务费专项项目（2021SD14）、广东省科技计划项目（2019B121201001）以及“南海生物多样性、生物种质资源库和信息数据库建设”项目的共同资助。

编　者

2021年6月

南海鱼类图鉴及条形码（第二册）

NANHAI YULEI TUJIAN JI TIAOXINGMA

目录 · *Contents*

软骨鱼纲

CHONDRICHTHYES

银鲛目 CHIMAERIFORMES

黑线银鲛
Chimaera phantasma

中 文 名： 黑线银鲛
学　　名： *Chimaera phantasma* Jordan & Snyder，1900
英 文 名： Silver chimaera
别　　名： 黑翅沙，鼠鱼，银鲛
分　　类： 银鲛科 Chimaeridae，银鲛属 *Chimaera*
鉴定依据： 台湾鱼类资料库；中国海洋鱼类，上卷，p20

形态特征： 体侧扁而延长，向后渐细小。头高而侧扁，约为全长的1/8，头宽约为头高的1/2。雄性的眼前上方具一柄状且弯曲的额鳍脚，但鳍脚可竖直，前端具一群小棘。吻短高而圆钝。眼大，上侧位。侧线呈波纹纵走。口横裂；上颌前齿板喙状，侧齿宽大呈三角形；下颌齿宽大，边缘凹入。背鳍2个，以一低膜相连。第一背鳍具一扁长硬棘，硬棘后缘上部锯齿状，下部具一浅沟，前缘则锋利；第二背鳍低平延长，与尾鳍上叶间以一缺刻分隔。臀鳍低平，后端尖突，与尾鳍下叶间以一缺刻分隔。腹鳍中大，雄性腹鳍内侧具三叉形的生殖鳍脚，腹鳍前方另具一圆扁形的前生殖鳍脚，内缘具8个锯齿。胸鳍宽大。尾鳍细长，上叶鳍高约为第二背鳍后部鳍高的1/2。体银白色，头的上部、第一至第二背鳍上部及背侧上部暗褐色；侧线黑褐色，侧线下方胸鳍、腹鳍间有黑色纵带。尾呈鞭状。全长可达1m。

分布范围：中国东海、黄海、台湾东部及东北部外海；西太平洋，以及日本北海道岛以南海域、朝鲜半岛西南部海域。

生态习性：冷温性较深水分布种，栖息水深90 ~ 500m。冬季向近海洄游。卵生，卵壳大而呈纺锤形。主要以小型底栖动物为食。

线粒体DNA COI片段序列：

CCTTTATCTCCTCTTTGGTGCTTGAGCGGGGATAGTAGGAACTGCCCTCAGTTTATTA
ATCCGAGCGGAATTAAACCAGCCCGGTGCACTAATAGGAGACGACCAAATCTACAAT
GTTGTTGTTACTGCCCACGCTTTTGTAATAATTTTCTTCATAGTAATACCTATCATGAT
CGGGGGCTTTGGAAACTGATTAGTTCCCCTAATAATTGGAGCACCCGACATGGCCTT
CCCCCGTATAAATAATATAAGTTTCTGACTCCTTCCCCCCTCTTTCCTACTACTTCTAG
CCTCAGCAGGAGTAGAAGCAGGCGCTGGCACCGGATGGACCGTTTACCCCCCTCTA
GCAGGCAATTTAGCACATGCTGGAGCATCCGTAGACCTAACCATCTTCTCCCTGCAC
TTAGCTGGTATCTCTTCTATCCTTGCCTCCATCAACTTTATTACAACCATTATTAACATA
AAACCCCCATCAATCACCCAATACCAAACACCTTTATTCGTGTGATCTATCTTAATTA
CCACCATCCTTCTATTACTATCTTTACCCGTTTTAGCCGCCGGCATTACAATATTACTC
ACAGACCGCAACCTAAACACCACATTCTTTGATCCCGCAGGAGGAGGAGACCCTAT
CTTATACCAACACTTATTC

线粒体DNA 12S片段序列：

CACCGCGGTTATACGAGTGGCCCAAATTAATGAGACAACGGCGTAAAGAGTGTATAAG
AAAAACCTTCCCCTATTAAAGATAAAATAGTGCCTAACTGTTATACGTACCCGCACTAA
TGAAAACCATTACAAAAGGAACTTTATTAAAATCAAGGCCTCTTAAAACACGATAGCT
AAAAAA

真鲨目 | CARCHARHINIFORMES

梅花鲨
Halaelurus buergeri

中 文 名：梅花鲨
学 名：*Halaelurus buergeri*（Müller & Henle，1838）
英 文 名：Blackspotted catshark
别 名：沙条，豹鲛，红狗鲨，软狗鲨
分 类：猫鲨科Scyliorhinidae，梅花鲨属*Halaelurus*
鉴定依据：台湾鱼类资料库；中国海洋鱼类，上卷，p53

形态特征：体修长，近似圆柱形或稍纵扁。头短而宽扁；尾部细长侧扁。吻短，小于口宽的1/2。眼大，椭圆形，下眼睑上部分化成瞬褶。鼻孔斜列，位于口前，前鼻瓣近似三角形，与上颌有一短距离，无鼻须；无口鼻沟。口宽大，亚弧形；上、下唇褶短，见于口隅；齿细小，3 ~ 5齿尖头形，多行使用。喷水孔小，半月形，位于眼后。盾鳞细如绒毛，3棘突1脊突。背鳍2个，小型，形状略同，皆上角圆钝，下角钝尖，但不突出，第一背鳍略大；第一背鳍起点与腹鳍基底后部相对。臀鳍比第二背鳍小，后端微凹，后角微凸。腹鳍大于背鳍。胸鳍宽而圆。尾鳍略小，上缘不具2纵行锯齿状大鳞，上叶发达；尾鳍下叶前部微突出，与中部连合，中部与后部间有一缺刻，后部与上叶相连呈圆形。体淡褐色，体侧具暗色横带及黑色斑点，三五成群夹杂，似梅花状排列；各鳍也具黑色斑点。

分布范围：中国东海、黄海南部、南海、台湾海域；日本九州岛西岸海域、朝鲜半岛西南海域、印度尼西亚近海。

生态习性：栖息于大陆棚斜坡的底栖性鱼类。卵生，在子宫中有数卵囊，胎儿在卵囊中发育至早期产出，为卵生和卵胎生之间的中间类型。

线粒体DNA COI片段序列：

CCTATACTTGATTTTTGGTGCATGAGCAGGAATAGTGGGAATAGCTCTAAGTTTATTAATTCGA
GCGGAACTTGGACAACCTGGTTCACTTTTAGGTGATGATCAGATTTATAATGTGATCGTAACT
GCCCATGCCTTCGTAATAATTTTTTTCATAGTCATACCTGTAATAATTGGAGGTTTCGGTAATTG
ACTTGTTCCATTAATAATTGGCGCACCAGATATAGCCTTCCCTCGAATAAATAATATAAGCTTC
TGACTTCTTCCGCCTTCTTTCTTATTACTCCTAGCTTCCGCAGGAGTTGAAGCAGGGGCTGGA
ACAGGATGAACAGTTTATCCACCATTAGCAAGTAACTTAGCACATGCAGGACCATCTGTTGAT
TTAGCTATCTTCTCCCTTCATTTAGCTGGTATTTCTTCAATTTTAGCATCAATTAATTTTATTACA
ACTATTATTAATATAAAACCCCCAGCCATTTCTCAGTATCAAACCCCACTATTTGTTTGATCTAT
TCTTATTACCACCGTCCTCCTACTTCTTGCACTCCCAGTGCTGGCGGCCGGAATTACAATATTA
TTAACTGACCGAAACCTCAATACCACATTCTTTGACCCTGCGGGTGGAGGTGACCCAATCCT
CTATCAACACCTGTTT

线粒体DNA 12S片段序列：

CACCGCGGTTATACGAGTAACTCACATTAATACACTTACGGCGTAAAGTGTGGTTTAAGA
TTTTAATTTTTTTAAAAATTAAAATTGAAATCCCATCAGGCTGTTATACGCATCTATGGGT
CGAAAAAATAACAACGAAAGTGATTTTATTTCAAAAAAATATCTTGATGCCACGATAGTT
AAATCC

沙捞越绒毛鲨
Cephaloscyllium sarawakensis

中文名：沙捞越绒毛鲨
学名：*Cephaloscyllium sarawakensis* Yano & Gambang, 2005
英文名：Blotchy swell shark
别名：沙条，污斑头鲛，沙鲦
分类：猫鲨科Scyliorhinidae，绒毛鲨属*Cephaloscyllium*
鉴定依据：NAKAYA K, INOUE S, HO H C. A review of the genus *Cephaloscyllium* (Chondrichthyes: Carcharhiniformes: Scyliorhinidae) from Taiwanese waters[J]. Zootaxa, 2013, 3752(1): 101-129.

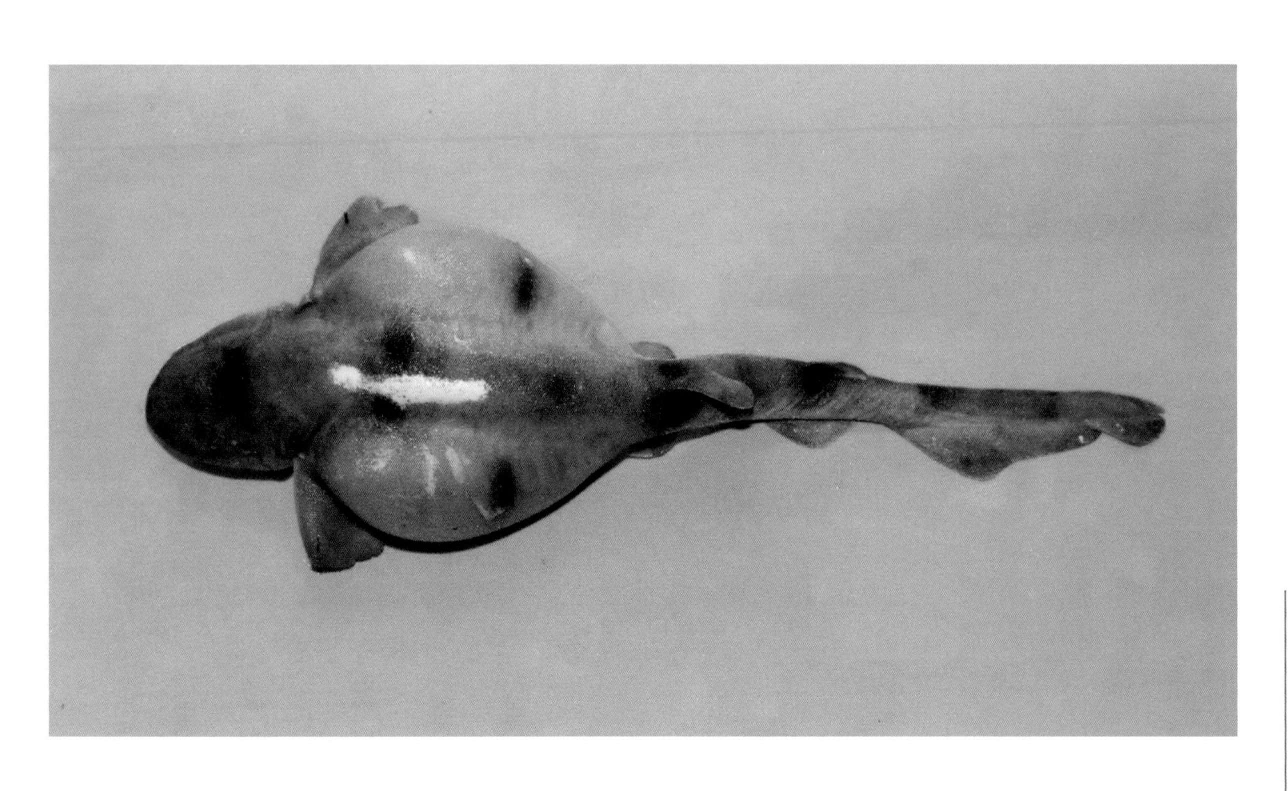

形态特征：以往的南海鱼类分类书籍认为，南海区仅存网纹绒毛鲨（*C. fasciatum*）和阴影绒毛鲨（*C. umbratile*）两种绒毛鲨，导致许多学者将本种鉴定为阴影绒毛鲨（*C. umbratile*）。实际上，这两种无论在形态还是分布上，均存在较大差异。本种体延长，粗壮如纺锤形，往尾端渐细长。头宽扁，前端钝圆。吻短，平扁而钝圆。眼端位，狭长而两头尖，下眼睑上部分化成瞬褶。

鼻孔斜列，近口部；前鼻瓣具三角形突出，往前延伸至口裂附近，无触须。口宽大，弧形，唇褶退化或消失；齿细小而多，多齿为尖头形。喷水孔狭小，椭圆形，位于眼后角下方。盾鳞细小如绒毛，盾鳞具3棘突3脊突。背鳍2个，第一背鳍较大，位于体腔后部，起点位于腹鳍基底中部上方；第二背鳍较小，起点稍后于臀鳍起点。体黄褐色，在成长过程中体侧斑纹变化大，成鱼第一背鳍前存在2 ~ 3个鞍状斑点，第一个斑点紧接眼部后方。性成熟时，体长约为400mm。

分布范围：本种仅见于中国南海；据联合国粮食及农业组织（FAO）报道，阴影绒毛鲨（*C. umbratile*）分布范围为西太平洋区，由日本至中国台湾海峡北部。

生态习性：栖息于近海沙泥底区。主要以硬骨鱼类为食，偶尔捕食其他小型鲨鱼或乌贼。能以吸水或吸气的方式，将自己的胃部膨胀。

线粒体DNA COI片段序列：

CCTATATTTGATCTTCGGTGCATGAGCAGGCATAGTTGGGACGGCTTTAAGTCTTCTA
TTCGAGCTGAATTAGGTCAACCAGGTTCACTCTTGGGGGATGATCAGATTTATAATGT
AATCGTAACTGCTCATGCCTTTGTAATAATTTTCTTTATAGTTATGCCTGTAATAATTGG
GGGCTTTGGAAATTGACTAGTACCCCTAATGATTGGCGCACCAGATATAGCTTTCCCT
CGGATAAATAATATAAGCTTTTGATTACTTCCACCCTCCTTCCTTCTTTTACTAGCCTCA
GCTGGGGTGGAGGCTGGAGCAGGAACGGGATGAACAGTCTATCCCCCATTAGCTGGT
AATATAGCTCATGCCGGAGCATCCGTTGATTTAACTATTTTTTCTCTTCACTTAGCTGG
TATTTCATCAATTCTAGCTTCAATTAATTTTATTACAACTATTATTAATATAAAACCCCCA
GCCGTGTCACAATACCAAACACCCTTATTTGTATGATCAATCCTAGTGACAACCGTTC
TTCTTCTTCTATCTCTCCCTGTCCTTGCAGCTGGAATTACAATGCTGTTGACAGATCGA
AATCTTAATACAACATTCTTTGACCCAGCAGGAGGGGGGGACCCCATTCTTTATCAAC
ACTTATTC

线粒体DNA 12S片段序列：

CACCGCGGTTATACGAGTAACTCATATTAATACTCCCCGGCGTAAAGTGTGATTTAAG
AATTATCTCCAAATAACTACAGTTATAACCTCATCAAGCTGTTATACGCATTCATGAGC
AGAATAATTAACAACGAAAGTGACTTTAAATTACCAGAAATCTTGATGTCACGACAGT
TCGGCCC

网纹绒毛鲨
Cephaloscyllium fasciatum

中 文 名：网纹绒毛鲨
学　　名：*Cephaloscyllium fasciatum* Chan，1966
英 文 名：Reticulated swellshark
别　　名：沙条，网纹头鲛
分　　类：猫鲨科 Scyliorhinidae，绒毛鲨属 *Cephaloscyllium*
鉴定依据：台湾鱼类资料库；中国海洋鱼类，上卷，p52

形态特征：体延长，粗壮如纺锤形，往尾端渐细长。头宽扁，前端钝圆。吻短，平扁而钝圆。眼端位，狭长而两头尖，下眼睑上部分化成瞬褶。鼻孔斜列，近口部；前鼻瓣具三角形带盖状突出，后缘具一深凹；无触须。口宽大，弧形，唇褶退化或消失；齿细小而多，三齿尖头形。喷水孔狭小，椭圆形，位于眼后角下方。盾鳞细小如绒毛，盾鳞具3棘突3脊突。背鳍2个，第一背鳍较大，位于体腔后部，起点位于腹鳍基底前部2/3的上方；第二背鳍较小，起点稍后于臀鳍起点。胸鳍宽大，呈圆钝形。臀鳍略小于第一背鳍，距尾鳍比距腹鳍近。尾鳍狭长，上叶发达；尾鳍下叶前部圆形突出，中部与后部间有一缺刻，后部三角形突出而与上叶相连。体浅灰褐色，体侧或体背具有许多由深褐色线纹构成的环状斑、中空的鞍状斑、网状斑及圆形斑，包括眼前上侧各具1个椭圆形环纹，眼中下部有1个三角形环纹，眼后缘左右联合成鞍状斑，第一背鳍前方背侧具4 ~ 5个鞍状斑，后方背侧有4 ~ 5个网状斑纹。此外，在鳃孔上方、体侧及各鳍皆有不规则的环状斑纹，并有一些暗色小斑点散布，头的腹侧及腹部则具浅色小斑；幼体背侧面有11个核状斑及网状纹，成鱼还有分散的浅色小斑点。

分布范围：中国南海；越南海域、澳大利亚海域、西太平洋暖水域。

生态习性：主要栖息于大陆棚外缘或大陆坡上缘较深水区的中层或近底层的水域。卵生。能以喝水或吸空气的方式，将自己的腹部膨胀，进而翻身上浮，借以诱捕猎物。主要以硬骨鱼类为食，偶尔捕食其他小型鲨鱼或乌贼。

线粒体DNA COI片段序列：

CCTATATTTAATCTTTGGTGCATGAGCAGGCATAGTTGGGACAGCTTTAAGTCTTCTAATCCGA
GCTGAGCTAGGACAACCAGGTTCACTCTTAGGTGATGATCAGATTTATAATGTAATTGTAACT
GCCCACGCCTTTGTAATAATCTTTTTCATGGTTATACCGGTAATAATTGGCGGGTTTGGAAACT
GACTAGTACCCTTAATGATCGGCGCACCAGATATAGCCTTCCCTCGGATAAATAACATAAGCT
TTTGACTACTTCCACCCTCCTTTCTTCTCCTACTAGCCTCAGCCGGGGTGGAAGCGGGGGCG
GGAACGGGATGAACAGTTTACCCCCCATTAGCTGGTAATATAGCCCATGCCGGAGCATCCGTT
GATTTAACTATCTTCTCTCTTCACTTAGCTGGTATTTCATCAATCTTAGCTTCAATTAATTTTATT

ACAACTATTATTAATATAAAACCCCCAGCCGTATCACAATACCAGACGCCCTTATTTGTATGGT
CAATTCTAGTAACTACTGTTCTTCTTCTTTTATCCCTCCCTGTTCTTGCAGCCGGGATTACAAT
GTTATTAACAGACCGAAACCTTAATACAACATTCTTTGACCCTGCGGGAGGGGGGACCCCA
TTCTTTATCAACACTTATTT

线粒体DNA 12S片段序列：

CACCGCGGTTATACGAGTAACTCACATTAACACTTCCCGGCGTAAAGTGTGATTTAAGAATAA
TCTTCAAAATAACTACAGTTATGATCTCATCAAGCTGTTATACGCACTCATGAACAGAATAATC
AACAACGAAAGTGACTTTAAATTACCAGAGATCTTGATGTCACGACAGTTGGGCCC

角鲨目 SQUALIFORMES

蒙式角鲨
Squalus montalbani

中 文 名：蒙式角鲨
学　　名：*Squalus montalbani* Whitley，1931
英 文 名：Indonesian greeneye spurdog
别　　名：蒙式棘鲛，棘沙，刺鲨
分　　类：角鲨科Squalidae，角鲨属*Squalus*
鉴定依据：LAST P R, WHITE W T, MOTOMURA H. Part 6 - Description of *Squalus chloroculus* sp. nov., a new spurdog from southern Australia, and the resurrection of *S. montalbani* Whitley[M]// LAST P R, WHITE W T, POGONOSKI J J. Descriptions of new dogfishes of the genus *Squalus* (Squaloidea:Squalidae). Hobart: CSIRO Marine and Atmospheric Research Paper 14, c2007: 55-69.

形态特征：体细而延长。头平扁。眼椭圆形，无瞬膜。鼻孔较小，近吻端。吻略呈三角形，吻宽为吻长的1.69 ~ 2.32倍。第一背鳍距吻端距离为全长的26.5% ~ 30.7%；尾鳍短宽；臀鳍消失。体背侧黑褐色，腹面淡白色。已报道的最大体长为111cm，最长寿命为28龄。

分布范围：中国台湾的暖温带到热带海域；菲律宾、印度尼西亚。

生态习性：主要生活于大陆架斜坡，属近底栖鱼类。

线粒体DNA COI片段序列：

CCTTTATTTAATCTTTGGTGCATGAGCAGGTATAGTAGGTACCGCCCTTAGCTTACTTA
TTCGAGCAGAATTAAGCCAACCTGGTTCTCTTCTAGGAGATGATCAAATCTATAATGT
TATCGTAACTGCTCACGCTTTTGTAATAATCTTTTTTATGGTGATGCCTGTAATAATTGG
TGGGTTCGGAAACTGATTAGTACCTTTAATGATTGGTGCACCAGACATAGCTTTTCCA
CGAATAAATAATATAAGCTTTTGATTATTGCCTCCCTCCCTCCTGTTACTTTTAGCCTCT
GCTGGTGTAGAAGCGGGAGCCGGAACCGGCTGAACAGTCTACCCCCCCCTCGCAGG
TAATATAGCTCATGCTGGAGCATCCGTAGACCTAGCCATCTTCTCACTCCATTTGGCTG
GTATTTCCTCAATTTTAGCCTCTATTAATTTTATTACAACTATTATTAACATAAAACCACC
TGCTATTTCTCAGTATCAAACACCACTCTTTGTTTGATCTATCCTTGTAACCACAGTTC
TTCTTCTTCTTTCTCTTCCTGTTCTCGCAGCCGCAATTACGATACTATTAACTGACCGT
AATTTAAACACAACATTTTTTGATCCTGCTGGAGGGGGGGACCCAATTCTTTATCAAC
ATTTATTC

线粒体DNA 12S片段序列：

CACCGCGGTTATACGAGTGACCCTTATTAATATTTTCCCGGCGTAAAGAGTGGTTTAAG
AAAATCTTAAACAACTAAAGTTAAGACCTCATCAAGCTGTTATACGCTCTCATGAAAAG
AATTATCAACAACGAAAGTGACTTTATAATAATAGAGACCTTGATGCCACGACAGTTGG
GCCC

长吻角鲨

Squalus mitsukurii

中 文 名：长吻角鲨

学　　名：*Squalus mitsukurii* Jordan & Snyder，1903

英 文 名：Greeneye spurdog

别　　名：棘沙，刺鲨

分　　类：角鲨科Squalidae，角鲨属*Squalus*

鉴定依据：中国海洋鱼类，上卷，p89

形态特征：体细而延长。吻长，前缘钝尖。口浅弧形，近于横裂。口前吻长可达口宽的1.5倍左右。鼻孔小，几乎横平，外侧位。前鼻瓣三角形突出，分叉。第一背鳍中等大，起点与胸鳍里缘中部相对，距吻端与距第二背鳍几乎相等。背鳍鳍棘短于背鳍上角，背鳍高小于基底长。背侧暗褐色，微带赤色；腹面白色。第一、第二背鳍上端、尾鳍下叶中部有黑边。胸鳍后缘色浅。最大体长约1m。

分布范围：中国黄海、东海、台湾海域、南海；朝鲜半岛海域、日本沿海、美国夏威夷群岛海域。

生态习性：为暖温带和热带海洋习见鲨类。栖息水深180 ~ 300m。卵胎生，每胎产4 ~ 9仔，初产仔长22 ~ 26cm。秋季繁殖，妊娠期约2年。摄食小鱼、头足类和甲壳动物。

线粒体DNA COI片段序列：

CCTTTATTTAATCTTTGGTGCATGAGCAGGAATAGTAGGTACCGCCCTTAGCTTACTTATTCGA
GCAGAATTAAGCCAACCTGGTTCTCTTCTGGGAGATGATCAAATCTATAATGTTATCGTAACT
GCTCACGCTTTTGTAATAATCTTTTTTATAGTGATGCCTGTAATAATCGGTGGGTTCGGAAACT
GATTAGTACCTTTAATGATTGGTGCACCAGACATAGCTTTTCCACGAATAAATAATATAAGCTT
TTGATTATTGCCTCCCTCCCTCCTGTTACTTCTAGCCTCTGCTGGTGTAGAGGCGGGAGCCGG
AACCGGCTGAACAGTCTACCCCCCTCTCGCAGGTAATATAGCTCATGCTGGAGCATCCGTAG
ACCTAGCCATCTTCTCACTTCATTTAGCTGGTATTTCCTCAATTTTAGCCTCTATTAATTTTATT
ACAACTATTATTAACATAAAACCACCTGCTATTTCTCAGTATCAAACACCACTCTTTGTTTGAT
CCATCCTTGTAACCACTGTTCTTCTTCTTCTTTCTCTTCCTGTTCTCGCAGCCGCAATTACGAT
ACTATTAACTGACCGTAATTTAAACACGACATTTTTTGATCCTGCTGGAGGGGGAGACCCAAT
TCTTTACCAACATTTATTC

线粒体DNA 12S片段序列：

CACCGCGGTTATACGAGTGACCCTTATTAATATTTTCCCGGCGTAAAGAGTGGTTTAAGAAAA
TCTTAAACAACTAAAGTTAAGACCTCATCAAGCCGTTATACGCTCTCATGAAAAGAATTATCA
ACAACGAAAGTGACTTTATAATAATAGAGACCTTGATGCCACGACAGTTGGGCCC

拟背斑扁鲨
Squatina tergocellatoides

中 文 名： 拟背斑扁鲨
学　　名： *Squatina tergocellatoides* Chen，1963
英 文 名： Ocellated angel shark
别　　名： 拟背斑琵琶鲛，扁沙
分　　类： 扁鲨科Squatinidae，扁鲨属*Squatina*
鉴定依据： 台湾鱼类资料库；中国海洋鱼类，上卷，p101

形态特征： 体较平扁。头宽大于头长。内鼻孔须末端分支，内、外鼻须间的鼻孔边缘具短须。头侧具2 ~ 3叶三角形皮褶。两背鳍小，第一背鳍起点与腹鳍后缘相对。胸鳍较窄长，外角呈钝角。尾鳍三角形，后缘凹入。尾柄纵扁。体淡黄褐色，具3对眼状斑。体背部红棕色，布满金黄色小斑点，胸鳍基部、腹鳍末端及背鳍两侧具有1对大黑斑，两背鳍前方基部有一大黑斑。

分布范围： 中国南海与台湾海域。

生态习性： 底栖性，推测应该在浅水域不超过200m。栖息水深大于100m。

线粒体DNA COI片段序列：

CCTTTACTTGATCTTTGGTGCATGAGCAGGAATAGTAGGTACCGCCCTTAGTCTACTTATCCG
AGCAGAATTAAGCCAGCCCGGAACACTCCTTGGGGACGATCAAATTTACAATGTAATCGTCA
CTGCCCACGCTTTAGTAATAATCTTTTTTATAGTAATACCAATTATGATCGGAGGGTTTGGAAA
CTGATTAGTCCCCTTAATAATTGGCGCACCAGACATAGCTTTCCCACGAATAAATAATATAAGT

TTTTGACTTTTACCTCCTTCCCTACTTTTACTACTCGCCTCAGCCGGAGTTGAAGCAGGGGCC
GGCACTGGTTGAACAGTTTACCCTCCTCTTGCAGGAAATTTAGCCCACGCCGGAGCATCTGT
AGATTTAGCAATTTTTTCCTTACATTTAGCTGGCATCTCTTCAATCCTAGCCTCTATTAACTTCA
TTACAACCATTATTAATATAAAACCCCCAGCTATTTCTCAGTATCAAACACCACTCTTTGTGTG
GTCAATCCTTGTAACTACTATTCTTCTCCTCCTTTCCCTCCCAGTCCTCGCAGCTGCAATCACA
ATACTGTTAACCGACCGAAACCTTAACACAACATTTTTTGACCCTGCAGGAGGTGGGGATCC
AATCCTTTATCAACACTTATTT

线粒体DNA 12S片段序列：
CACCGCGGTTATACGAGTAACCCAAATTAATACTTACCCGGCGTAAAGGGTGGTTATAGGAA
AAATCTATAACAACTAAAGTTAAGACCTCATCAAGCTGTTATACGCACCCATGATTGGAGACA
TCAACAACGAAAGTGACTTTAATAACATTAGAAACCTTGATTCCACGACGGTTGGGCCC

鲼目 MYLIOBATIFORMES

齐氏窄尾魟
Himantura gerrardi

中 文 名：齐氏窄尾魟
学　　名：*Himantura gerrardi*（Gray，1851）
英 文 名：Banded stingray，Bluntnose whiptail ray
别　　名：魴仔，花魴
分　　类：魟科Dasyatidae，窄尾魟属*Himantura*
鉴定依据：南海海洋鱼类原色图谱（二），p41；台湾鱼类资料库

形态特征：体盘菱形，前缘微凹，与吻端呈60°。最宽处在体盘的中部稍前，体盘宽为体盘长的1.1～1.2倍。吻长而尖，稍突出；吻长等于体盘长的1/4或稍小，比眼间隔大1.2～1.7倍。眼中大，突出，眼径约与喷水孔同大。口小，口前吻长比口宽大3倍。口底乳突4～5个，旁边2个较小，中央如果出现3个，则最中央的乳突最小。齿细、平、扁，具横突起。尾细长，具尾刺1枚，尾长约为体盘长的3倍，背及腹侧面的皮褶完全消失。幼体光滑，一般个体背中线具几个平扁结突，大型个体头及肩区有多行结鳞。体具黄色圆斑，尾部具黑白相间的色环，成体消失。

分布范围：中国南海和东海南部；印度—西太平洋区。

生态习性：栖息于比较近海的沙泥底质海域中，也常进入河口区。以底栖甲壳类为主要食物。属于卵胎生鱼类，一次可以产数尾幼体。尾刺有毒腺，是危险的海洋生物。

线粒体DNA COI片段序列：

CCTTTATCTTGTCTTCGGTGCATGAGCAGGGATAGTGGGTACTGGTCTTAGTCTGCTCA
TTCGAACAGAGCTAAGTCAACCAGGTGCACTACTAGGTGATGATCAGATTTATAATGT
GATTGTTACCGCCCATGCCTTCGTAATAATCTTCTTTATAGTAATACCTATTATAATTGGG
GGCTTTGGTAACTGACTTGTTCCCTTAATAATCGGTGCCCCAGACATAGCCTTTCCCCG
AATAAATAACATAAGTTTCTGACTTCTACCCCCATCCTTCCTGCTACTTTTGGCCTCCG
CTGGAGTTGAGGCAGGAGCTGGAACAGGTTGAACTGTCTACCCCCCACTAGCTGGCA
ACCTAGCACATGCTGGAGCTTCAGTAGACCTAGCAATCTTCTCACTACACCTAGCCGG
TGTCTCTTCTATCCTGGCCTCCATTAATTTTATTACCACAATTATTAATATAAAACCACCA
GCAATCTCACAATATCAAACACCTCTCTTTGTCTGATCAATCCTCATTACAACCGTACT
TCTCTTACTATCCCTCCCTGTCTTAGCAGCAGGCATTACAATACTTCTCACAGACCGTA
ACCTCAACACAACCTTCTTTGACCCTGCAGGAGGGGGCGACCCAATTCTTTACCAAC
ATCTCTTC

线粒体DNA 12S片段序列：

CACCGCGGTTATACGAGTGACGCAAACTAATATTACACGGCGTTAAGGGTGATTATAAT
AAATCTTTTTAAAAATAAAGTTAAGACAACATCAAACTGTCATACGTTCTCATGTTTAA
AAACACCACTTACGAAAGTAACTTTATACAAAAAAGAGTTTTTGATTTCACGACAGTT
AAGGCC

紫色翼魟

Pteroplatytrygon violacea

中 文 名：紫色翼魟
学　　名：*Pteroplatytrygon violacea*（Bonaparte，1832）；*Dasyatis guileri*为其同种异名
英 文 名：Stingray
别　　名：紫魟，土魟
分　　类：魟科Dasyatidae，翼魟属*Pteroplatytrygon*
鉴定依据：台湾鱼类资料库

形态特征：体盘前部较凹陷，侧边和后端较尖，体盘宽大于体盘长。尾部末端如鞭子，约为体盘长的2.5倍，侧边皮褶没有延伸到尾部末端。体盘平滑，在尾部背面的中间具有一纵向的沟，附近具有锋利的棘刺，而在尾部前具有倒勾的刺。口底具15 ~ 17个横向的乳突；齿17 ~ 20列。背部表面及尾部呈不规则黑色，腹部呈黑棕色，带有一些灰白色斑点。

分布范围：中国各海区；全球的热带及亚热带海域。

生态习性：远洋暖水性水域，栖息水深100 ~ 240m。

线粒体DNA COI片段序列：

CCTTTATTTAATCTTTGGTGCATGAGCAGGGATAGTGGGCACTGGTCTCAGTCTATTAATCCG
GACAGAGTTAAGTCAACCAGGCGCATTATTGGGTGATGACCAAATCTATAATGTAATTGTCAC
CGCCCACGCCTTCGTAATGATTTTCTTCATAGTAATACCAATCATAATCGGAGGGTTTGGTAAT
TGACTAGTCCCCTTAATAATCGGTGCTCCCGACATGGCCTTTCCACGACTAAATAATATAAGT
TTCTGACTCCTTCCCCCATCTTTCCTTCTACTACTAGCCTCAGCAGGGGTAGAAGCCGGAGCC
GGTACAGGATGAACAGTCTACCCTCCATTAGCTGGTAATCTTGCACATGCTGGGGCTTCCGTA
GACCTAGCTATTTTTTCCCTCCATTTAGCCGGTGTTTCCTCTATCCTGGCATCCATTAACTTTAT
TACAACTATTATTAATATGAAACCCCCTGCAATTTCTCAATACCAAACACCTCTCTTTGTTTGA
TCCATCCTCATTACAACAGTTCTCCTTTTACTATCACTCCCAGTTCTAGCAGCGGGCATTACTA
TACTTCTCACAGATCGTAATCTTAACACAACCTTCTTCGACCCGGCAGGTGGAGGAGACCCC
ATTCTTTATCAACATCTCTTC

线粒体DNA 12S片段序列：

CACCGCGGTTATACGAGTGACACAAATTAATATCCCACGGCGTTAAGGGTGATTAGAAACATCTTACCCAAAATAAAGTTAAGACCCCATTAAGCTGTTATACGCTCTCATGCTTAAAAATATCATTCACGAAAGTAACTTTATATAAACAGAGTTTTTGACCTCACGACAGTTAAGACC

花尾燕魟
Gymnura poecilura

中 文 名：花尾燕魟

学 名：*Gymnura poecilura*（Shaw，1804）

英 文 名：Butterfly ray，Longtailed butterfly ray

别 名：花尾鳐

分 类：燕魟科Gymuridae，燕魟属*Gymnura*

鉴定依据：南海海洋鱼类原色图谱，p43；南海鱼类志，p71

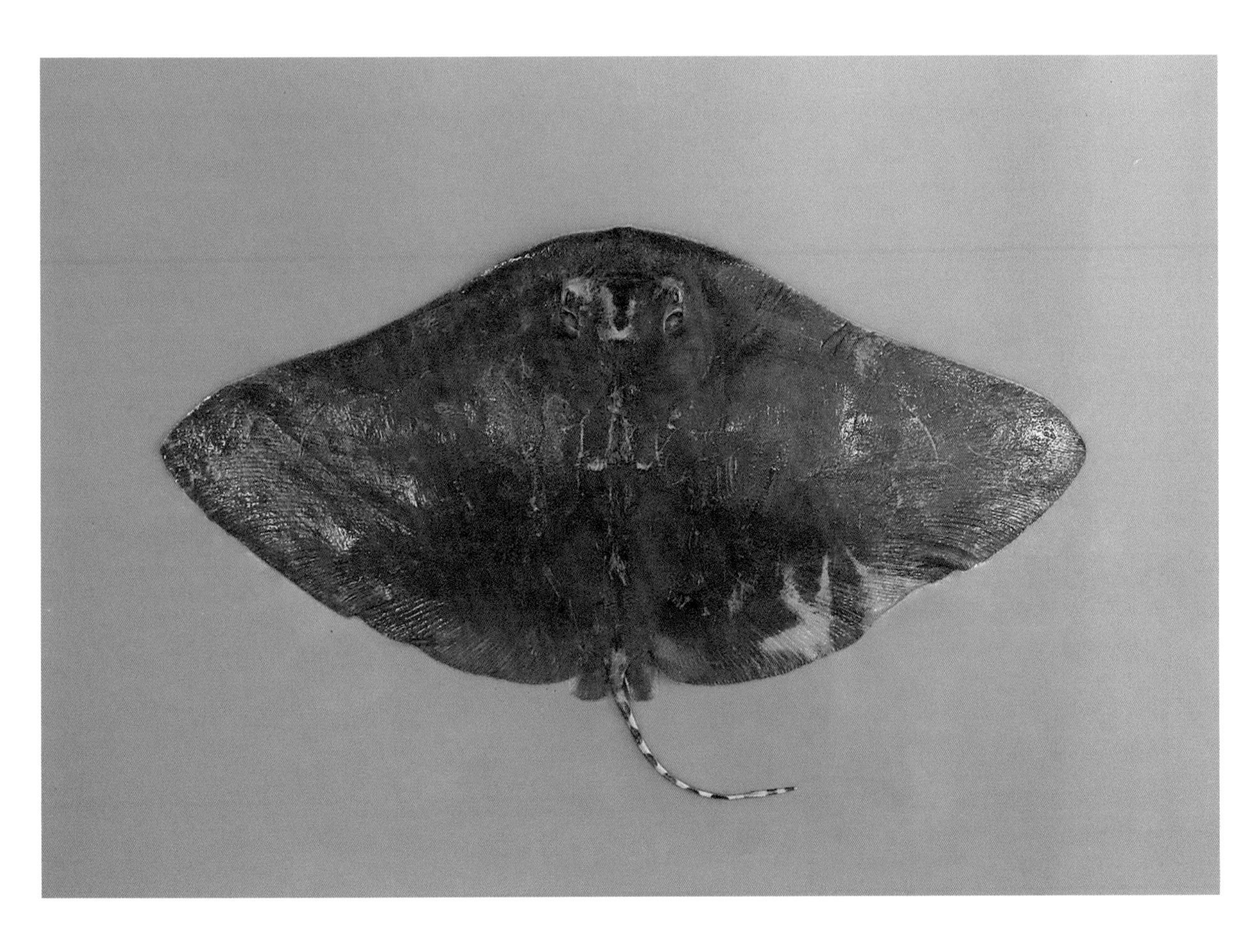

形态特征：眼小、微突，眼径比喷水孔小；眼间隔平坦或微凹；前囟亚卵圆形。鼻孔宽大，几乎横列，位于口前，大部分为前鼻瓣覆盖，仅露出一圆形的小入水孔；前鼻瓣短、宽，袋状突出，伸至下颌侧部，后缘细裂；后鼻瓣前部具一膜状半圆形突出。口宽平，与口前吻长约相等，

上颌横平，下颌前突，呈M形，中部凹入，两侧斜直，下颌内侧的粒状突起不明显；腭膜发达，平直或稍波曲，后缘稍分裂；口底无乳突。齿细小而多，齿头尖细，鳃孔狭小，前后距离相等。腹鳍狭长，外角与里角都钝圆；里缘短而分明。尾颇细长，几乎与体长相等，或为体长的3/4；尾刺1～2个，幼小者未发生；皮褶完全消失。背面一般暗褐色，有时散布着圆形白色斑点；喷水孔前缘白色；腹鳍前缘浅色。尾具黑色横纹11～12条，在尾刺后方9～10条。最后几个黑条上下连接，成为环纹，有时白纹上还具一小黑斑。腹面白色。

分布范围：中国南海；红海、印度洋、印度尼西亚、日本等海域。

生态习性：暖温性近海底层中小型魟类。

线粒体DNA COI片段序列：

TCTTTGGTGCATGAGCGGGATAGTGGGCACCGGCCTTAGCCTGCTTATCCGTACTGAACT
AAGTCAACCAGGGGCTCTACTAGGTGACGATCAAATTTATAATGTAATTGTTACTGCCCACG
CCTTTGTAATGATCTTCTTCATAGTTATACCAATTATGATCGGCGGGTTCGGAAACTGGCTG
GTCCCCCTAATAATTGGCGCCCCAGACATGGCCTTCCCACGAATGAATAACATAAGCTTCTG
GCTCCTTCCTCCCTCCTTCCTTCTTTTATTAGCCTCAGCAGGAGTAGAAGCCGGGGCCGGG
ACAGGTTGAACCGTCTACCCCCCACTAGCAGGGAACTTAGCACACGCCGGGGCATCAGTT
GACCTGACTATCTTTTCCCTCCACCTAGCAGGGGTCTCCTCAATTTTAGCATCAATTAATTT
TATCACCACTATTATTAACATGAAGCCCCCAGCGATCTCCCAATATCAAACCCCTCTTTTCG
TCTGATCCATCCTCATCACCACCATCCTTCTCCTATTATCCCTCCCCGTATTAGCAGCAGGTA
TCACGATACTTCTTACAGACCGGAACCTCAATACAACTTTCTTCGACCCTGCAGGGGGCGG
CGAT

线粒体DNA 12S片段序列：

CACCGCGGTTACACGAGTAACTCAAATTAATATTACACGGCGTTAAGGGTGATTAGAA
AAATCTTACCCCAAATAAAGTTGAGACCCCATCAAGCTGTCATACGCACTCATGCTCAA
AAGTATCACTAACGAAAGTAACTTTATCACAACAGAATTTTTGACCTCACGACAGTTA
AGGCC

褐黄扁魟
Urolophus aurantiacus

中 文 名：褐黄扁魟

学　　名：*Urolophus aurantiacus* Müller & Henle，1841

英 文 名：Sepia stingray

别　　名：黄平魟，金鲂仔

分　　类：扁魟科Urolophidae，扁魟属*Urolophus*

鉴定依据：台湾鱼类资料库；中国海洋鱼类，上卷，p138

形态特征： 体盘长占全长的57.9% ~ 59.1%，体盘宽占全长的59.9% ~ 63.9%。吻顶端呈钝角，无背鳍。尾部有1根大刺，长度可及尾鳍上叶。尾鳍短且圆；尾鳍高，约为上叶长的1/3。吻长为两眼眶距离的3倍以上或者两出水口距离的1.5倍。眼睛小，眼径等于眼眶距或稍小于出水口直径。鼻孔位于口内部；鼻瓣前缘长度等于第一鳃裂到第四鳃裂的距离，鼻瓣大且接触到口，鼻瓣后缘呈毛缘状。口宽且大于鼻瓣前缘的长度。鼻子顶端到泄殖孔的长度大于泄殖孔到尾鳍顶端的长度。具多列齿，身体表皮无小刺。体盘背部和尾部有不规则的黄棕色到红棕色散布，但无任何明显的花纹；体盘腹部呈白色，胸鳍及腹鳍边缘颜色深。

分布范围： 中国东海、南海与台湾海域；日本南部海域。

生态习性： 为沿岸浅水底栖小型魟类。栖息于沿岸水深50 ~ 100m。卵胎生，早期胎儿具外鳃，从母体吸取营养。怀胎仅数尾，产仔期为春季。

线粒体DNA COI片段序列：

CCTATACTTAATCTTTGGTGCATGAGCAGGAATAGTGGGAACTGGCCTTAGCCTTTTAATTCG
GACAGAACTTAGTCAACCAGGTGCCTTATTGGGCGATGATCAAATTTACAATGTAATCGTCAC
AGCCCATGCCTTCGTAATAATTTTTTTCATAGTTATGCCCATCATAATCGGTGGTTTCGGTAAC
TGACTCGTCCCCTTAATAATCGGCGCCCCCGACATGGCTTTCCCGCGATTAAACAACATAAGC
TTCTGACTCCTCCCTCCCTCCTTCCTCCTATTATTAGCCTCCGCAGGCGTAGAGGCTGGAGCC
GGGACCGGATGAACTGTGTACCCCCCGTTAGCCGGAAACCTAGCACATGCCGGAGCATCCGT
GGACTTAACTATTTTTTCTCTACATTTAGCAGGAGTTTCCTCCATCCTTGCATCAATTAACTTTA
TCACCACTATTATTAACATAAAACCCCCTGCCATCTCCCAATACCAGACCCCCCTTTTCGTGTG
GTCTATTCTTATTACCACCATCCTTCTCTTGCTCTCTCTTCCTGTTTTAGCAGCAGGCATCACC
ATACTTCTTACAGATCGCAACCTCAATACAACCTTCTTTGACCCCGCAGGAGGGGGGGACCC
CATTCTCTATCAACACCTATTT

线粒体DNA 12S片段序列：

CACCGCGGTTATACGAGTAACACAAATTAATACTCCCCGGCGTCAAGGGTGATTAGAAGAAA
TATCTTACTAAAATAAAGTTAAGACCCCATCAGGCTGTTATACGCTCCCATGTCTTAAAACATC
ACTCACGAAAGTAACTTTAAATACAAAGACTTTTTGAATTCACGACAGTTAAGGCC

加里曼丹无刺鳐
Sinobatis borneensis

中 文 名： 加里曼丹无刺鳐
学　　名： *Sinobatis borneensis*（Chan，1965）
英 文 名： Borneo leg skate
别　　名： 加里曼丹无鳍鳐，魴仔
分　　类： 鳐科Rajidae，海湾无刺鳐属*Sinobatis*
鉴定依据： 台湾鱼类资料库

形态特征： 体盘瘦，体盘长与体盘宽几乎等大。吻部软、长；吻长约为两眼眶距离的3倍。眼睛小。出水口小于眼睛直径。齿小，呈椭圆状并整齐排列。鼻瓣不连接到口；鼻瓣后缘呈毛缘

状。体表无小刺，皮肤光滑。腹鳍前瓣与后瓣完全分开，前瓣细长像腿，后瓣较小，连接腹鳍及尾部。无背鳍，尾部像鞭子，上面无刺分布。体盘两边呈灰咖啡色到黑棕色。

分布范围： 中国南海与台湾海峡；西南太平洋。

生态习性： 深海底栖生物，栖息水深600 ~ 1 700m。

线粒体DNA COI片段序列：

CCTCTATCTAGTATTCGGTGCATGAGCTGGAATAGTTGGCACAGCCCTAAGCCTGCTTATCCG
AGCTGAACTAAGCCAACCAGGTGCCCTTCTTGGAGACGACCAGATTTATAACGTAATCGTTA
CAGCCCATGCCTTCGTCATGATTTTCTTTATAGTAATACCAATCATGATTGGAGGTTTTGGAAA
CTGACTTATCCCCCTAATGATCGGAGCCCCCGACATAGCATTCCCTCGAATGAATAACATAAG
CTTTTGACTTCTACCCCCTTCCTTCCTCCTACTCCTCGCCTCTTCCGGCGTTGAAGCCGGGGC
TGGGACTGGTTGAACAGTCTATCCTCCCCTTGCCGGCAATCTGGCTCACGCTGGAGCATCCG
TCGACTTAACTATTTTCTCTCTTCACCTGGCAGGGATTTCTTCAATCCTTGGGGCAATCAACTT
CATTACGACAATCATTAATATGAAACCCCCAGCTATCTCCCAATACCAAACACCCTTATTTGTG
TGGGCTGTCCTAATTACAGCTGTCCTTCTTCTATTATCACTTCCAGTTCTTGCCGCTGGTATTA
CAATACTTCTTACAGACCGTAACCTAAATACAACCTTCTTCGACCCGGCAGGCGGAGGAGAC
CCAATCCTTTACCAACACTTATTC

线粒体DNA 12S片段序列：

CACCGCGGTTATACGAGTAACCCATATTAATATTTAACGGCGTAAAGGGTGATTAAAAAAAC
TTAAACCACTAAAGTTATAATCTCATAAAGCTGTTATACGCACCCATGAGAAGAAGAATACAC
CAACGAAAGTGACTTTAACCTAATAGAACTTTTGACCTCACGACAGTTAAGACA

南海鱼类图鉴及条形码（第二册）

NANHAI YULEI TUJIAN JI TIAOXINGMA

辐鳍鱼纲

ACTINOPTERYGII

海鲢目 ELOPIFORMES

大海鲢
Megalops cyprinoides

中 文 名：大海鲢
学　　名：*Megalops cyprinoides*（Broussonet，1782）
英 文 名：Broussonet tarpon，Oxeye，Tarpon
别　　名：大眼海鲢，海庵
分　　类：大海鲢科Megalopidae，大海鲢属*Megalops*
鉴定依据：台湾鱼类资料库；中国海洋鱼类，上卷，p169；南沙群岛至华南沿岸的鱼类（一），p12

形态特征：体延长，侧扁。眼大，侧上位，脂眼睑窄。口斜上位。上颌向后延长，接近眼后缘，下颌突出，具喉板。体被大而薄的圆鳞，腹部无棱鳞，胸鳍基底有腋鳞。侧线直走，侧线鳞数36～40。背鳍始于吻端与尾鳍基中间，最后鳍条丝状。胸鳍位低。尾鳍长大，深叉形。腹鳍起点在背鳍起点下方；臀鳍前半部鳍条比后半部鳍条长。背鳍鳍条数17；臀鳍鳍条数26；胸鳍鳍条数15；腹鳍鳍条数10。鳃耙数14+27。体背部青灰色，腹部银白色，吻端青灰色。各鳍淡黄色，背鳍与尾鳍边缘暗。

分布范围：中国东海南部、台湾海域、南海；琉球群岛海域、太平洋中部、澳大利亚海域、非洲海域。

生态习性： 生活于暖水域沿近海。以小型游泳动物为食。对环境适应力强，可利用泳鳔作为辅助呼吸器官，可溯入淡水之中，常于各河川下游及河口发现。

线粒体DNA COI片段序列：

CCTTTACCTAGTGTTCGGTGCCTGGGCCGGGATAGTTGGAACAGCACTAAGTTTGCTA
ATTCGGGCTGAACTAAGCCAACCCGGAGCACTACTTGGTGATGACCAAATCTATAATG
TTATCGTCACGGCACATGCCTTCGTAATAATTTTCTTTATAGTAATGCCTATTTTAATTGG
CGGATTTGGAAACTGACTGGTTCCACTCATGATCGGAGCCCCCGACATAGCATTTCCC
CGCATAAATAACATGAGCTTTTGGCTCCTTCCACCATCATTCCTACTCCTACTGGCCTCT
TCAGGAGTTGAAGCAGGAGCAGGAACCGGGTGGACAGTCTACCCCCCTCTTGCCGGA
AACCTGGCCCACGCAGGCGCATCCGTAGATCTTACTATTTTTTCCCTTCATCTGGCAGG
TGTTTCTTCAATTTTAGGCGCTATTAACTTCATTACTACAATTATTAATATAAAACCACCC
GCCATATCACAGTACCAAACACCACTATTTGTTTGATCAGTCTTAGTTACTGCAGTACT
TCTCCTACTATCCCTACCAGTCCTAGCGGCGGGAATCACTATACTTCTTACAGACCGCA
ACTTAAATACAACATTTTTCGATCCGGCAGGAGGAGGAGACCCAATCCTGTACCAACA
CCTATTC

线粒体DNA 12S片段序列：

CACCGCGGTTATACGAGAGGTCCAAATTGACAGCCATCGGCGTAAAGAGTGGTTATAG
ACCCCTACACAACTAAAGCCAAAACTCCTCCCAGCTGTCATACGCACCCGAAGACAA
GAGGCCCAACCACGAAAGTAGCTTTAATCACAAACCCCTAGAACCCACGACAGCCAG
GACA

鳗鲡目 | ANGUILLIFORMES

雪花斑裸胸鳝

Gymnothorax niphostigmus

中 文 名： 雪花斑裸胸鳝
学　　名： *Gymnothorax niphostigmus* Chen，Shao & Chen，1996
英 文 名： Snowflake-patched moray
别　　名： 钱鳗，薯鳗，虎鳗
分　　类： 海鳝科 Muraenidae，裸胸鳝属 *Gymnothorax*
鉴定依据： 台湾鱼类资料库；中国海洋鱼类，上卷，p258

形态特征：体延长、呈圆柱状，尾部侧扁。口为端位，可闭合完全。颌齿单列，尖牙状，且微勾。部分小型个体在上颌齿内侧具有1～2颗比外侧齿大的尖牙。肛门位于鱼体体长中央点之前。脊椎骨数140～142。在福尔马林或酒精保存液中，鱼体呈暗褐色，全身及背鳍部位具有许多小白斑块。颅顶部具有许多此彼此分离的小白斑点。在头部的后半段、躯干、尾部的前段和背鳍部位，小白斑分布密度较高，许多小白斑汇聚成雪花状的斑块。体表白斑块出现的密度，因个体不同而有相应的变化。颌部、口内、颐部或臀鳍上无明显的白斑分布。臀鳍边缘明显呈白色，背鳍和尾鳍的边缘颜色较黑。嘴角黑色；鳃腔表皮上的皱褶为黑色。颐部和腹部的颜色较淡。活体的颜色特征大致上和置于保存液中的标本类似，但活体时鱼体底色似乎更暗些，白斑块似乎更明亮些。眼虹彩为黄至褐色。

分布范围：中国台湾与南海。

生态习性：为暖水性岩礁鳗类。主要栖息在珊瑚岩礁较深层的海底，以底栖性鱼类为食。栖息水深60m以浅。

线粒体DNA COI片段序列：

CCTGTATTTAGTATTTGGTGCCTGAGCCGGCATGGTCGGCACCGCCCTGAGCCTTCTTATTCG
AGCTGAACTAAGCCAGCCCGGGGCTCTTCTAGGTGACGACCAAATCTACAATGTAATCGTAA
CAGCACATGCCTTTGTAATAATTTTCTTTATAGTAATACCCATTATGATTGGAGGTTTCGGGAA
CTGACTAATTCCTCTTATGATTGGGGCCCCTGATATGGCGTTCCCCCGAATGAACAATATGAG
CTTCTGATTATTACCCCCATCCTTCCTACTGCTTCTAGCCTCTTCCGGTGTCGAAGCAGGGGC
AGGTACTGGATGGACTGTCTATCCACCCCTTGCAGGTAATCTAGCCCACGCTGGGGCATCTGT
TGATCTAACCATCTTTTCTCTTCATCTAGCCGGAGTTTCATCAATTCTAGGAGCAATCAACTTT
ATTACAACTATTATTAACATGAAACCCCCTGCCATTACACAATACCAAACACCTTTATTTGTAT
GGGCCGTATTAGTTACCGCAGTACTTCTCTTGCTCTCTTTACCGGTTCTAGCAGCTGGCATTAC

GATGCTTCTGACTGACCGAAACCTAAATACAACCTTCTTTGATCCTGCTGGAGGAGGAGACC
CTATCCTTTACCAACATCTATTC

线粒体DNA 12S片段序列：
AACCGCGGTTACACGAGAGGCCCGAATTGACACATCACGGCGTAAAGTGTGATTAGAGATA
AACCAGACTAGAGCCAAACACCCCTTATGCTGTCATACGCCATGGGGGTCACGAAGATCAAC
GACGAAAGTGGTTCTAATTAACCCAATCTTGAACTCACGACAGCCAAGATA

长尾弯牙海鳝
Strophidon sathete

中 文 名：长尾弯牙海鳝
学　　名：*Strophidon sathete*（Hamilton，1822）
英 文 名：Giant slender moray，Longtail moray
别　　名：钱鳗，薯鳗，虎鳗
分　　类：海鳝科 Muraenidae，弯牙海鳝属 *Strophidon*
鉴定依据：台湾鱼类资料库；中国海洋鱼类，上卷，p246

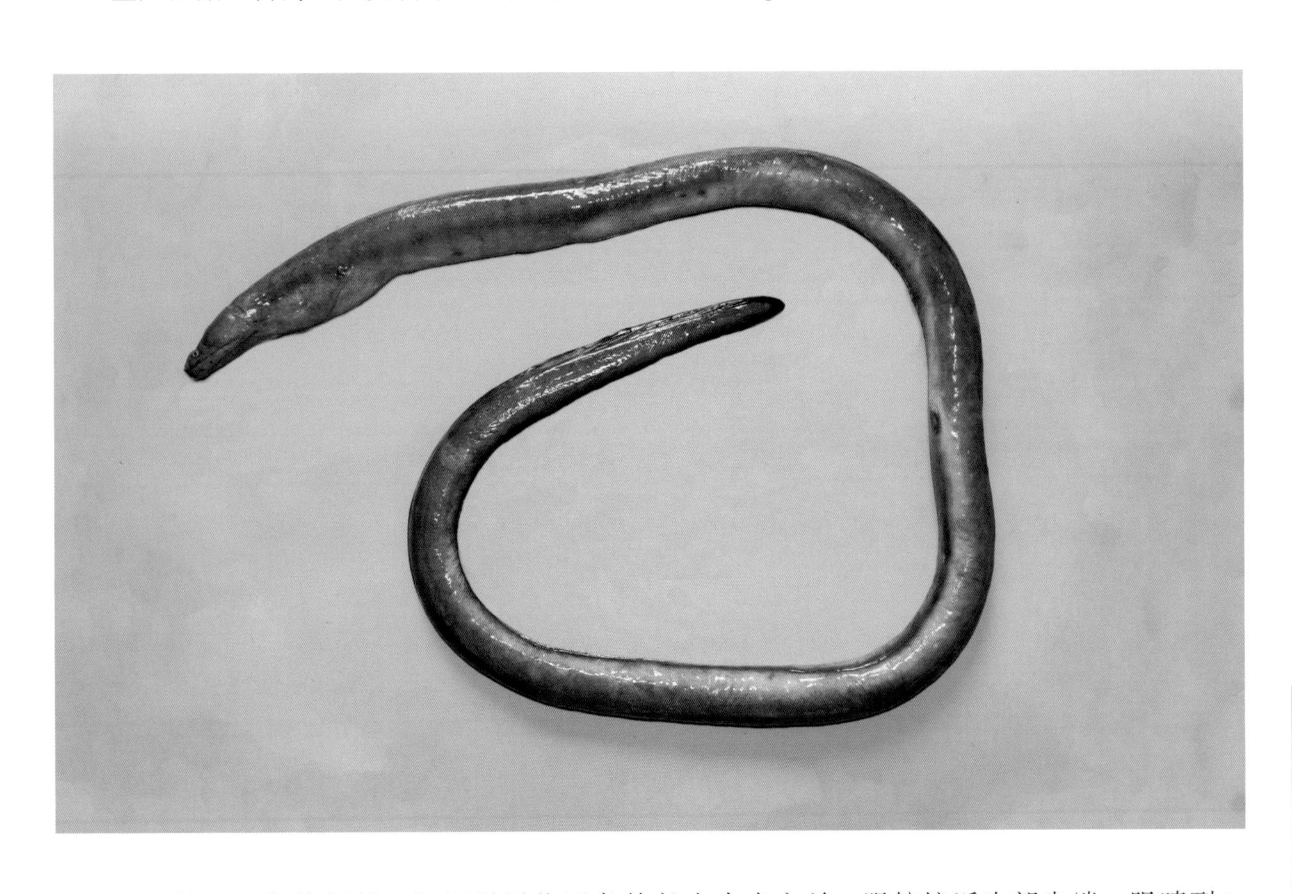

形态特征：鱼体细长，肛门远远位于鱼体长中央点之前。眼较接近吻部尖端，眼睛到口角的距离较大。上、下颌等长。齿为尖牙状；上颌侧边及下颌前端的颌齿2列；颌间齿最为尖长，可倒伏，约有4个；锄骨齿单列，约有3个。前鼻孔管状，后鼻孔有突起的边缘。脊椎骨数

189 ~ 191。体色为单纯的褐色，浸泡福尔马林后标本呈灰褐色；鱼体腹侧颜色较淡。背、臀、尾鳍边缘为黑色。最大全长可达3m。

分布范围： 中国东海、台湾海域；日本南部海域、印度—西太平洋区。

生态习性： 为热带沿岸大型鳗类。主要栖息于大陆棚沿岸沙泥底质的咸水或河口附近半淡咸水海域，在海底时有将头部仰起抬高的行为。生命力强，有时在底拖网下杂渔获中仍可发现本种个体存活，并四处钻动，其尖牙具有攻击伤害性。

线粒体DNA COI片段序列：

CCTATATCTTGTATTTGGTGCCTGAGCCGGGATGGTTGGAACCGCATTAAGCCTTTTAA
TCCGAGCTGAGCTTAGCCAGCCCGGGGCCCTGCTAGGTGACGACCAAATTTATAATGT
AATTGTAACAGCCCATGCCTTCGTAATAATTTTCTTTATAGTAATGCCCATTATGATTGG
AGGGTTCGGAAACTGACTTATTCCCCTAATAATCGGAGCCCCTGATATAGCATTCCCTC
GGATAAATAACATAAGCTTCTGACTTCTGCCCCCTTCCTTCCTTCTACTGCTAGCCTCC
TCCGGAGTTGAAGCCGGGGCCGGTACTGGTTGGACTGTTTATCCTCCCCTTGCGGGGA
ACTTAGCCCATGCCGGAGCCTCAGTTGATCTAACCATCTTCTCCCTTCACCTGGCAGG
GGTATCATCTATCCTAGGGGCAATTAACTTTATTACAACCATTATTAACATGAAACCTCC
CGCCATTACACAGTATCAAACGCCTTTATTCGTATGATCAGTTCTAGTAACAGCAGTGC
TCCTTCTCTTATCTCTCCCAGTATTAGCCGCCGGCATTACAATGCTCCTAACCGATCGAA
ACCTTAATACAACCTTTTTTGACCCCGCTGGTGGAGGAGACCCAATCCTTTATCAACA
CCTATTT

线粒体DNA 12S片段序列：

AACCGCGGTTATACGAGAGGCCCAAATTGACAGAGTACGGCGTAAAGTGTGATT
AAAGATATTCTTACACTGGAGCCAAATACCCCTTATGCTGTCATACGCCATGGGGG
TTACGAAGCCCAACAACGAAAGTGGCTCTACAAATCTTGAACTCACTACAGCTA
AGACA

云纹蛇鳝
Echidna nebulosa

中 文 名： 云纹蛇鳝
学　　名： *Echidna nebulosa* (Ahl, 1789)
英 文 名： Snowflake moray
别　　名： 虎鳗，钱鳗
分　　类： 海鳝科Muraenidae，蛇鳝属*Echidna*
鉴定依据： 台湾鱼类资料库；中国海洋鱼类，上卷，p236

形态特征：体延长而呈圆柱状，尾部侧扁。吻部短且呈白色。仅具臼状齿，无犬齿，随着年龄增加，牙齿渐变钝，齿的列数也随年龄而有变异：幼鱼仅1 ~ 2列；成鱼则可达7列。脊椎骨数120 ~ 127。体色斑纹多有变异，但底色通常为白色或黄色；前、后鼻管及眼虹彩均为鲜黄色；体侧有两列23 ~ 27个黑色的星状斑。

分布范围：中国东海、南海以及台湾海域；印度与太平洋。

生态习性：幼鱼喜栖息于珊瑚岩礁的潮池中；成鱼则迁徙至亚潮带的水层。性情凶猛，领域性强。白天的活动性较强，偶尔离开栖居的礁穴，外出游动。捕捉甲壳类及鱼类等为食。肉具雪卡毒素。

线粒体DNA COI片段序列：

AAGACATTGGCACCCTGTATTTAGTATTTGGCGCCTGAGCCGGAATGGTCGGCACTGCCTTG
AGCCTCCTGATTCGGGCTGAACTTAGCCAGCCTGGCGCTCTTTTAGGAGACGACCAAATCTA
CAACGTAATCGTTACAGCCCACGCCTTCGTAATAATCTTCTTTATAGTAATACCCGTTATAATT
GGGGGGTTCGGGAATTGACTCATCCCATTAATGATTGGGGCTCCTGACATGGCGTTCCCGCG
GATAAACAACATGAGCTTCTGGCTACTCCCACCATCATTCCTTCTCCTGCTAGCGTCCTCCGG
CGTAGAGGCGGGTGCAGGAACCGGATGAACTGTCTACCCCCCTCTTGCAGGAAATCTAGCC
CATGCCGGGGCATCCGTTGACCTAACTATCTTCTCCCTCCACCTGGCAGGGGTGTCTTCAATC
CTGGGGGCAATTAACTTTATTACAACAATTATTAACATGAAACCCCCAGCCATTACACAATATC
AAACACCTTTATTTGTTTGAGCGGTCCTCGTTACGGCCGTACTCCTACTGCTCTCTCTTCCTG
TCCTAGCTGCCGGCATTACAATGCTTTTAACCGATCGTAACCTTAACACCACATTCTTTGACC
CTGCTGGTGGAGGAGACCCAATTCTTTATCAACATCTGTTCTGATTCTTC

线粒体DNA 12S片段序列：

AACCGCGGTTATACGAGAGGCCCAAATTGACGCACCACGGCGTAAAGTGTGATTAGAGATC
AACCCAGACTAAAGCCGAACACCCCTTATGCTGTCATACGCCATGGGGGTCACGAAGCTCAA
CAGCGAAAGTGGCTTTATGAATCTTGAACTCACGACAGCTAGGACA

鳄形短体鳗
Brachysomophis crocodilinus

中 文 名：鳄形短体鳗

学　　名：*Brachysomophis crocodilinus*（Bennett，1833）

英 文 名：Crocodile snake eel

别　　名：鳗仔，硬骨篡，篡仔，硬骨仔

分　　类：蛇鳗科 Ophichthyidae，短体鳗属 *Brachysomophis*

鉴定依据：台湾鱼类资料库；中国海洋鱼类，上卷，p220

形态特征：体延长而呈圆柱状，头长为全长的13% ~ 16%。背鳍起点远在胸鳍之后。上、下颌具有相当多的唇须，吻前半部的唇须不分叉。胸鳍小，呈雨滴状，头长为其9 ~ 14倍。下颌较上颌突出。鼻长相当短，吻长为其5.5倍，头长为其13 ~ 19倍。眼部位于上颌前1/5处。鼻孔为短管状，位于上颌前端，前后开孔不靠在一起；后鼻孔位于唇两侧，被一瓣膜覆盖。头部上方具有肉状突起，在眼后侧面形成肉冠状。齿呈锥状，上颌前方具2 ~ 3颗游离齿，锄骨齿前1列具6颗较大齿，其后为4颗较小齿；下颌齿1列，后方不形成密集的细齿。脊椎骨116 ~ 124。背部呈橘色至深棕色，背侧面有不规则的深色斑点，但不形成云状大斑；口腔内部为白色。无尾鳍，尾尖硬。尾长小于或等于头长和躯干长之和。

分布范围：中国南海以及台湾海域；印度—太平洋地区。

生态习性：主要栖息于浅的沙泥地、潟湖、岩石与碎裂的珊瑚底部等区域，栖息水深0～30m。通常将身体埋于沙内，仅露出头部，埋伏突袭鱼类及章鱼等。

线粒体DNA COI片段序列：

CCTATACTTAGTATTTGGTGCCTGAGCTGGAATAGTAGGTACCGCCCTAAGCCTATTAATTCGAGC
CGAACTAAGTCAACCCGGAGCTCTCCTGGGAGACGACCAAATTTACAATGTTATCGTTACGGCA
CATGCCTTCGTAATAATTTTCTTTATAGTAATGCCAGTGATAATTGGGGGATTCGGTAACTGACTAG
TGCCTCTTATAATTGGGGCCCCCGATATGGCATTTCCACGAATAAATAACATAAGCTTTTGACTCC
TCCCCCCATCATTTCTACTTTTACTGGCCTCTTCTGGAGTTGAAGCCGGAGCGGGAACAGGATGA
ACTGTGTACCCACCCCTAGCTGGAAACCTTGCCCACGCTGGGGCTTCTGTTGACCTGACGATCT
TTTCTCTCCATCTTGCTGGAGTCTCATCAATCCTGGGAGCAATCAACTTTATTACTACAATTATTAA
CATAAAACCCCCAGCAATTACACAATACCAAACCCCACTGTTTGTCTGATCCGTCCTAGTAACAG
CTGTTCTCCTGCTCTTATCCCTACCAGTGCTCGCTGCAGGAATTACAATACTACTTACAGACCGAA
ACCTAAATACAACATTCTTCGACCCGGCGGGGGAGGAGACCCTATCCTTTACCAACACCTATTT

线粒体DNA 12S片段序列：

CACCGCGGTTATACGAGAGGCTCAAATTGATACTCCACGGCGTAAAGCGTGATTAAAGAGAA
CAAACACTAAAGCCGAACACCTCCTTAACTGTTATACGTTTAAAGAGTACACGAAGCCCCAT
AACGAAAGTAGCTTTAACCCGAAATCTTGAACTCACGAAAATTAAGAAA

微鳍新蛇鳗
Neenchelys parvipectoralis

中 文 名：微鳍新蛇鳗
学　 名：*Neenchelys parvipectoralis* Chu，Wu & Jin，1981
英 文 名：Snake eel
别　 名：鳗仔，硬骨篡，硬骨仔
分　 类：蛇鳗科Ophichthidae，新蛇鳗属*Neenchelys*
鉴定依据：台湾鱼类资料库；中国海洋鱼类，上卷，p235

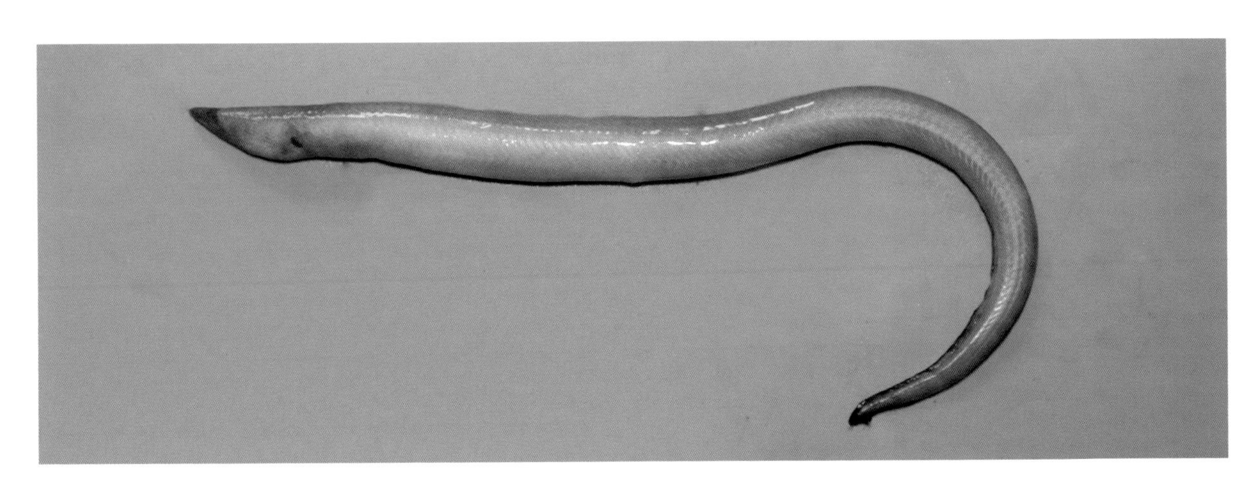

形态特征： 体长为鳃孔处体高的25.0 ~ 28.0倍、为肛门处体高的23.0 ~ 24.0倍、为头长的8.6 ~ 9.2倍、为尾长的1.6 ~ 1.7倍。头长为胸鳍长的11.7倍。吻长为眼径的2.1 ~ 2.2倍。体延长，躯干部圆柱形，较宽大，尾部侧扁。头短小，尖锥形。吻短，尖突。眼很小，位于上颌中点后方。口大，口裂伸达眼的远后方。上颌长于下颌。前颌骨齿外露；颌齿长锥形，上下颌各1行，前方齿较大；前上颌骨齿2颗，左右排列；前锄骨齿排列紧凑，具齿3颗，呈1行排列，随后左右各1颗，后方齿排列稀疏，具齿3 ~ 5颗。肛门位于身体中部的前方。背鳍起点在胸鳍后端的远后方；背鳍、臀鳍较低，与尾鳍相连续；胸鳍不发达，极小，长度稍小于鳃孔；尾鳍细小，上下叶等长。体淡褐色，腹侧色稍浅；背鳍、臀鳍后部和尾鳍边缘褐色。酒精浸泡标本的头和体侧浅褐色，背腹部稍淡；背鳍和臀鳍的后半部及尾鳍边缘黑色。

分布范围： 中国东海、台湾海域以及南海。

生态习性： 为近海暖水性鳗类。栖息于沙泥底质海域，一般栖息水深100 ~ 300m。以小型鱼类及甲壳类为食。

线粒体DNA COI片段序列：

CCTATATCTAGTATTTGGTGCTTGAGCCGGCATAGTAGGTACGGCCCTAAGCCTATTAATTCGG
GCGGAATTAAGCCAACCTGGGGCTTTACTGGGCGACGACCAAATTTATAATGTAATTGTGAC
GGCACACGCCTTCGTAATGATCTTCTTTATAGTAATACCGGTAATGATTGGGGGTTTTGGTAAT
TGACTAGTACCCCTAATGATCGGAGCCCCCGACATGGCATTCCCACGAATAAACAACATAAG
TTTCTGACTCCTTCCCCCCTCATTCTTACTGTTATTGGCCTCCTCAGGAGTTGAAGCCGGGGC
AGGAACAGGATGAACCGTCTACCCCCCTCTGGCCGGAAATTTAGCCCACGCCGGAGCATCC
GTTGACCTGACAATTTTTTCTCTTCACCTCGCCGGAGTGTCATCAATTCTTGGAGCCATTAAC
TTTATTACTACAATTATTAATATAAAACCCCCAGCAATTACACAATATCAAACCCCCCTGTTTG
TGTGATCGGTATTAGTAACAGCAGTATTATTACTCCTATCCCTGCCCGTTCTCGCTGCAGGAAT
TACAATACTACTCACAGACCGAAACTTAAATACAACCTTCTTTGACCCAGCAGGAGGGGGAG
ACCCTATTTTATACCAACACTTATTT

线粒体DNA 12S片段序列：

CACCGCGGTTATACGAGGGGCCCAAACCGATATTTAACGGCGTAAAGCGTGATTAGAAGTAC
CACAAACTAAAGCAGAACGTCCCCCAAGCTGTTATACGCTAACGGAATGATTGAAACCCCGC
AACGAAAGTGGCTTTAAAACTCTTGAACTCACGAACATTAAGAAA

食蟹豆齿鳗
Pisodonophis cancrivorus

中 文 名： 食蟹豆齿鳗
学　　名： *Pisodonophis cancrivorus* (Richardson，1848)
英 文 名： Longfin snake-eel
别　　名： 鳗仔，硬骨篡，篡仔
分　　类： 蛇鳗科Ophichthyidae，豆齿鳗属*Pisodonophis*
鉴定依据： 台湾鱼类资料库；中国海洋鱼类，上卷，p217

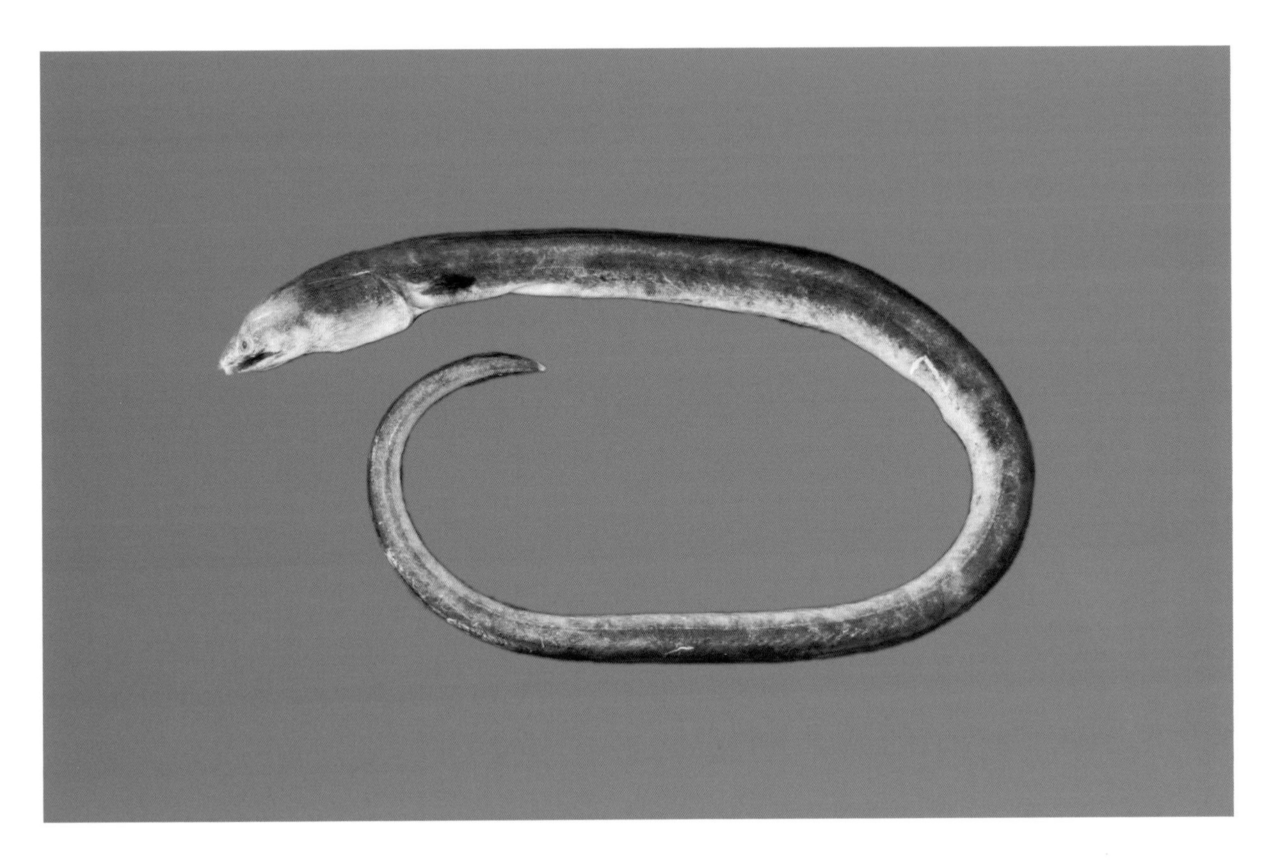

形态特征：全长可达1m，为头长的9.2 ~ 11.2倍、为鳃孔位体高的30 ~ 41倍、为躯干长的3.0 ~ 3.4倍。吻短稍尖；上唇缘具2个肉质突起，分别位于后鼻孔的前、后，前鼻孔呈短管状。口裂超过眼的后方；上颌比下颌长，上、下颌齿均为颗粒状，排成齿带2 ~ 3列。平均脊椎骨组成：11-54-158，总脊椎骨数为156 ~ 159。背鳍起点在胸鳍中央上方或稍前；胸鳍灰黑或淡褐色；无尾鳍，尾端裸露尖硬，且背鳍、臀鳍不相连，止于尾端稍前方，但鳍条于后半部略为上扬。体色多为灰褐至黄褐色之间，腹部为淡黄色；背鳍、臀鳍带有黑缘，奇鳍边缘黑色。

分布范围：中国东海、南海、台湾海域；日本南部海域、澳大利亚海域等印度—太平洋区。

生态习性：为温带、热带近海鳗类。多穴居于近岸沙泥地中，此外，对淡水忍受力颇强，偶尔会上溯至河川下游觅食。见于底拖网渔获。

线粒体DNA COI片段序列：

TGGGCACCGCCCTGAGTCTACTCATTCGAGCTGAATTAAGCCAGCCCGGAGCCCTTTTAGGG
GACGACCAGATCTACAACGTTATTGTTACGGCGCATGCCTTCGTAATAATCTTCTTTATAGTAA
TACCAGTAATAATTGGAGGCTTTGGTAACTGATTAGTACCGCTAATGATTGGAGCCCCCGACA
TAGCATTCCCACGAATAAATAACATAAGCTTCTGACTTCTCCCCCCATCATTCTTACTTCTATT
GGCCTCCTCTGGAGTAGAAGCCGGGGCAGGAACAGGATGAACCGTCTACCCACCTCTAGCA
GGAAATCTTGCCCACGCCGGAGCCTCTGTTGATTTAACAATTTTCTCCCTTCACCTCGCCGGA
GTATCATCAATCCTGGGAGCAATTAATTTTATTACAACAATTATTAACATAAAACCCCCAGCAA
TTACACAATACCAGACACCCTTGTTCGTTTGATCCGTCCTAGTCACAGCTGTTCTTCTACTTC
TATCCCTGCCAGTTCTTGCCGCAGGAATTACAATACTTCTTACAGACCGAAATTTAAATACAA
CATTCTTTGACCCTGCAGGGGGAGGAGACCCAATTCTCTATCAACACCTATTC

线粒体DNA 12S片段序列：

CACCGCGGTTATACGAAGAGGCTCAAATTGATGTTCTGCGGCGTAAAGCGTGATTAAAGAAA
ATGTAAACTAAAGCCGAACACCCCCTCAGCTGTCATACGCATAAAGAGGCATGAAGCCCCAC
AACGAAAGTAGCTTTAACTCAAAATCTTGAATTCACGAAAATTAAGAAA

银汉鱼目 | ATHERINIFORMES

凡氏下银汉鱼
Hypoatherina valenciennei

中 文 名： 凡氏下银汉鱼
学　　名： *Hypoatherina valenciennei*（Bleeker，1853）
英 文 名： Sumatran silverside
别　　名： 鲦仔，硬鳞，豆壳仔
分　　类： 银汉鱼科Atherinidae，下银汉鱼属*Hypoatherina*
鉴定依据： 台湾鱼类资料库；中国海洋鱼类，上卷，p615

形态特征： 体延长而略呈圆柱形。头及眼中度大小；头部无小棘刺。前上颌骨短，其末端延伸至眼前缘，前上突起长而窄，其长为眼径的1/3 ~ 1/2；侧突起宽而短；下颌各侧后部明显高耸。两颌齿细小，绒毛状；口盖骨及锄骨均有齿。前鳃盖骨后缘有缺刻。鳃耙长且细，等于或长于眼径，第一鳃弓下支鳃耙数20 ~ 26。体侧具弱栉鳞，中央侧列鳞数43 ~ 46，背前鳞17 ~ 23，背鳍间鳞6 ~ 8。第一背鳍具鳍棘4 ~ 7；第二背鳍具鳍棘2、鳍条8 ~ 10；臀鳍具鳍棘1、鳍条10 ~ 13；胸鳍具鳍条14 ~ 16。肛门位于腹鳍正中央。体背部蓝绿色而略透明，有时带银色光泽，腹部白色；体侧具一银色纵带，约1.5枚鳞片宽。各鳍透明，有时稍暗色或带暗色缘。

分布范围：中国黄海、渤海、东海、南海；日本海域及印度—西太平洋温、热带水域。

生态习性：主要成群栖息于沙泥底质的海岸和礁区缘，可进入河口区。通常移动缓慢，以成群来迷惑掠食者。主要以动物性浮游生物为食。

线粒体DNA COI片段序列：

CCTTTATCTAGTATTTGGTGCTTGAGCCGGAATAGTAGGCACCGCCCTAAGCCTTCTCA
TTCGGGCAGAACTAAGCCAACCAGGCTCTCTCCTTGGAGACGACCAGATCTATAATGT
TATCGTAACAGCACACGCCTTTGTAATAATTTTCTTTATAGTAATACCAATTATGATTGG
AGGCTTCGGAAACTGACTGATCCCCCTTATGATCGGGGCCCCTGACATGGCATTCCCT
CGAATGAATAATATGAGCTTCTGACTTCTGCCCCCCTCATTCCTTCTTCTTCTGGCCTCC
TCTGGTGTTGAAGCCGGGGCTGGAACAGGTTGAACAGTTTATCCTCCCCTAGCCGGC
AACCTGGCCCACGCCGGAGCGTCTGTAGACCTAACTATTTTCTCTCTTCATTTAGCAGG
TGTTTCATCAATCCTCGGAGCCATTAATTTTATTACAACAATTATTAATATGAAACCTCC
TGCCATCTCACAATATCAAACACCCCTATTCGTCTGAGCAGTCCTAATTACTGCCGTAC
TTCTTCTACTTTCTCTTCCAGTTCTAGCTGCCGGCATTACTATGCTACTAACAGACCGA
AACCTAAATACCACCTTCTTTGACCCTGCCGGAGGGGGAGATCCCATTCTTTACCAGC
ATCTCTTC

线粒体DNA 12S片段序列：

CACCGCGGTTATACGAGAGGCCCAAGTTGATAGCCATCGGCGTAAAGAGTGGTTA
AGAAAACCCCTAAAACTAAAGCTGAACACTCTCAAGACTGTTATACGTACCCGA
GAGCAAGAAGCCCTTCTACGAAAGTGGCTTTAACCCTTCTGAACCCACGAAAGC
TGGGGAA

鲱形目 | CLUPEIFORMES

黄带圆腹鲱
Dussumieria elopsoides

中 文 名：黄带圆腹鲱
学　　名：*Dussumieria elopsoides* Bleeker，1849
英 文 名：Van Hasselt's sprat
别　　名：臭肉鰛，鰛仔，银圆腹鰛
分　　类：鲱科Clupeidae，圆腹鲱属*Dussumieria*
鉴定依据：台湾鱼类资料库；中国海洋鱼类，上卷，p273

形态特征：体延长而侧扁，腹部圆钝，无棱鳞；体长为体高的4.2 ~ 5.6倍。头较小。吻尖长。眼大，上侧位，脂眼睑发达，但不完全覆盖住眼睛。口小，端位；上、下颌约等长；上颌骨末端不达眼前缘下方；上、下颌皆具绒毛状齿，锄骨无齿。鳃盖条数14 ~ 19；下支鳃耙数24 ~ 26。体被细薄圆鳞，极易脱落；纵列鳞数54 ~ 56；胸鳍和腹鳍基部具腋鳞。背鳍位于体中部前方，鳍条数19 ~ 20；臀鳍起点于背鳍基底中部下方，鳍条数14 ~ 19；胸鳍鳍条数14 ~ 15；腹鳍鳍条数8；尾鳍深叉形。体背部绿褐色，体侧下方和腹部银白色；体侧中上部具1条金黄色光泽的纵带。背鳍、胸鳍、尾鳍淡黄色；余鳍淡色。体长约16cm。

分布范围：中国长江口以南海域；琉球海域、马来西亚海域、印度海域以及巴基斯坦海域等印度—太平洋区。

生态习性：为暖水性中上层小型鱼类。繁殖期2—4月，以浮游生物和小鱼为食。

线粒体DNA COI片段序列：

CCTTTACATAGTATTCGGTGCTTGAGCAGGAATAATTGGCACTGCCCTGAGCCTTTTGATTCG
GGCAGAGCTGAGCCAACCAGGAGCACTCCTGGGAGATGACCAAATCTATAATGTCATCGTCA
CCGCACATGCTTTCGTAATAATTTTCTTCATAGTAATGCCTATCCTGATCGGAGGCTTTGGAAA
CTGGCTTGTGCCTCTTATAATCGGGGCCCCAGATATGGCATTCCCACGAATGAATAACATGAG
CTTCTGGCTTCTGCCTCCCTCCTTTCTTCTTTTATTAGCTTCCTCCGGAGTCGAAGCAGGGGC
AGGAACTGGCTGAACAGTATACCCCCCTCTAGCAGGAAATCTTGCACATGCTGGAGCTTCAG
TTGACCTGGCCATCTTTTCTCTTCACTTAGCGGGTATTTCCTCAATTTTAGGGGCTATCAACTT
TATTACTACAATTATTAATATGAAACCCCCAGCAATTTCACAGTATCAGACACCTTTATTTGTAT
GGGCCGTACTCGTGACAGCCGTACTTCTTCTGCTTTCACTTCCTGTTTTAGCTGCTGGGATTA
CGATACTACTGACAGATCGTAACCTAAACACCACTTTCTTCGACCCGGCAGGAGGAGGGGA
CCCAATCCTTTACCAACACCTATTC

线粒体DNA 12S片段序列：

CACCGCGGTTATACGAGAGGCCCTAGTTGATGAATAGCGGCGTAAAGCGTGGTTAAGGGACA
CATACAATAAAGCAAAAAACCCGCCTAGCCGTTATACGCAAAAGAGGATAAGAGTCACTATC
ACGAAAGTAGCTTTAACCCCACCCACCTGAACCCACGACAGCTAGGGCA

叶鲱
Escualosa thoracata

中 文 名： 叶鲱
学　　名： *Escualosa thoracata* (Valenciennes，1847)
英 文 名： White sardine
别　　名： 玉鳞鱼
分　　类： 鲱科 *Clupeidae*，叶鲱属 *Escualosa*
鉴定依据： 中国海洋鱼类，上卷，p275

形态特征： 本种体长椭圆形（侧面观），甚侧扁。吻短，钝圆，吻长略短于眼径。口小，前位。上颌骨伸达瞳孔前下方。犁骨、腭骨、翼骨和舌上均有细齿。体被小圆鳞。无侧线。背鳍鳍条数15～16；臀鳍鳍条数19～20；胸鳍鳍条数12～14；腹鳍鳍条数7。纵列鳞数39～41。鳃耙数（19～21）+（37～40）。背鳍起点距吻端较距尾鳍基为近。臀鳍位置远比背鳍靠后。尾鳍叉形。体侧下方洁白如玉，体侧中上方具1条与眼径几乎等宽的有白色光泽的纵带；沿体背部有2行平行小黑点，头顶、吻端和臀鳍、尾鳍边缘也有许多小黑点。体长约8cm。

分布范围： 中国南海；印度尼西亚海域、菲律宾海域、澳大利亚海域、印度—西太平洋热带海域。

生态习性： 为近海暖水性小型鱼类。

线粒体DNA COI片段序列：

CCTGTATTTAGTATTTGGTGCCTGAGCAGGGATGGTAGGAACCGCCCTAAGCCTTCTTATCCG
AGCAGAGCTCAGCCAACCCGGAGCACTCCTTGGAGATGATCAAATCTATAATGTCATTGTTA
CTGCACACGCATTCGTTATAATCTTCTTCATGGTTATGCCGATCCTAATTGGAGGTTTCGGTAA
TTGACTGGTTCCTCTGATGATTGGGGCGCCTGATATAGCATTCCCACGGATGAACAATATGAG
CTTCTGACTTCTGCCCCCTTCCTTCCTTCTTCTACTTGCCTCTTCTGGTGTTGAGGCCGGAGC

AGGGACCGGGTGAACAGTGTATCCTCCCCTGTCGGGCAACCTGGCCCACGCCGGGGCATCA
GTTGACCTGACAATCTTCTCCCTCCACCTAGCAGGGATTTCATCAATTCTTGGAGCAATCAAC
TTCATCACAACGATCATTAACATGAAGCCCCCCGCAATTTCCCAGTATCAAACACCCCTGTTC
GTTTGATCAGTTCTCGTGACGGCCGTGCTCCTTCTCCTCTCTCCCTGTCCTAGCCGCAGGG
ATTACTATGCTTCTTACAGATCGAAATCTAAATACAACCTTCTTCGACCCAGCAGGAGGAGGG
GATCCTATTCTGTACCAGCATCTATTC

线粒体DNA 12S片段序列：

CACCGCGGTTATACGAGGGGCTCGAGTTGATAGACCACGGCGTAAAGTGTGGTTATGGGAAA
CATGTTTAACTAAAGCTAAAGAGCCCCTAGGTTGTTATACGCATCTGGACGTTCGAACCCCAA
TAACGAAAGTAGCTTTAACCCCTTCTGCCAGACTCCACGACAGCTGAGAAA

黑口鳓
Ilisha melastoma

中 文 名： 黑口鳓
学　　名： *Ilisha melastoma*（Bloch & Schneider，1801）
英 文 名： Indian ilisha
别　　名： 短鳓，印度鳓，圆眼仔
分　　类： 锯腹鳓科Pristigasteridae，鳓属*Ilisha*
鉴定依据： 台湾鱼类资料库；中国海洋鱼类，上卷，p293

形态特征： 体延长而略高，甚侧扁。头中大，侧扁。吻短钝，上翘，吻长明显短于眼径。口中大，向上倾斜而近垂直；上颌骨末端圆形且不延长，仅可达眼睛前缘的下方；下颌的前端向上突出。两颌、腭骨及舌上具细齿。鳃耙较粗，边缘具小刺，第一鳃弓下支鳃耙数20 ~ 24。背缘窄；腹缘有完整的棱鳞，腹鳍前19 ~ 21枚、腹鳍后8 ~ 9枚。体被圆鳞，鳞中大，易脱落，无

侧线；纵列鳞数多于45枚。背鳍起始于体中部，具17 ~ 18鳍条；胸鳍鳍条数15 ~ 17；臀鳍长，具38 ~ 42分支状鳍条；腹鳍甚小，其长短于眼径，鳍条数7；尾鳍叉形。纵列鳞数41 ~ 44。鳃耙数（10 ~ 12）+（20 ~ 24）。体背淡绿色，体侧银白色。背鳍及尾鳍淡黄绿色，余鳍色淡。大型个体体长约25.6cm。

分布范围：中国福建、广东、海南近海，山东南部海域；印度—西太平洋区。

生态习性：为浅海中上层洄游鱼类。游泳速度快，喜群居。白天多活动于中下层水域，黄昏、晚上、黎明或阴天则活动于中上层水域。有时可进入河口水域，甚至低盐度的水域。主要以浮游甲壳类动物为食。

线粒体DNA COI片段序列：

CCTTTATTTAGTATTTGGGGCCTGAGCAGGAATAGCGGGCACAGCTTTAAGTTTATTAATTCG
GGCAGAACTTAGCCAACCCGGAGCTCTCCTTGGTGACGATCAAATTTATAATGTAATCGTTAC
CGCGCATGCTTTCGTAATAATCTTCTTTATAGTAATACCAATGTTAATTGGAGGCTTTGGAAAC
TGATTGGTGCCACTCATACTTGGTGCACCAGACATAGCATTCCCTCGAATAAATAATATAAGC
TTCTGACTTCTCCCCCCCTCATTCCTCCTTCTCTTAGCCTCTTCTGGAGTAGAGGCTGGAGTA
GGGACAGGATGGACAGTATATCCCCCTTTAGCAGGAAACCTTGCCCATGCAGGAGCATCTGT
AGATTTAGCTATCTTTTCACTTCACTTAGCAGGAATCTCATCAATCCTCGGGGCTATTAACTTC
ATCACTACTATTATCAATATGAAACCCCCTGCGATCTCACAATATCAAACACCTTTATTCGTCT
GAGCTGTATTAGTTACAGCAGTACTTCTCCTACTCTCCCTCCCAGTTCTAGCTGCTGGGATCA
CAATACTCCTTACAGACCGAAACTTAAATACTACGTTCTTTGACCCGGCAGGAGGGGGAGAC
CCTATCTTATATCAACATCTATTT

线粒体DNA 12S片段序列：

CACCGCGGTTATACGAGAGGCCCTAGTTGATATGCTCGGCGTAAAGAGTGGTTATGGGAGCA
CAACACTAAAGCCAAAGACCCCTCCAGCAGTTATACGCACTCAGAGATTCGAAGCACCAGC
ACGAAAGTCGCTTTACCCCACCCACCAGAACCCACGATAGCCGGGAAA

鳓

Ilisha elongata

中 文 名：鳓
学　　名：*Ilisha elongata*（Anonymous，1830）
英 文 名：Chinese herring，Slender shad
别　　名：白力，力鱼，曹白鱼，吐目
分　　类：锯腹鳓科 Pristigasteridae，鳓属 *Ilisha*
鉴定依据：台湾鱼类资料库；中国海洋鱼类，上卷，p294

形态特征：体长而宽，甚侧扁。头中大，侧扁。吻短钝，上翘，吻长明显短于眼径。口中大，向上倾斜而近垂直；上颌骨末端圆形且不延长，仅可达瞳孔的下方；下颌的前端向上突出。两颌、腭骨及舌上具细齿。鳃耙较粗，边缘具小刺，第一鳃弓下支鳃耙数20 ~ 24。背缘窄；腹缘有完整的棱鳞，腹鳍前23 ~ 26枚、腹鳍后10 ~ 14枚。体被圆鳞，鳞中大，易脱落，无侧线；纵列鳞数多于45枚。背鳍起始于体中部，具15 ~ 17鳍条；胸鳍鳍条数17；臀鳍长，具40 ~ 50分支状鳍条；腹鳍鳍条数7，甚小，其长短于眼径；尾鳍叉形。体背灰色，体侧银白色。头背、吻端、背鳍及尾鳍淡黄绿色，背鳍和尾鳍边缘灰黑色；余鳍色淡。最大体长40cm。

分布范围：中国沿海；俄罗斯彼得大帝湾海域、日本海域、朝鲜半岛海域、印度尼西亚海域、中南半岛海域、印度沿海。

生态习性：为暖水性近海洄游鱼类。游泳速度快，喜群居。白天多活动于中下层水域，黄昏、晚上、黎明或阴天则活动于中上层水域。有时可进入河口域，甚至低盐度的水域。幼鱼以浮游动物为食，成鱼则捕食虾类、头足类、多毛类或小型鱼类等。产卵期为4—6月。一般怀卵量4万~ 10万粒，卵为浮性卵。产卵场分布于渤海到广西北部湾的各近岸河口，以吕四洋和莱州湾比较集中。

线粒体DNA COI片段序列：

CCTCTATTTAGTATTTGGGGCCTGAGCGGGCATGGCAGGTACGGCTTTAAGCCTACTAATTCG
AGCAGAACTCAGCCAACCCGGAGCCCTCCTCGGCGATGACCAAATTTATAATGTAATCGTCA
CCGCACATGCCTTCGTAATAATTTTCTTTATAGTGATACCAATATTGATCGGAGGCTTTGGAAA
CTGACTAGTACCACTTATACTTGGCGCACCAGATATAGCATTCCCCCGAATAAATAACATAAG
CTTTTGACTTCTCCCCCCATCATTTCTTCTGTTACTAGCCTCCTCCGGGGTTGAAGCCGGAGT
AGGAACAGGATGAACGGTATACCCCCCCTTAGCAGGAAATCTCGCCCACGCAGGAGCATCT
GTAGATCTGGCTATTTTTTCACTTCACTTGGCTGGGATCTCATCAATTCTTGGGGCTATTAATT
TTATTACCACAATTATTAACATAAAACCCCCAGCAATTTCACAGTACCAAACACCCCTATTCGT
TTGAGCTGTATTAGTCACAGCAGTGCTTCTTCTACTCTCTCTCCCCGTACTGGCTGCTGGAAT
CACAATGCTCCTCACAGACCGAAACTTAAACACCACATTCTTTGACCCGGCAGGCGGGGGA
GACCCCATTTTATATCAACACCTGTTT

线粒体DNA 12S片段序列：

CACCGCGGTTAGACGAGAGGCCCCAGTTGATACATTCGGCGTAAAGAGTGGTTATGGGGACATAACACTAAAGCCAAAGACCCCTCAAGCAGTCATACGCACTCAGGAGTTCGAAGCACCAGCACGAAAGTCGCTTTACTTTACTCACCAGAACCCACGACAGCCGGGAGA

鼠鱚目 | GONORHYNCHIFORMES

遮目鱼
Chanos chanos

中 文 名： 遮目鱼
学　　名： *Chanos chanos*（Forsskål，1775）
英 文 名： Milkfish
别　　名： 海草鱼，遮目鱼，杀目鱼，状元鱼
分　　类： 遮目鱼科Chanidae，遮目鱼属*Chanos*
鉴定依据： 台湾鱼类资料库；中国海洋鱼类，上卷，p313；南海诸岛海域鱼类志，p29

形态特征： 体长形，侧扁，背、腹部隆起度相似，尾柄短。头锥形；中等大。吻圆钝。鼻孔小，相距稍远；前鼻孔具鼻瓣，鼻孔距眼较距吻端近。眼大，位于头的前侧部；脂眼睑厚且完全遮住眼。口小、前位，口裂短；上颌前缘由前颌骨组成，正中具一凹刻，下颌联合处具一凸起，上、下颌凹凸相嵌，上颌长。口无齿。鳃孔中等大。鳃盖膜相连；但与喉、峡部分离。鳃盖条数4。鳃耙细密。肛门紧接于臀鳍前方。体被细小圆鳞，头部裸露；鳞片前缘的中间有凹刻，后部有许多条纵沟线，环心线细。背鳍和臀鳍基部有发达的鳞鞘胸鳍和腹鳍基部有尖长的腋鳞，尾鳍基部有2片尖长大鳞。侧线完全，位于体侧中部，近平直。背鳍外缘深凹，起点至吻端的距离

与至尾鳍基的距离相等；臀鳍短小，外缘浅凹，起点距尾鳍基较距腹鳍起点近；胸鳍末端尖，位低，距吻端较距腹起点近；腹鳍短，与背鳍基后段相对，起点在背鳍起点之后；尾鳍长，深叉形，上叶较长。体背部青绿色，体侧和腹部银白色。背鳍、尾鳍及胸鳍上部淡灰褐色，其他鳍淡白色。

分布范围：中国台湾海域、海南海域、广东沿海；日本南部海域、美国夏威夷海域、新西兰海域、红海、印度—太平洋热带水域。

生态习性：为暖水性集群鱼类。平时栖息于外海，生殖时期游向河口或近岸水域，偶尔也进入淡水。

线粒体DNA COI片段序列：

CCTGTATCTAGTATTCGGTGCCTGAGCTGGAATGGTTGGAACAGCACTAAGCCTCTTAATTCGAGCAGAGCTTAGCCAACCAGGATCTCTTCTGGGCGATGATCAAATCTATAACGTCATCGTCACAGCGCACGCTTTTGTAATAATCTTCTTTATAGTAATGCCTATCCTCATTGGAGGGTTCGGGAACTGACTTGTCCCACTAATGATCGGGGCCCCAGACATGGCATTCCCTCGAATGAACAACATAAGCTTCTGGCTTCTTCCACCTTCGTTCCTTCTCCTCCTAGCATCGTCTGGAGTTGAAGCCGGAGCCGGAACAGGATGAACAGTCTACCCCCCACTAGCCGGAAATCTTGCTCACGCAGGAGCCTCCGTGGACTTAACAATTTTCTCTCTTCACCTAGCAGGGGTCTCTTCAATTCTTGGAGCAATTAATTTCATTACTACTATTATTAACATGAAACCCCCAGCCATCTCCCAATATCAAACACCTCTATTTGTTTGAGCCGTTCTCGTTACAGCCGTACTTCTCCTTCTATCTCTTCCAGTGCTAGCCGCTGGAATTACGATGCTCCTGACAGATCGAAACCTTAATACAACATTCTTCGACCCGGCTGGAGGAGGAGACCCAATTCTGTACCAACACCTGTTC

线粒体DNA 12S片段序列：

CACCGCGGTTATACGAGAGGCTCTAGTTGACGAACTACGGCGTAAAGCGTGGTCACGGAGAGCAATCAATACTAAAGCCAAACGCCTCCCAGGCTGTCATACGCATCCGGAGGTACGAAGCCCAATAACGAAAGTAGCTTTATTACCGCCAACCTGACCCCACGACAACTGAGAAA

灯笼鱼目 | MYCTOPHIFORMES

大头狗母鱼
Trachinocephalus myops

中 文 名：大头狗母鱼
学　　名：*Trachinocephalus myops*（Forster，1801）
英 文 名：Snakefish
别　　名：狗母梭，汕顶狗母，狗棍
分　　类：狗母鱼科Synodontidae，大头狗母鱼属*Trachinocephalus*
鉴定依据：中国海洋鱼类，上卷，p412；南沙群岛至华南沿岸的鱼类（一），p17

形态特征： 体长约25cm，是体高的5.28 ~ 6.3倍、头长的3.45 ~ 3.73倍。吻短而钝，吻长小于眼径。眼中等大，前上位，具脂眼睑。口裂大，末端超过眼后缘下方。下颌略长于上颌。上颌齿2行，下颌齿3行；腭骨每侧具1组狭长齿带。鳃耙细短如针尖。体被圆鳞，头部裸露无鳞；侧线发达。背鳍位于腹鳍基后上方，起点距吻端较距脂鳍近；胸鳍小，侧中位；腹鳍前腹位，外侧鳍条较内侧短；尾鳍深叉形。体背部褐色，腹部白色。头背部有红色网状斑纹，鳃孔后上缘具一褐色斑，体背部中央有1行灰色花纹，沿体侧有12 ~ 14条灰色纵纹和3 ~ 4条黄色细纵纹相间排列。背鳍、腹鳍有黄色纹。

分布范围： 中国黄海南部、东海、南海；日本南部海域，太平洋、印度洋和大西洋温带、热带水域。

生态习性： 喜栖息于岩礁或珊瑚礁区外沙泥底质的大陆棚海域，从沿岸至100m深均有。肉食性，主要以甲壳类和小型鱼类为食。常将身体埋入沙泥中，只露出眼睛，掠食游经其上的小鱼。1 ~ 2龄性成熟，在南海每年1—3月产卵。为我国海洋经济鱼类，南海底拖网、定置网渔获对象。

线粒体DNA COI片段序列：

CCTTTACATAATTTTCGGTGCCTGAGCCGGAATAGTCGGCACGGCTTTAAGCCTTTTGATTCG
AGCTGAGCTGAGCCAGCCCGGGGCCCTTCTAGGAGACGACCAGATTTACAATGTAATCGTCA
CGGCCCATGCCTTCGTAATAATCTTTTTTATAGTAATACCAATCATGATCGGGGGCTTCGGCAA
CTGACTTATTCCTTTAATGATCGGTGCCCCGGACATGGCTTTTCCCCGAATGAACAACATAAG
CTTTTGACTTCTGCCTCCATCTTTTCTTCTTCTCCTGGCTTCGTCTGGCGTAGAAGCTGGCGC
AGGCACCGGGTGAACAGTTTACCCGCCCTTGGCGGGTAACCTAGCCCATGCAGGTGCTTCCG
TAGATCTAACTATTTTTTCCCTCCATCTAGCCGGGATCTCATCTATTCTTGGCGCCATCAACTTT
ATCACAACCATCATTAACATAAAACCCCCTTCGATTACTCAGTATCAGACTCCTTTGTTTGTCT
GAGCCGTCTTGATTACTGCCGTACTTCTTTTGCTTTCTCTTCCCGTCCTGGCGGCAGGAATCA
CTATGCTTCTAACCGACCGCAACTTGAACACCACATTTTTTGACCCCGCAGGCGGGGGAGAC
CCTATCTTATACCAGCATTTGTTT

线粒体DNA 12S片段序列：

CACCGCGGTTATACGAAAGACCCTAGTTGATACACACGGCGTAAAGGGTGGTTAAGGATAAC
ACACAATAAAGCCAAAGATCTTCTAAGCCGTTATACGCACCCCGAAAGTCACGAGGCCCAGA
TACGAAAGTAGCTTTAAGACAAGCCTGACCCCACGAAAGCTAAGAAA

杂斑狗母鱼
Synodus variegatus

中 文 名： 杂斑狗母鱼
学　　名： *Synodus variegatus*（Lacepède，1803）
英 文 名： Red lizardfish
别　　名： 狗母梭，狗母，花狗母
分　　类： 狗母鱼科Synodontidae，狗母鱼属*Synodus*
鉴定依据： 台湾鱼类资料库；中国海洋鱼类，上卷，p405

形态特征： 背鳍10 ~ 13；臀鳍8 ~ 10；胸鳍11 ~ 13；腹鳍8。鳃耙数33 ~ 38。体圆而瘦长，呈长圆柱形，尾柄两侧具棱脊。头较短。吻圆，吻长明显大于眼径。前鼻孔瓣细长。眼中等大，脂眼睑发达。口裂大，上颌骨末端远延伸至眼后方；颌骨具锐利的小齿；腭骨前方齿较后方齿长，明显自成一丛。体及头部被圆鳞；颊部被鳞，但不及前鳃盖缘；侧线鳞数60 ~ 63，侧线上鳞数5.5（少数为6.5）。单一背鳍，鳍条数11 ~ 13（通常为13）；有脂鳍；臀鳍与脂鳍相对，鳍条数8 ~ 11；胸鳍短，鳍条数11 ~ 13，末端不延伸至腹鳍起点与背鳍起点的连接处；腹鳍8；尾鳍叉形，上叶长等于下叶。吻背面有3对黑色斑，前鼻孔基部有一黑色斑；背鳍、胸鳍、尾鳍有黑色斑纹。成鱼体色多变，由灰色至红色皆有。某些个体体侧具沙漏形斑或鞍状斑，但这些斑纹通常会被较粗的暗红色斑破坏。红带狗母（*Synodus englemani*）为本种的同种异名。

分布范围： 中国东海南部、南海；琉球群岛海域、菲律宾海域以及澳大利亚海域等印度—西太平洋暖水域。

生态习性： 属暖水性底层中小型鱼类。主要栖息于沿岸水深5 ~ 20m的近海靠近礁石的沙泥

底质海域。肉食性，以小型鱼类及甲壳类为主。通常在沙地上停滞不动，身上的花纹是很好的伪装，有时会将整个身体埋入沙中而只露出眼睛，等候猎物游经时跃起吞食。

线粒体DNA COI片段序列：

CCTCTATATAATTTTCGGTGCCTGAGCCGGCATAGTCGGCACGGCCCTCAGCCTTTTAATTCGCGCG
GAACTAAGCCAGCCCGGGGCTCTTTTAGGCGATGATCAAATTTACAACGTAATTGTTACAGCCCAC
GCATTTGTAATGATTTTTTTTATAGTAATACCTATTATGATTGGGGGGTTCGGAAACTGGCTTATTCCT
TTGATAATTGGCGCCCCGGACATGGCTTTTCCCCGAATAAATAATATAAGTTTCTGACTACTTCCGCC
ATCATTCCTTTTACTTTTAGCATCTTCTGGTGTTGAAGCTGGTGCGGGGACTGGTTGAACTGTCTAC
CCCCCCTTAGCAGGAAACCTGGCCCACGCCGGGGCTTCAGTAGACCTGACAATTTTTTCCTTGCAC
TTGGCAGGCATTTCTTCTATCTTAGGAGCAATCAATTTTATTACAACTATTATCAACATAAAGCCCCC
TTCAATTTCACAATACCAGACCCCGCTTTTCGTATGAGCTGTTCTAATTACAGCTGTCCTTCTTCTTT
TATCTTTGCCCGTACTGGCAGCCGGAATTACAATACTTCTGACTGATCGGAACCTTAACACCACTTT
TTTCGACCCTGCGGGAGGGGGCGACCCTATTTTATACCAACACCTCTTC

线粒体DNA 12S片段序列：

CGCCGCGGTTACACGAGAGGCTCAAGTCGATAAATGCCGGCGTAAAGGGTGGTTAAGGAAT
AAAGCGAATAGAGAAAAACGCTCTTCAAGCTGTTATACGCCCCCAAGAGTATGAAAATCCTG
CACGAAAGTAACTCTACTGAGCCTGAACCCACGACAGCTCTGGTA

日本姬鱼

Hime japonica

中 文 名：日本姬鱼
学　　名：*Hime japonica*（Günther，1877）
英 文 名：Japanese thread-sail fish
别　　名：仙女鱼，狗母，汕狗母
分　　类：仙女鱼科 Aulopidae，姬鱼属 *Hime*
鉴定依据：台湾鱼类资料库

形态特征：体呈长形，稍侧扁；背部轮廓略隆起。吻短，略等于或短于眼径。眼大，突出于头背部。口略能伸缩；下颌较上颌突出，上颌骨延伸至眼中部下方。上、下颌齿小，为圆锥状；锄骨及腭骨均具齿。鳃耙数（4 ~ 7）+（14 ~ 16）=（18 ~ 23）。头部及体皆被中等栉鳞；侧线鳞数40 ~ 46。单一背鳍，起于身体前部，具鳍条15 ~ 17，雄、雌鱼鳍条均不延长，后方具脂鳍；腹鳍喉位，具鳍条9；臀鳍具鳍条9 ~ 10；胸鳍侧位；尾鳍叉形，尾柄具棘状鳞。体呈淡粉红色，体侧上半部具不规则的褐色斑驳，下半部则为橘红色。各鳍淡色，雄鱼背鳍前方鳍膜有一大片由第一根鳍条的下方斜上至第六根鳍条上方的红色斑块，后半部散布黄色卵形斑；雌鱼背鳍前半部有一些明显的暗斑，后半部散布不规则的红色斑。腹鳍及尾鳍具橘红色斑纹或斑点。雄鱼臀鳍具黄色纵斑，雌鱼无。

分布范围：中国南海与台湾海域；西太平洋区，包括日本及菲律宾等海域。

生态习性：主要栖息于近岸沙泥底质或岩石底质的大陆棚区至大陆棚缘的深水域，为中小型底栖鱼类。栖息水深85 ~ 330m。主要以鱼类及甲壳类为食。

线粒体DNA COI片段序列：

CCTCTATTTAGTATTCGGTGCCTGAGCTGGCATAGTGGGCACAGCTTTAAGCCTCTTAATTCG
AGCGGAACTTAGTCAGCCAGGGGCCCTTCTTGGAGACGATCAAATTTATAACGTAATTGTTA
CCGCACACGCATTTGTTATAATTTTCTTTATAGTAATACCAATTATAATTGGGGGTTTTGGCAA
CTGACTAATTCCTCTGATGATTGGGGCCCCAGATATGGCATTTCCTCGAATGAATAATATAAGC
TTCTGACTTCTCCCCCCCTCTTTTCTGTTGCTACTAGCTTCCTCTGGTGTTGAAGCTGGGGCC
GGAACCGGCTGAACAGTCTACCCCCCCTTGGCCGGGAACCTGGCACACGCCGGAGCCTCTG
TAGACCTAACTATCTTCTCCCTTCACCTAGCCGGGATCTCCTCAATCCTAGGGGCAATCAACT
TTATTACTACTATCATTAACATAAAACCCCCCGCGATCTCTCAGTACCAGACACCCCTCCTAGT
TTGAGCTGTCCTAATCACGGCCGTCCTTCTACTTCTCTCCCTCCCAGTCCTGGCAGCAGGCAT
CACTATACTTCTGACAGATCGAAACCTTAATACGACATTTTTTGACCCGGCGGGAGGGGGAG
ACCCAATTCTTTATCAACACCTATTC

线粒体DNA 12S片段序列：

CACCGCGGTTATACGAGAGACCCAAGTTGACTTACACCGGCGTAAAGTGTGGTTAGGGCCCC
AACCTCTAATAAAGTCGAACACCTCCCGAACTGTTATACGCACACGGAGACAAGAAGCACC
TCTACGAAAGTGACTTTAAACCCCCTGAACCCACGACAGCCTTGACA

黑缘青眼鱼
Chlorophthalmus nigromarginatus

中 文 名：黑缘青眼鱼
学　　名：*Chlorophthalmus nigromarginatus* Kamohara，1953
英 文 名：Blackedge greeneye
别　　名：奇士鱼
分　　类：青眼鱼科Chlorophthalmidae，青眼鱼属*Chlorophthalmus*
鉴定依据：台湾鱼类资料库；中国海洋鱼类，上卷，p420

形态特征： 体延长、呈亚圆筒形，后部稍侧扁；体长是体高的4.60 ~ 5.33倍、头长的3.02 ~ 3.60倍。背缘自头后部开始至背鳍起点隆起。头中长，稍侧扁。眼大而圆，上侧位；眼间隔较窄。吻较尖，吻长约等于眼径。头背平直。口前位，下颌突出；上颌骨末端仅达眼前缘。齿小，圆锥形，两颌具齿带，下颌内侧齿扩大，下颌前方露出部左右各有一组成3列的齿丛，最外侧齿不向下翻出；锄骨两端突出，各具一小齿丛，齿丛中间无齿；腭骨具单列齿；舌上无齿；犁骨前缘无齿，后部齿带稍长。体被梳状鳞，体背后部、颊部和鳃盖具鳞；侧线平直。背鳍、腹鳍对位，背鳍起点稍靠前，脂鳍小，位于臀鳍基部上方；胸鳍中侧位，末端不及腹鳍鳍端；臀鳍后位；尾鳍叉形。体呈褐色，腹部淡褐色。肛门位于腹鳍后方，周围有黑色发光区。背部及沿侧线各有1列暗色云状斑，鳃盖也具一黑斑。除臀鳍淡色外，各鳍皆为淡褐色；背鳍和尾鳍具黑色缘；腹鳍中央具一黑横线。

分布范围： 中国东海、南海、台湾海域；日本南部海域、印度尼西亚海域、澳大利亚海域、印度—西太平洋暖水域。

生态习性： 主要栖息于大陆棚缘的深水域，为暖温性底层中小型鱼类。主要以鱼类及甲壳类为食。

线粒体DNA COI片段序列：

CCTTTATTTAGTATTCGGTGCTTGAGCCGGAATAGTAGGCACAGCCCTGAGCCTCCTTATTCG
AGCAGAACTCAGTCAACCCGGAGCCCTCCTGGGGGATGACCAAATTTATAACGTCATCGTTA
CGGCCCACGCCTTTGTAATGATTTTCTTTATAGTAATGCCAATTATGATCGGAGGATTTGGAAA
TTGGCTGATCCCACTAATGATCGGGGCCCCCGACATGGCTTTCCCGCGAATGAACAACATGA
GCTTCTGGCTTCTTCCCCCATCCTTCCTTCTCCTCCTGGCTTCCTCCGCTGTAGAAGCAGGGG
CTGGTACAGGATGAACAGTTTATCCTCCCCTTGCCGGCAACCTGGCACACGCCGGAGCCTCT
GTTGACCTAACCATCTTCTCGCTTCATCTAGCAGGGGTTTCCTCCATTTTAGGTGCCATCAAC
TTTATTACAACCATTATTAACATGAAACCCCCCGCCATCACCCAATACCAAACACCTCTGTTT
GTATGGGCCGTTCTAATTACTGCTGTCCTTCTCCTCCTTTCCCTTCCCGTCCTTGCAGCAGGCA

TTACAATGCTTCTGACAGACCGAAACCTAAACACGACCTTCTTTGACCCAGCAGGCGGAGG
AGACCCAATTCTCTATCAACACCTGTTC

线粒体DNA 12S片段序列：
CGCCGCGGTTATACGGGCAGGCCCAAGTTGATAGATTTCGGCGTAAAGAGTGGTTACGGATC
AAACCCACTAAAGTTAAACACCCCCCTCACTGTAATACGCGCCCGGGGGCAGGAGACCCCA
CTACGAAGGTGACTTTAACACTACTCCCGAACCCACGACAGCCAGGAAA

鼬鳚目 OPHIDIIFORMES

单斑新鼬鳚
Neobythites unimaculatus

中 文 名：单斑新鼬鳚
学　　名：*Neobythites unimaculatus* Smith & Radcliffe，1913
英 文 名：Onespot cusk
别　　名：鼬鱼
分　　类：鼬鳚科 Ophidiidae，新鼬鳚属 *Neobythites*
鉴定依据：台湾鱼类资料库；中国海洋鱼类，上卷，p547

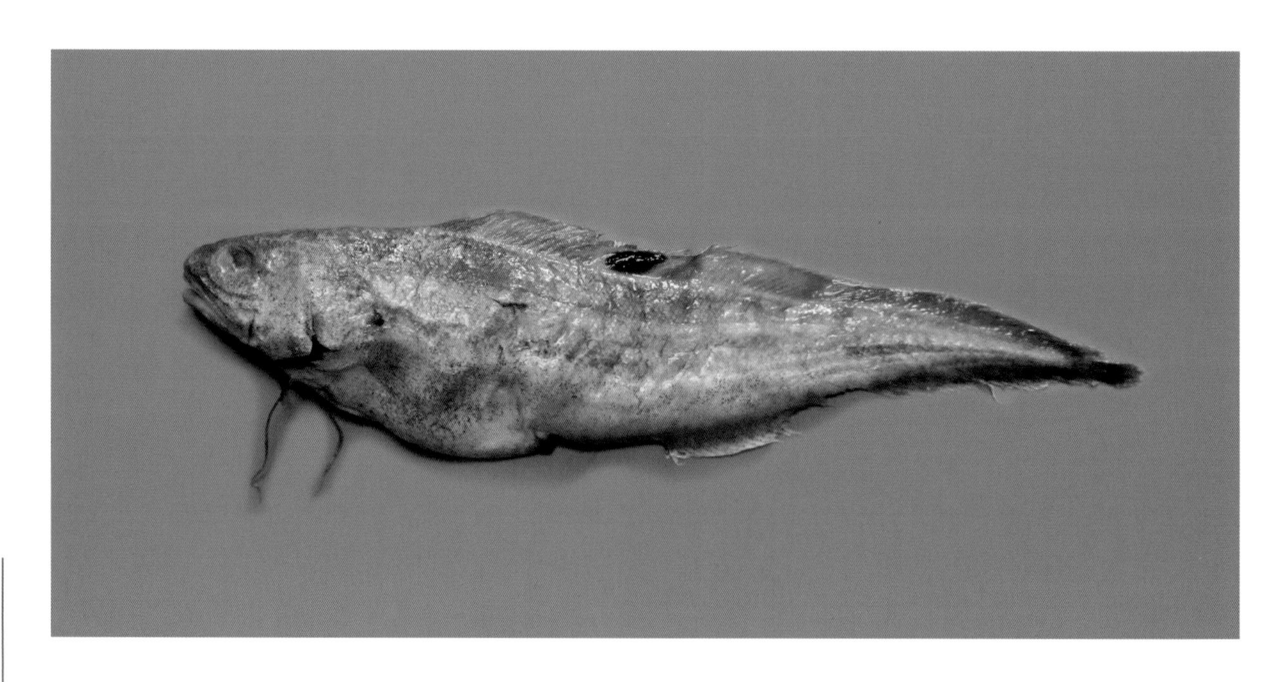

形态特征：体圆而延长，尾部则是侧扁，躯干中部体较高。吻较尖突。眼较小，背侧位，眼径小于吻长。在鳃盖骨的后面有一尖锐的硬棘，前鳃盖骨的下方则有2根小棘。背鳍和臀鳍非常长，一直延伸至尾鳍部位，愈合在一起。背鳍鳍条数97 ~ 100；臀鳍鳍条数73 ~ 77；腹鳍位于喉部，已经退化成2条延长丝状；胸鳍鳍条数24 ~ 27；尾鳍鳍条数8。头部及体上半部黄褐色，体下半部淡色。各鳍淡黄色，背鳍位于肛门的相对位置稍后方上的鳍膜中央具一大黑色眼斑，眼斑上缘不延伸至鳍膜边缘。

分布范围：中国南海；日本土佐湾、和歌山海域，菲律宾海域等西太平洋暖水域。

生态习性：主要栖息于大陆棚沙泥底质水域，栖息水深110 ~ 565m。肉食性，以底栖生物为主食。

线粒体DNA COI片段序列：

CCTTTACTTAGTATTTGGTGCATGAGCAGGCATAGTGGGAACAGCCCTAAGCCTATTAATTCGAGCCGAGCTAAGTCAACCCGGCGCTCTTTTCGGGGACGACCAACTTTATAACGTGATCGTTACAGCCCACGCCTTCGTCATGATCTTCTTCATGGTAATACCAGCCATAATTGGAGGCTTTGGGAACTGACTCGTCCCCCTAATAATTGGAGCCCCAGATATGGCATTCCCCCGAATAAATAACATAAGCTTTTGACTACTCCCCCCATCCTTCTTGCTTCTCCTCGCATCAGCCGGTGTTGAAGCAGGGGCTGGAACAGGTTGAACTGTATACCCCCCCTTATCCGGCAACTTAGCTCACTCCGGAGCCTCTGTCGACCTAACCATCTTCTCCCTCCACCTAGCAGGTGTATCTTCAATCCTAGGGGCAATTAACTTTATTACAACAATTTTTAATATAAAGCCACCTGCCGTCTCTCTTTACCAAACACCCCTATTCGTATGATCAGTATTAATTACTGCCTTCCTTCTCCTACTCTCCCTGCCCGTGCTCGCAGCAGGTATTACGATACTTCTCACTGACCGAAACTTAAATACGTCTTTCTTCGATCCTGCAGGAGGGGGGGACCCAATCCTTTACCAACACCTTTTC

线粒体DNA 12S片段序列：

TACCGCGGTTAGACGGGCTAGAGCCCAAGTTGATAGGCATCGGCGTAAAGGGTGGTTAGGGGCCTAACCCAAACTAAAGTAGAACGACTTCACGGCCGTGATACGTATCGGAAGAACTGAAATTCTGTGACGAAAGTAACTTTAATAATACCCTGAACCCACGGAAGCTAAGAAA

颌针鱼目 | BELONIFORMES

斑鱵
Hemiramphus far

中 文 名：斑鱵
学　　名：*Hemiramphus far*（Forsskål，1775）
英 文 名：Blackbarred halfbeak，Halfbeak，Spotted halfbeak
别　　名：补网师，水针，铜吮鱼
分　　类：鱵科Hemiramphidae，鱵属*Hemiramphus*
鉴定依据：台湾鱼类资料库；南海海洋鱼类原色图谱，p130；中国海洋鱼类，上卷，p629

形态特征：体延长，侧扁；体长为头长的3.8～4.6倍、为体高的5.3～6.2倍。眼前脊缺如。上颌短，突出成三角形，其上无鳞；下颌突出如喙，其长不小于头长；锄骨及舌上无齿。鼻窝内具一圆形或扇形嗅瓣。第一鳃弓上鳃耙数25～36。鳔为多室型。体被大圆鳞而易脱落。背前鳞数32～39；侧线位低，近腹缘。背鳍与臀鳍对位，背鳍具鳍条12～14；臀鳍起点在背鳍第六至第八鳍条下方，臀鳍具鳍条10～12，雄鱼的臀鳍不变形；胸鳍短，标准体长为胸鳍长的5.4～6.6倍，具鳍条11～13；腹鳍短小，后位，其基底与尾鳍基底的间距远短于其与鳃盖后缘的间距；尾鳍叉形，下叶长于上叶。体背呈浅灰蓝，腹部白色，体侧中间有1条银白色纵带，另有3～9条垂直暗斑；喙为黑色，前端具明亮的橘红色；各鳍浅灰色。

分布范围：中国南海、台湾海域；日本伊豆半岛以南海域、印度—西太平洋温暖水域。

生态习性：主要栖息于沿岸或岛屿四周较干净的水域表层，常在水流平静的内湾。成群洄游，一般皆在水草较多的水域。容易受惊吓，逃避敌害时，有时会有跃出水面的动作。

线粒体DNA COI片段序列：

CCTGTATTTAGTATTTGGTGCCTGAGCCGGAATAGTAGGCACTGCTTTAAGTCTTCTTATTCGA
GCAGAATTGAGCCAACCAGGCTCTCTCCTAGGAGACGACCAAATTTACAATGTAATTGTTAC
AGCACATGCCTTTGTAATAATTTTCTTTATAGTAATACCAATTATAATTGGTGGTTTTGGTAACT
GACTAATTCCCCTTATGATTGGAGCTCCTGATATAGCATTCCCACGAATGAACAACATAAGCT
TTTGACTCCTTCCACCTTCTTTCCTTCTTCTACTAGCTTCTTCAGGAGTTGAGGCAGGGGCTG
GAACAGGGTGAACAGTTTATCCACCCCTAGCTGGTAATCTAGCTCACGCTGGAGCATCAGTT
GACCTAACAATTTTCTCTCTACATCTAGCAGGAATTTCATCAATCCTGGGAGCAATTAATTTTA
TTACAACAATTATTAACATAAAACCTCCTGCAATTTCACAATACCAAACACCCCTCTTCGTCT
GAGCAGTTCTAATTACAGCAGTTCTTCTCCTTCTTTCCCTGCCCGTTCTTGCTGCAGGCATTA
CTATGCTTCTTACAGACCGAAACCTAAACACTACCTTTTTCGACCCGGCAGGAGGTGGTGAC
CCGATTCTTTATCAACATTTATTT

线粒体DNA 12S片段序列：

CACCGCGGTTATACGAGAGGCCTAAGTTAACAGACACCGGCGTAAAGAGTGGTTAAGGAGA
AGTCAAAACTAAAGCCGAATAACCTCAAGACTGTTATACGTTACCGAGGACAAGAAGCCCA
ACTACGAAAGTGGCTTTAATTTCCCCGACTCCACGAAAGCTGTGAAA

无斑鱵
Hemiramphus lutkei

中 文 名：无斑鱵
学　　名：*Hemiramphus lutkei* Valenciennes，1847
英 文 名：Lutke's halfbeak，Yellowtip halfbeak
别　　名：补网师，水针，长尾针
分　　类：鱵科Hemiramphidae，鱵属*Hemiramphus*
鉴定依据：台湾鱼类资料库；南海海洋鱼类原色图谱，p131；中国海洋鱼类，上卷，p629

形态特征：体延长，侧扁，标准体长为头长的4.1 ~ 4.4倍。眼前脊缺如。上颌短，突出成三角形，其上无鳞；下颌突出如喙，其长不小于头长；锄骨及舌上无齿。鼻窝内具一圆形或扇形嗅瓣。第一鳃弓上鳃耙数33 ~ 46。鳔为多室型。背前鳞数35 ~ 43；侧线位低，近腹缘。背鳍与臀鳍对位，鳍条具12 ~ 15（通常为13或14）；臀鳍起点在背鳍第四至第五鳍条下方，具鳍条10 ~ 13（通常为12），雄鱼的臀鳍不变形；胸鳍较长，标准体长为胸鳍长的4.8 ~ 5.4倍，具鳍条10 ~ 12（通常为11）；腹鳍短小，后位，其基底与尾鳍基底的间距远短于其与鳃盖后缘的间距；尾鳍叉形，下叶长于上叶。体背呈浅灰蓝，腹部白色，体侧中间有1条银白色纵带，无垂直暗斑；喙为黑色，前端具明亮的橘红色。

分布范围：中国东海、台湾海域；印度—西太平洋区，西起印度洋，东至萨摩亚，北至日本南部，南至新几内亚岛。

生态习性：为暖水性中上层鱼类。主要栖息于沿岸或岛屿四周较干净的水域表层，成群洄游，数十至数百尾为一群，一般皆在水草较多的水域。产卵期在每年4—7月。

线粒体DNA COI片段序列：

CCTGTATTTAGTATTTGGTGCCTGAGCCGGAATAGTAGGCACTGCTTTAAGTCTTCTTATTCGA
GCAGAACTGAGCCAACCAGGCTCTCTCCTAGGAGACGACCAAATTTACAATGTAATTGTTAC
AGCACATGCCTTTGTAATAATTTTCTTTATAGTAATACCAATTATAATTGGTGGTTTCGGCAACT

GACTAATTCCCCTTATGATTGGAGCTCCTGATATAGCATTTCCCCGAATGAATAACATAAGCTT
CTGACTCCTTCCCCCTTCTTTCCTTCTTTTATTAGCTTCTTCAGGAGTTGAAGCAGGGGCTGG
AACAGGATGAACGGTTTATCCACCTCTAGCTGGTAATCTTGCTCACGCTGGGGCATCAGTTG
ACCTAACAATTTTCTCCCTTCATCTAGCAGGAATTTCATCAATCCTGGGAGCAATTAATTTTAT
TACAACAATTATTAACATAAAACCCCCTGCAATTTCACAATACCAAACACCCCTCTTCGTCTG
AGCAGTTCTAATTACAGCAGTCCTTCTTCTTCTTTCTCTGCCCGTTCTTGCTGCAGGCATTACT
ATGCTTCTTACAGACCGAAACCTAAACACTACCTTCTTCGACCCCGCAGGAGGTGGTGACCC
AATTCTTTATCAACATTTATTT

线粒体DNA 12S片段序列：

CACCGCGGTTATACGAGGGACCCAAGTTGATATTCGCCGGCGTAAAGAGTGGTTAAGACATA
CAATGAAACTAAGGCGGAATTTCTTCACAGTCGTCATACGCTTTTGGAGATAAGAAACCCAA
TAACGAAAGTAGCCTTATGATATCCGAATCCACGAAAGCTAGGGCA

缘下鱵
Hyporhamphus limbatus

中 文 名： 缘下鱵
学　　名： *Hyporhamphus limbatus*（Valenciennes，1847）
英 文 名： Gernaert's halfbeak
别　　名： 补网师，水针
分　　类： 鱵科Hemiramphidae，下鱵属*Hyporhamphus*
鉴定依据： 台湾鱼类资料库；中国海洋鱼类，上卷，p632

形态特征： 体延长，侧扁；体长为头长的4.2 ~ 5.0倍、为体高的9.5 ~ 10.8倍。鼻孔突，不呈丝状。下颌延长成喙状，喙长略等于头长；上颌短小，其顶部呈三角形，被鳞，三角形的宽是长的1.1 ~ 1.2倍。眼前沟单一，不向后分支。上下颌具细长的三峰齿。第一鳃弓上鳃耙数

23 ~ 31。体被圆鳞；侧线位低，于胸鳍基底下方具一向上分支，向上延伸至胸鳍基底；背前鳞30 ~ 38。鳔为单室型。背鳍与臀鳍对位，后位，具鳍条13 ~ 16；臀鳍起点在背鳍第一至第三鳍条下方，具鳍条13 ~ 16；胸鳍较短，标准体长为胸鳍长的5.8 ~ 7.6倍；腹鳍短小，腹鳍基底至胸鳍基底的间距为腹鳍基底至尾鳍下叶基底距离的0.6 ~ 0.9倍；尾鳍浅开叉，下叶略长于上叶。体背呈浅灰蓝色，腹部白色，体侧中间有1条银白色纵带，无垂直暗斑；喙为黑色，前端具明亮的橘红色。

分布范围：中国沿海；印度—西北太平洋区。

生态习性：主要栖息沿岸水域表层，成群洄游，可进入河口区及河川下游。以水层中的浮游动物为主食。

线粒体DNA COI片段序列：

CCTTTATTTAGTATTTGGTGCTTGGGCTGGAATAGTAGGCACTGCTCTAAGCCTCCTCA
TTCGGGCTGAACTAAGCCAGCCCGGCTCTCTCCTAGGAGACGACCAGATTTATAATGT
TATTGTTACAGCACACGCCTTTGTAATAATTTTCTTTATAGTAATACCAATTATGATCGG
CGGTTTCGGCAACTGACTCATCCCTCTAATGATTGGAGCCCCTGACATGGCATTCCCTC
GAATGAATAATATGAGCTTCTGACTCCTTCCTCCTTCCTTCCTACTCCTGTTAGCCTCCT
CCGGAGTTGAAGCAGGTGCAGGAACTGGGTGAACAGTCTACCCGCCTCTTGCCGGCA
ACCTTGCCCACGCGGGGGCATCTGTTGATTTAACAATCTTCTCCCTCCATCTAGCAGG
GGTTTCCTCAATTCTTGGGGCCATTAATTTTATTACCACAATTATTAACATGAAACCCCC
AGCAATTTCTCAATATCAAACACCACTATTTGTTTGAGCAGTACTAATTACCGCCGTCC
TCCTCCTTCTCTCCCTGCCTGTTCTAGCGGCTGGAATCACCATGCTTCTTACAGACCGA
AATCTAAACACCACCTTCTTCGACCCTGCCGGAGGAGGAGACCCCATTCTTTACCAAC
ACCTATTC

线粒体DNA 12S片段序列：

CACCGCGGTTATACGAGAGGCCTAAGTTGATAGACACCGGCGTAAAGAGTGGTTA
GGGGAAACACAAACTAAAGCCGAATATCCTCAAGGCTGTCATACGCTAACGAGG
ACAAGAAGCCCCACTACGAAAGTGGCTTTAACCTTCCTGACCCCACGAAAGCTG
AGGGA

无斑柱颌针鱼
Strongylura leiura

中 文 名：无斑柱颌针鱼
学 名：*Strongylura leiura*（Bleeker，1850）
英 文 名：Banded needlefish
别 名：青旗，学仔
分 类：颌针鱼科Belonidae，柱颌针鱼属*Strongylura*
鉴定依据：台湾鱼类资料库；中国海洋鱼类，上卷，p625

形态特征：体略侧扁，截面呈圆柱形，体高为体宽的1.4 ～ 1.7倍。头部甚侧扁，背侧的中央沟发育良好；头长大于鳃盖后缘至腹鳍基底的间距。尾柄侧扁，无侧隆起棱。两颌突出如喙，下颌长于上颌；具细齿，呈带状；无锄骨齿；主上颌骨的下缘在嘴角处突出于眼前骨下方。鳃耙缺如。鳞中等，鳃盖具鳞，背鳍基底及臀鳍基底具鳞；背前鳞数130 ～ 180；侧线低位，近腹缘，至尾柄处向上升，而止于尾柄中部。背鳍与臀鳍相对，前者基底较短，背鳍起点在臀鳍第七至第十鳍条基底上方，具鳍条17 ～ 21；臀鳍具鳍条23 ～ 25；腹鳍基底位于眼前缘与尾鳍基底间距中央的略后方；尾鳍略凹入，下叶略长。体背蓝绿色，体侧银白色；尾鳍基底无黑斑，胸鳍末端呈黄色。

分布范围：中国南海、台湾海域；印度—西太平洋区，东起非洲东部，西至新几内亚岛。

生态习性：为暖水性中上层鱼类。喜欢成群在水表层活动，常数十尾成一群，掠食性强，牙齿锐利，其他鱼类一旦被咬住，几乎难以脱逃。

线粒体DNA COI片段序列：

CCTTTATCTAGTATTCGGTGCTTGAGCTGGAATAGTAGGAACCGCTTTAAGCCTACTTATTCGA
GCGGAACTAAGCCAACCCGGCTCCCTCTTAGGTGACGATCAAATTTATAATGTTATCGTCACA
GCACACGCTTTCGTAATAATTTTCTTTATAGTAATACCAATCATGATTGGAGGTTTCGGAAACT
GATTAATTCCTTTAATAATTGGGGCCCCCGATATAGCATTCCCACGAATAAATAACATAAGCTT
TTGACTTTTACCCCCCTCATTCCTTCTCCTTCTAGCTTCATCGGGAGTTGAAGCAGGTGCAGG
AACTGGTTGAACTGTTTATCCACCATTGGCTGGCAATCTAGCCCATGCTGGGGCATCTGTAGA
TTTAACAATCTTTTCTTTACATTTAGCAGGTGTTTCGTCAATCCTCGGGGCCATCAACTTTATT
ACAACTATTATCAATATAAAACCCCCTGCAATTTCTCAATACCAGACCCCCCTCTTTGTATGGG
CTGTTTTAATTACTGCTGTTCTTCTTCTTCTTTCACTACCTGTCTTAGCCGCTGGTATTACAATA
CTCCTAACAGACCGAAATTTAAATACTACCTTTTTTGATCCCGCTGGAGGTGGAGACCCAATT
CTCTACCAACACCTTTTC

线粒体DNA 12S片段序列：

CACCGCGGTTAGACGAGAGGCCTAAGTTGATAAACACCGGCGTAAAGAGTGGTTAGGGGTA
ACCTAAAACTAAAGCCGAATATTCTCATAGCTGTCATACGTACTCGAGAATAAGAAGCCCTCT
TACGAAGGTAGCTTTAACCCACCCGACTCCACGAAAGCTGTGAAA

金眼鲷目 | BERYCIFORMES

黑鳍新东洋鳂
Neoniphon opercularis

中 文 名：黑鳍新东洋鳂
学　　名：*Neoniphon opercularis*（Valenciennes，1831）
英 文 名：Blackfin squirrelfish
别　　名：黑鳍金鳞鱼，铁甲，金鳞甲
分　　类：鳂科 Holocentridae，新东洋鳂属 *Neoniphon*
鉴定依据：中国海洋鱼类，上卷，p678；台湾鱼类资料库

形态特征：体延长，星卵圆形，稍高。头略呈锥状，尾柄较细。体长约14cm。头部具黏液囊，外露骨骼多有脊纹。眼大。口端位，裂斜。下颌凸出于上颌，颌骨、锄骨及腭骨均有绒毛状群齿。前鳃盖骨后下角具一强棘，鳃盖骨及下眼眶骨均有强弱不一的硬棘。体被大型栉鳞；侧线完全，侧线鳞数38～40，侧线至背鳍硬棘中间点的鳞片数2.5。背鳍连续，单一，硬棘部及鳍条部间具深凹，具硬棘11、鳍条13；最后一根硬棘长于前一根硬棘。臀鳍有硬棘4、鳍条9；胸鳍鳍条13～14（通常为14）；尾鳍深叉形。体银红色，每个鳞片上有暗红色或黑色的标志。背鳍

硬棘部全为黑色，基底白色；背鳍鳍条部、臀鳍与尾鳍淡红黄色；胸鳍粉红色；腹鳍白色。

分布范围： 中国南海；琉球以南海域、印度—太平洋热带水域。

生态习性： 为暖水性珊瑚礁鱼类。主要栖息于水深至少20m的亚潮带礁台、珊瑚礁湖或临海的礁岩。以底栖性的螃蟹和虾为食。

线粒体DNA COI片段序列：

CCTTTATTTAGTATTCGGTGCCTGAGCCGGAATAGTTGGCACAGCCCTTAGCCTACTTA
TTCGAGCTGAACTAAGCCAACCCGGAGCCCTTCTGGGAGACGACCAGATTTATAATG
TTATTGTTACAGCACACGCGTTTGTAATAATTTTCTTCATAGTAATACCAATCATGATTG
GAGGCTTTGGGAACTGATTAATTCCTCTAATAATTGGAGCCCCTGATATGGCATTCCCC
CGAATAAATAACATAAGCTTCTGATTACTTCCCCCTTCATTCCTCCTTCTACTAGCCTCA
TCAGGAGTAGAAGCTGGTGCTGGAACAGGATGAACAGTCTATCCACCTCTTGCAGGC
AACTTAGCACACGCAGGGGCCTCCGTAGATCTAACTATCTTCTCACTTCACTTAGCAG
GTATCTCCTCAATTCTAGGGGCAATTAATTTTATTACAACTATTATTAATATAAAACCCC
CCGCTATTTCTCAATATCAAACACCCCTATTTGTATGAGCCGTTCTAATTACAGCTGTTC
TTCTTCTTCTTTCTCTACCTGTCTTAGCAGCAGGTATTACCATGCTACTAACAGATCGA
AATCTAAACACAACATTTTTTGATCCGGCAGGTGGTGGAGACCCCATTCTTTACCAAC
ATCTATTC

线粒体DNA 12S片段序列：

CACCGCGGTTATACGAGAGGTCCAAGTTGATATTAACCGGCGTAAAGAGTGGTTA
GGAGTAATATTACAAACTAAAGCCGAACACCTTCAGAACTGTTATACGTACCCGAA
GGCACGAAGAACTACCACGAAAGTGGCTTTACCAACCCTGAACCCACGAAAGCT
ATGACA

尖吻棘鳞鱼
Sargocentron spiniferum

中 文 名： 尖吻棘鳞鱼

学　　名： *Sargocentron spiniferum* (Forskål，1775)

英 文 名： Sabre squirrelfish

别　　名： 金鳞甲，铁甲兵，铁线婆

分　　类： 鳂科Holocentridae，棘鳞鱼属*Sargocentron*

鉴定依据： 中国海洋鱼类，上卷，p680；南海海洋鱼类原色图谱（二），p151；台湾鱼类资料库

形态特征： 背鳍XI—14 ~ 16；臀鳍IV—9 ~ 10；胸鳍鳍条数15；侧线鳞数41 ~ 47；鳃耙数（5 ~ 7）+（11 ~ 13）。体呈椭圆形，中等侧扁。头部具黏液囊，外露骨骼多有脊纹。眼大。口端位，裂斜。下颌微突出于上颌。前上颌骨的凹槽约达眼窝的前缘稍后方；鼻骨的前缘圆形；后鼻孔边缘无小棘。鳃盖骨具2棘；前鳃盖骨后下角具1强棘，棘长约等于眼径；眶下骨上缘略微锯齿状。体被大型栉鳞；侧线完全，侧线至背鳍硬棘中间点的鳞片数3.5；颊上具5列斜鳞。背鳍连续，单一，硬棘部及鳍条部间具深凹，硬棘鳍膜上缘凹入，最后一根硬棘短于前一根硬棘；尾鳍深叉形。头部与身体红色，鳞片边缘银白色。背鳍的硬棘部鳍膜深红色，余鳍橘黄色；眼后方的前鳃盖骨上有一垂直长方形的深红色斑点。

分布范围： 中国南海、台湾海域；印度—太平洋区，西起红海，东到夏威夷岛与迪西岛，北至日本南部，南至澳大利亚。

生态习性： 为暖水性珊瑚礁鱼类。栖息地非常多样化，幼鱼期栖息于水浅且易躲藏行迹的礁石边，长大后移居到水较深的地方，栖息水深大于122m。不论是礁石区、礁台、礁湖或向海的礁坡，都可见其踪迹。白天独自躲在洞穴中休息或徘徊在洞穴附近的暗礁之外，夜晚则出外觅食。以虾蟹之类的甲壳动物或小鱼为主要食物。

线粒体DNA COI片段序列：

CCTTTATTTAGTATTCGGTGCCTGAGCTGGAATAGTTGGTACAGCCCTTAGCCTTCTTATTCGA
GCTGAACTTAGCCAGCCTGGAGCTCTCCTAGGAGACGACCAGATTTATAATGTCATTGTTACA
GCCCACGCATTTGTAATAATTTTCTTTATAGTAATGCCAATTATGATTGGAGGCTTTGGAAACT
GACTAATCCCCCTAATGATTGGAGCCCCTGACATAGCATTCCCTCGAATAAATAACATAAGCT
TTTGACTATTACCCCCATCATTCCTTCTTCTACTAGCCTCTTCCGGAGTAGAAGCTGGTGCCG
GTACAGGATGAACAGTATACCCACCCCTTGCAGGTAATTTAGCCCACGCAGGGGCTTCTGTT
GACCTTACTATTTTCTCACTCCATCTAGCAGGTATTTCTTCAATTCTTGGGGCCATTAATTTTAT
TACAACTATTATTAACATAAAACCCCCTGCCATTTCCCAATACCAAACTCCCCTATTTGTATGA

GCTGTTCTCATCACAGCTGTCCTTCTACTTCTATCCCTACCCGTGCTCGCAGCAGGAATTACC
ATGCTGCTAACAGACCGAAACCTAAACACAACATTCTTCGACCCAGCAGGAGGTGGAGACC
CAATCCTTTACCAACACTTATTC

线粒体DNA 12S片段序列：

CACCGCGGTTATACGAGAGGTCCAAGTTGATAACATATCGGCGTAAAGAGTGGTTAGGGAGA
ACAAAACAAACTAAAGCCAAACACCTTCAGAACTGTTATACGTACCCGAAGGCATGAAGAA
CCACCACGAAAGTGGCTTTACTAACCCTGAACCCACGAAAGCTATGTAA

海鲂目 | ZEIFORMES

云纹亚海鲂
Zenopsis nebulosa

中 文 名：云纹亚海鲂
学　　名：*Zenopsis nebulosa*（Temminck & Schlegel，1845）
英 文 名：Mirror dory
别　　名：雨印鲷，雨的鲷
分　　类：海鲂科Zeidae，亚海鲂属*Zenopsis*
鉴定依据：台湾鱼类资料库；中国海洋鱼类，上卷，p702

形态特征： 体呈卵圆形，体高而侧扁，背缘在眼上方凹入，腹缘圆弧形。眼上侧位；眼小，紧接于头背缘下凹处。口大，口裂几垂直，上颌可伸缩。齿发达，上颌前端具7～8颗向内弯的犬齿；下颌和锄骨也具齿，腭骨则无齿。鳃耙退化呈扁平状。体光滑无鳞，侧线则完全，呈一管状线。背鳍、臀鳍基底有发达的棘状骨板，背鳍基部具12～14个骨板，臀鳍基部也有7～9个。背鳍单一，硬棘部及鳍条部间具一深刻，硬棘4，细长如丝，棘间具膜，鳍条25～26；臀鳍硬棘3，不延长如丝，鳍条24～26；胸鳍极短，位较低，其基底上端位于眼下缘下方；腹鳍延长；后端达臀鳍起点之后，腹鳍起始于胸鳍基底前下方。腹鳍与臀鳍间有棘状骨板。尾鳍截平。体银白色，体侧中央有一比眼稍大的黑斑，成鱼黑斑不明显。背鳍鳍棘部、腹鳍和尾鳍色暗。

分布范围： 中国南海和东海的陆坡海域，台湾东北和西南海域；日本福岛以南海域，印度—太平洋温带水域。

生态习性： 暖温性深海底层鱼类。栖息于水深30～800m的大陆棚斜坡，生态习性不详。冬季产卵。

线粒体DNA COI片段序列：

CCTTTATTTAGTATTCGGTGCCTGAGCCGGCATAGTCGGAACAGCTCTAAGCCTTCTTA
TTCGAGCTGAGCTCAGCCAACCTGGGGCTCTCCTCGGAGATGACCAAATCTATAACG
TCATCGTTACAGCCCATGCTTTTGTTATAATCTTTTTTATAGTTATACCAATTATGATTGG
GGGTTTTGGAAACTGACTTATCCCCCTCATGATTGGCGCCCCCGACATGGCCTTCCCT
CGAATAAATAATATAAGTTTTTGACTTCTTCCCCCCTCATTCCTCCTTCTACTGGCCTC
CTCAGGAGTTGAAGCCGGGGCTGGGACAGGATGAACAGTGTATCCTCCACTATCAGG
CAATCTGGCTCATGCAGGAGCCTCCGTAGATCTGACTATCTTTTCCCTACATTTAGCCG
GAATTTCATCTATTTTAGGCGCAATTAATTTTATTACAACCATTATTAATATAAAACCAC
CTGCTATTTCACAATACCAAACTCCCCTGTTTGTATGGGCAGTTCTTATTACAGCAGTT
CTTCTGCTCCTTTCACTTCCGGTTCTAGCAGCTGGAATTACAATACTTCTTACTGACCG
TAATTTAAATACCTCTTTCTTCGATCCTGCTGGAGGGGGAGATCCCATCTTATACCAAC
ACTTATTC

线粒体DNA 12S片段序列：

CACCGCGGTTATACGAGAGACCCAAGTTGACAGCCCAACGGCGTAAAGCGTGGTT
AAGTACCCCCCCCCCAACTAGGGCCAAACACCCTCAAAGCCGTTATACGCACATGA
GGGCTTGAAGATCTCCTACAAAAGTGACCCTAAACCCTACTGAACCCACGAAAGCT
ACAAAA

鲻形目 MUGILIFORMES

倒牙魣
Sphyraena putnamae

中 文 名：倒牙魣
学　　名：*Sphyraena putnamae* Jordan & Seale，1905
英 文 名：Chevron barracuda，Sawtooth barracuda
别　　名：针梭，竹梭，巴拉库答
分　　类：魣科Sphyraenidae，魣属*Sphyraena*
鉴定依据：中国海洋鱼类，上卷，p874；台湾鱼类资料库

形态特征：背鳍Ⅴ，Ⅰ—9；臀鳍Ⅱ—8。体延长，略侧扁，呈亚圆柱形。头长而吻尖突。口裂大，宽平；下颌突出于上颌；上颌骨末端及眼前缘的下方；上、下颌腭骨均具尖锐且大小不一的犬状齿，锄骨无齿。无鳃耙。体被小圆鳞，侧线鳞数124 ~ 134。背鳍2个，彼此分离甚远，第二背鳍末端延长如丝；腹鳍起点位于背鳍起点之前；胸鳍略短，末端几乎达背鳍起点的下方；尾鳍为深叉形。体背部呈青灰蓝色，腹部呈白色；体侧具许多延伸至腹部的＜形暗色横带。尾鳍一致为暗色，而上、下叶末缘不为白色；腹鳍白色；余鳍黄褐色或灰黑色。

分布范围：中国台湾海域、南海；印度—西太平洋区，西起红海、非洲东南部，东至瓦努阿图，北至日本南部，南至新喀里多尼亚。

生态习性：主要栖息于大洋较近岸的礁区、内湾、潟湖区或河口域，常成大群一起于日间活动。游泳能力强，活动范围广，并无固定的栖所。肉食性，以礁区的鱼类及头足类为食。

线粒体DNA COI片段序列：

CCTCTACCTACTATTTGGCGCCTGGGCTGGGATGGTAGGTACAGCTCTAAGCCTACTTATTCG
AGCCGAACTTAGTCAACCGGGCTCTCTCTTAGGAGACGACCAAATTTATAATGTTATCGTAAC
AGCACACGCCTTTGTAATAATCTTTTTTATGGTAATACCCATTATGATTGGGGGCTTTGGGAAC
TGACTTATTCCCCTAATAATTGGCGCTCCAGACATAGCATTCCCCCGAATAAATAATATAAGCT

TTTGACTACTCCCCCCTTCCTTTCTCTTACTCCTTTCTTCTTCGGCTGTAGAAGCGGGAGCCG
GGACAGGATGGACAGTTTATCCTCCCTTAGCTGGAAATTTGGCCCATGCAGGAGCATCCGTC
GACCTAACCATTTTCTCCCTTCACCTGGCAGGTATTTCTTCAATCCTAGGGGCTATTAATTTTA
TTACCACTATTATTAACATGAAACCAGCGGCGACTTCAATGTACCAAATTCCTCTGTTCGTTT
GGGCTGTACTAATCACTGCCGTTCTCCTTCTCCTTTCACTCCCTGTCTTAGCTGCTGGTATTAC
AATGCTCTTGACAGATCGAAATCTAAACACCGCCTTCTTTGACCCAGCAGGAGGAGGAGAC
CCCATTCTGTACCAGCACTTATTC

线粒体DNA 12S片段序列：

CACCGCGGTTATACGAGAGGCTCAAGTTGACGGACCACGGCGTAAAGCGTGGTTAGGGAAA
AACAAAAACTAAAGCCGAACGGCCTCTAGGTTGTTACACGCTTCCGAAGGTACGAAGCCCA
ATCACGAAAGTAGCTTTAATCCTCACCTGACTCCACGAAAGCTGAGAAA

大眼魣
Sphyraena forsteri

中 文 名： 大眼魣
学　　名： *Sphyraena forsteri* Cuvier，1829
英 文 名： Blackspot barracuda
别　　名： 针梭，竹梭
分　　类： 魣科 Sphyraenidae，魣属 *Sphyraena*
鉴定依据： 中国海洋鱼类，中卷，p873；台湾鱼类志，p332

形态特征： 体长约60cm，为体高的6.7 ~ 8.5倍、为头长的2.9 ~ 3.3倍。头较长。眼大。前鳃盖骨后缘圆弧形，主鳃盖骨有2个弱扁棘。鳃弓呈刚毛状，鳃耙退化，呈扁平疣突。侧线完全且平直，仅在第一背鳍前方略上弯；侧线鳞多达118 ~ 133枚。第一背鳍起始于胸鳍末端上方，在腹鳍起点之后。体背浅蓝绿色，腹部银白色，体无纵、横斑纹。第二背鳞上方、臀鳍、尾鳍黄，胸鳍下具一大黑斑。

分布范围： 中国东海、台湾海域；琉球群岛海域、印度—西太平洋暖水域。

生态习性： 为暖水性中下层鱼类。栖息于内湾或珊瑚礁浅水区。

线粒体DNA COI片段序列：

CCTCTATTTACTGTTTGGTGCCTGAGCTGGAATAGTGGGCACAGCCTTAAGCCTACTTATTCG
AGCTGAATTAAGCCAACCTGGCTCCCTCCTAGGAGACGACCAGATCTATAACGTAATTGTGA
CAGCACACGCCTTCGTAATGATCTTTTTTATGGTTATACCAATTATAATTGGAGGATTTGGAAA
CTGACTTATCCCCCTAATAATTGGAGCCCCTGATATAGCATTCCCCCGAATAAATAATATGAGC
TTCTGACTGCTTCCTCCTTCCTTCCTATTACTCCTCTCTTCCTCAGCTGTAGAAGCCGGAGCT
GGTACAGGGTGGACTGTCTACCCTCCTCTAGCCGGAAACCTAGCCCACGCAGGAGCATCCGT
TGACCTTACCATCTTCTCCTTACATCTAGCGGGAATCTCTTCAATTTTAGGCGCTATCAATTTT
ATTACCACTATTATTAATATGAAACCAGCAGCAACCTCTATATATCAAATTCCCCTCTTCGTTTG
AGCAGTCCTAATTACTGCCGTTCTTCTTCTCCTTTCACTCCCCGTACTAGCTGCTGGAATTACA
ATGCTCCTAACAGATCGAAACCTAAACACCGCCTTCTTTGACCCCGCAGGGGGAGGGGACC
CCATCCTTTATCAACATTTATTC

线粒体DNA 12S片段序列：

CACCGCGGTTATACGAGAGGCCCAAGTTGACAGATCACGGCGTAAAGCGTGGTTAAGGTAA
ATAAGAACTAAAGCTGAACGGCCTTAAGACTGTTATACGTTTCCAATGGCACGAAGCCCAAT
TACGAAAGTGACTTTATACAACACCTGACTCCACGAAAGCTGAGGAA

钝鲟

Sphyraena obtusata

中 文 名：钝鲟
学　　名：*Sphyraena obtusata* Cuvier，1829
英 文 名：Obtuse barracuda
别　　名：针梭，竹梭
分　　类：鲟科 Sphyraenidae，鲟属 *Sphyraena*
鉴定依据：南海鱼类系统检索；中国海洋鱼类，中卷，p872

形态特征：体延长，略侧扁，呈亚圆柱形。头长而吻尖突。口裂大，宽平。下颌突出于上颌；上颌骨末端及前鼻孔的下方。上、下颌及腭骨均具尖锐且大小不一的犬状齿，锄骨无齿。鳃耙数2。体被小圆鳞，侧线鳞数81 ~ 84。背鳍2个，彼此分离甚远。腹鳍起点位于背鳍起点之前。胸鳍短，末端不及背鳍起点。尾鳍从幼鱼至成鱼皆为深叉形。体背部青灰蓝色，腹部呈白色；侧线下方具2条暗色纵带，死后不显；腹鳍基部上方无小黑斑。尾鳍黄色，余鳍灰黄色或淡黄色。

分布范围：中国南海；琉球群岛海域、印度—西太平洋暖水域。

生态习性：主要栖息于大洋较近岸的礁区或潟湖区，常单独或成小群数一起活动。

线粒体DNA COI片段序列：

CCTCTATTTACTGTTTGGTGCCTGAGCAGGGATGGTAGGCACAGCCCTTAGCCTACTTA
TTCGTGCCGAATTGAGCCAGCCTGGCTCTCTCCTAGGGGACGACCAGATCTATAACGT
CATCGTTACAGCTCATGCCTTCGTAATAATTTTCTTCATAGTTATACCCATCATAATCGG
GGGCTTCGGCAATTGACTCATTCCTCTAATGATTGGGGCCCCAGACATGGCATTCCCTC
GAATGAACAATATGAGCTTCTGACTTCTACCACCCTCCTTCCTCCTTCTCCTCGCCTCA
TCAGCAGTAGAAGCAGGGGCAGGTACAGGGTGGACTGTCTACCCTCCTTTAGCCGGC
AACTTAGCCCACGCAGGAGCATCAGTCGACTTAACTATCTTCTCCCTCCATCTTGCTGG
AATTTCCTCTATTCTTGGGGCAATTAACTTTATCACTACTATCATCAATATGAAACCCCC
ATCTACAACGATGTACCAAATTCCGCTGTTCGTGTGAGCAGTACTAATTACTGCTGTGC
TACTGTTACTTTCACTACCTGTACTGGCTGCAGGGATCACAATACTCCTGACTGACCGA
AATCTAAACACAGCCTTCTTTGACCCTGCTGGCGGAGGGGACCCGATCCTCTACCAAC
ACTTATTC

线粒体DNA 12S片段序列：

CACCGCGGTTATACGAGAGGCTCAAGTTGACAACCAACGGCGTAAAGCGTGGT
TAGGGGAAATATAAATTAAAGCTGAACGCCCACAATGCTGTCTAACGCTTCGAG
GGTATGAAGAACATCGACGAAAGTGGCTTTATAACACCTGAACCCACGAAAGC
TGGGAAA

佩氏莫鲻
Moolgarda perusii

中 文 名：佩氏莫鲻
学　　名：*Moolgarda perusii*（Valenciennes，1836）
英 文 名：Longfinned mullet
别　　名：帕氏凡鲻，豆仔鱼，乌仔，乌仔鱼
分　　类：鲻科Mugilidae，莫鲻属*Moolgarda*
鉴定依据：台湾鱼类资料库

形态特征： 体延长，呈纺锤形，前部圆形而后部侧扁，背无隆脊。头短，圆筒形。吻短；唇薄，下唇有一高耸的小丘，且具有长长的、有纤毛的、有间隔的唇齿，上唇则有短且分散的唇齿。眼圆，前侧位；脂眼睑相当发达，覆盖至眼前后的大部分；前眼眶骨宽广，占满唇和眼之间的空间，前缘有缺刻但随着成长而变为平直。口小，前位；上颌骨末端远于口角后缘，尖刀状，不特别宽大，末端微弯曲向下；舌骨、锄骨和翼骨上长齿。鼻孔每侧各1对。鳃耙繁密细长，第一鳃弓下支鳃耙40～51。背鳍2个，第一背鳍具硬棘4，第二背鳍Ⅰ—8；胸鳍上侧位，具鳍条14～16，基部上端具黑点，腋鳞发达；腹鳍腹位，Ⅰ—5，腋鳞发达；臀鳍Ⅲ—9；尾鳍分叉。幽门垂5～7条，具砂囊胃。新鲜标本的体背灰绿色，体侧银白色，腹部渐次转为白色。各鳍略为暗色具有暗缘；胸鳍淡色，基部无色，但在基部的上端有一黑蓝色的斑点。

分布范围： 中国南海海域，台湾海域以及东海南部海域；印度—西太平洋区水域，西起东非，东至马里亚纳群岛，北至日本南部，南至澳大利亚等。

生态习性： 主要栖息于沿岸沙泥底质地形的海域，包括潟湖、礁盘及潮池等海域，也常侵入港区。以底泥中有机碎屑或水层中的浮游生物为食。群栖性。

线粒体DNA COI片段序列：

CCCTAAGCCTTCTTATCCGAGCAGAACTCAGCCAACCTGGGGCCCTTCTTGGGGACGATCAG
ATTTACAATGTGATTGTTACGGCACATGCTTTCGTAATAATTTTCTTTATAGTGATGCCAATTAT
GATCGGTGGGTTTGGAAATTGACTTATCCCATTAATGATTGGAGCACCAGATATAGCATTCCC
CCGAATAAATAACATAAGCTTCTGGCTTCTTCCCCCTTCATTTCTTCTCCTCCTGGCATCCTCT
GCAGTAGAGGCTGGAGCCGGTACAGGATGAACTGTTTACCCGCCTCTCGCCAGCAACCTAG
CACATGCTGGAGCATCCGTTGACCTTACTATCTTTTCCCTTCATCTGGCAGGGGTTTCCTCAA
TTTTAGGTGCTATTAATTTTATTACAACTATTATTAATATAAAACCTCCTGCTATCTCTCAGTACC

AAACCCCTCTATTTGTATGAGCAGTTCTTATTACAGCTGTCCTTCTTCTTCTTTCTTTACCAGTTCTCGCTGCTGGGATTACTATGCTCCTAACAGATCGAAACTTAAATACCTCTTTCTTCGATCCTGCAGGGGGAGGAGATCCGATTCTATACCAACATCTCTTC

线粒体DNA 12S片段序列：

CACCGCGGTTATACGAAAGGCCCAAGTTGATAGTTCTCGGCGTAAAGGGTGGTTAAGTTAATCTAACTATACTAAAGCCGAATACCTCCAAAACTGTAATACGTTCTCGGAGAAACGAAGCCCAACTACGAAAGTGGCTTTAAAAACCTGACCCCACGAAAGCTGAGAAA

鲈形目 PERCIFORMES

狐篮子鱼
Siganus vulpinus

中 文 名：狐篮子鱼
学　　名：*Siganus vulpinus*（Schlegel & Müller，1845）
英 文 名：Foxface，Foxfish
别　　名：狐面篮子鱼，臭肚，象鱼
分　　类：篮子鱼科 Siganidae，篮子鱼属 *Siganus*
鉴定依据：中国海洋鱼类，下卷，p1868；南海海洋鱼类原色图谱（二），p311

形态特征： 体呈椭圆形，体较高而侧扁；体长为体高的1.9 ~ 2.4倍。头小。吻尖突，形成吻管。眼大，侧位。口小，前下位。下颌短于上颌，几乎为上颌所包；上、下颌各具细齿1列。体被小圆鳞，颊前部具鳞；侧线上鳞列数16 ~ 20。背鳍XIII—10；胸鳍15 ~ 17；腹鳍1-3-1；臀鳍VI—9。背鳍单一，棘与鳍条之间无明显缺刻；尾柄较粗，尾鳍微叉形。体呈黄色，体侧后半部有1 ~ 2块大型黑斑；头前部有一黑褐色带，自背鳍起点贯通眼部至吻端；鳃盖、前鳃盖至喉峡部具银白色带，带上散布褐色小点；带后方，胸部与胸鳍前缘黑褐色；胸鳍基下方白色。奇鳍黄色；偶鳍淡色且具黑色缘。

分布范围： 中国南海、台湾海域；琉球群岛海域、菲律宾海域、澳大利亚海域、中西太平洋暖水域。

生态习性： 为暖水性岩礁鱼类。栖息于岩礁海区、珊瑚礁海区。幼鱼大多成群栖息于枝状珊瑚丛中，有的则待在混浊的红树林区或河口区成长。成鱼则成群洄游于珊瑚礁区，有的则生活于混浊的河口或港口区。

线粒体DNA COI片段序列：

CCTTTATTTAGTATTTGGTGCTTGAGCCGGAATAGTAGGAACAGCCTTGAGCCTACTGATTCG
AGCAGAACTCAGCCAACCAGGCGCCCTCCTTGGAGATGACCAGATTTATAACGTCATTGTTA
CCGCCCATGCATTCGTAATAATTTTCTTTATAGTAATGCCAATTATGATCGGAGGGTTCGGAAA
CTGACTAATCCCCCTAATGATCGGGGCCCCCGACATGGCATTCCCACGAATAAACAACATGA
GCTTCTGACTTCTACCACCTTCTTTCCTACTTCTCCTAGCCTCCTCCGGAGTAGAAGCCGGGG
CAGGGACCGGGTGAACAGTTTATCCTCCTTTAGCTGGTAACCTAGCACACGCTGGCGCATCA
GTTGACCTAACCATCTTCTCCCTCCATTTAGCAGGGATTTCCTCAATTCTTGGAGCTATCAACT
TCATCACAACCATTATTAACATGAAACCTCCCGCTATTTCCCAGTACCAAACCCCACTATTCGT
GTGAGCCGTCCTAATTACAGCTGTCCTTCTACTCCTTTCTCTACCCGTTCTGGCTGCCGGGAT
TACAATGCTTCTCACAGACCGAAATCTGAACACAACATTCTTTGACCCAGCAGGTGGGGGTG
ACCCAATTCTATACCAACACCTATTC

线粒体DNA 12S片段序列：

CACCGCGGTTATACGAGAGACCCAAGTTGATAGACAGCGGCGTAAAGCGTGGTTAAGAACA
AACCTAAACTAAAGCCGAACACTCTCAAAGCTGTTATACGCACTCGAGAGTATGAAGTCCAA
TCACGAAAGTGGCTTTACTTATTCTGAACCCACGAAAGCTAGGGCA

银色篮子鱼
Siganus argenteus

中 文 名： 银色篮子鱼
学　　名： *Siganus argenteus*（Quoy & Gaimard，1825）
英 文 名： Silver rabbitfish
别　　名： 傻瓜鱼，臭肚，象鱼
分　　类： 篮子鱼科Siganidae，篮子鱼属*Siganus*
鉴定依据： 中国海洋鱼类，下卷，p1869；台湾鱼类资料库

形态特征： 体呈长椭圆形，侧扁，背缘和腹缘呈弧形；体长为体高的2.4 ~ 3.0倍；尾柄细长。头小。吻尖突，但不形成吻管。眼大，侧位。口小，前下位；下颌短于上颌，几乎为上颌所包；上、下颌各具细齿1列。体被小圆鳞，颊部前部具鳞，喉部中线无鳞；侧线上鳞列数16 ~ 22。背鳍单一，棘与鳍条之间有一缺刻；尾鳍深分叉。体背呈海水蓝色，往腹部渐呈银色，头部后面及体侧布满黄色小斑点；鳃盖末缘有一短黑色带。背鳍与尾鳍黄色；臀鳍与腹鳍银色；胸鳍为暗黄色。但鱼体受惊吓或休息时，体色会变成暗褐色与亮褐色纹相杂，前者则形成7条斜线；鱼体死亡后，体色会褪成褐色。

分布范围： 中国南海、台湾海域；日本田边湾海域、印度—中西太平洋暖水域。

生态习性： 为暖水性岩礁鱼类。常形成小群体栖息于朝海的珊瑚礁区或岩礁区。稚鱼则生活于大洋中，并朝礁区移动。以底栖藻类为食。各鳍鳍棘尖锐且具毒腺，使人被刺时感到剧痛。

线粒体DNA COI片段序列：

CCTTTATTTAGTATTTGGTGCTTGAGCCGGAATGGTAGGAACAGCTTTAAGCCTACTAA
TTCGAGCAGAACTTAGCCAACCAGGCGCCCTCCTTGGAGATGACCAGATTTATAACGT
CATTGTTACCGCCCATGCATTCGTAATAATTTTCTTTATAGTAATGCCAATTATGATTGGA
GGCTTCGGAAACTGACTGATCCCCCTAATGATTGGAGCTCCTGACATGGCATTCCCAC
GAATGAACAACATGAGCTTCTGACTCCTCCCCCCTTCTTTCTTACTTCTCTTAGCCTCC
TCTGGAGTAGAAGCCGGAGCGGGAACCGGGTGAACAGTCTACCCTCCATTAGCTGGT
AATCTGGCACACGCTGGGGCATCAGTAGACCTAACTATTTTCTCTTTACATTTAGCTGG
AATTTCCTCAATTCTTGGGGCAATTAACTTCATTACAACTATTATTAACATGAAACCTCC
CGCTATTTCCCAGTACCAAACGCCTCTGTTCGTATGGGCCGTTCTAATTACAGCTGTCC
TACTTCTTCTTTCCCTACCCGTCTTAGCCGCTGGGATTACAATGCTTCTTACAGATCGA
AACTTAAATACTACATTCTTCGACCCAGCAGGGGGAGGAGATCCCATTCTTTATCAAC
ACCTGTTT

线粒体DNA 12S片段序列：

CACCGCGGTTATACGAGAGACCCAAGTTGATAGACAGCGGCGTAAAGAGTGGTTAAGAATAAACCCCAAACTAAAGCCGAACGCTCTCAAAGCTGTTATACGCACTCGAGAGTATGAAGTTCAACTACGAAAGTGGCTTTACCCTTTCTGAACCCACGAAAGCTAGGGCA

长鳍鮀

Kyphosus cinerascens

中 文 名： 长鳍鮀
学　　名： *Kyphosus cinerascens*（Forsskål，1775）
英 文 名： Brassy chub
别　　名： 白毛，开旗
分　　类： 鮀科Kyphosidae，鮀属*Kyphosus*
鉴定依据： 中国海洋鱼类，p1274

形态特征： 体呈长椭圆形，侧扁，头背微凸。头短，吻钝，唇较薄。眼中大或小。口小，口裂近水平。上颌骨不为眶前骨覆盖。颌齿多行，外行齿呈门齿状，内行齿呈绒毛状；锄骨、腭骨和舌上皆具齿。体被中大栉鳞，不易脱落；头部被细鳞；吻部无鳞；背鳍、臀鳍及尾鳍基部均具细鳞；侧线完全，与背缘平行，侧线鳞数50 ~ 52（通常为51）。背鳍硬棘10 ~ 11（通常为

11），鳍条数12，背鳍最长鳍条长于最长硬棘；臀鳍硬棘3、鳍条11；尾鳍叉形。体灰褐色至青褐色，背部颜色较深，腹部颜色较淡，偏银白色，身上有许多黄色纵斑；眼眶下方具白纹；各鳍色暗。

分布范围：中国东海、南海、台湾海域；日本本州岛中部以南海域、印度—西太平洋暖水域。

生态习性：为暖水性中下层鱼类。栖息于岩礁浅海区，幼鱼伴随流藻漂浮。

线粒体DNA COI片段序列：

CCTTTATCTAGTATTTGGTGCTTGAGCCGGAATAGTAGGCACAGCCCTAAGCCTTCTCATTCGAGCAGAACTAAGCCAACCAGGCGCCCTCCTAGGGGACGACCAAATTTATAATGTCATTGTTACAGCACATGCCTTTGTAATAATTTTCTTTATAGTAATGCCAATTATGATTGGAGGGTTTGGGAACTGACTTGTCCCACTTATGATCGGTGCCCCAGATATGGCATTCCCTCGAATAAATAATATGAGCTTCTGGCTCCTCCCCCCTTCCTTCCTGCTACTTCTCGCCTCCTCCGGAGTAGAAGCTGGGGCCGGAACCGGTTGAACTGTCTACCCACCTCTCGCTGGGAACCTAGCCCACGCAGGAGCCTCCGTTGATCTCACAATCTTCTCCCTGCACTTAGCAGGTGTCTCCTCAATTCTTGGGGCAATTAATTTTATCACAACCATTATTAACATGAAACCCCCAGCTATTTCCCAGTATCAGACACCACTATTTGTATGAGCAGTACTGATCACTGCCGTCCTCCTTCTTCTCTCCCTACCCGTCCTTGCTGCTGGCATTACTATGCTCCTAACAGACCGAAATCTTAACACCACCTTCTTCGACCCTGCAGGAGGAGGTGACCCCATCCTCTACCAACACCTATTC

线粒体DNA 12S片段序列：

CACCGCGGTTATACGAGAGGCCCAAGTTGATAGACTCCGGCGTAAAGAGTGGTTAAGACTCATCTACAAAACTAAAGCCGAACGCCCTCAGGGCTGTTATACGCTCCCGAAGGTAAGAAGTTCAATCACGAAAGTGGCTTTATATCAGCTGAACCCACGAAAGCTATGACA

Monotaxis heterodon

学　　名：*Monotaxis heterodon*（Forskål，1775）

英 文 名：Redfin emperor

分　　类：裸颊鲷科Lethrinidae，单列齿鲷属*Monotaxis*

鉴定依据：CHEN W J, BORSA P. Diversity, phylogeny, and historical biogeography of large-eye seabreams (Teleostei: Lethrinidae)[J]. Molecular Phylogenetics and Evolution, 2020, 151: 106902.

形态特征：体呈长椭圆形（侧面观），侧扁。头大，头顶部、颊部和眶前区均无鳞，故也有学者将其列于裸颊鲷科。前盖、主鳃盖被鳞。口中等大，斜裂。唇厚。颌齿前部为犬齿，两侧为臼齿。尾叉形。体青绿色，带银色光泽，唇黄色。背鳍、臀鳍色浅，有黑斑和红边；胸鳍红色；尾鳍灰褐色。幼鱼有3条宽的黑色横带。体长约60cm。

分布范围：中国南海、台湾海域；日本鹿儿岛以南海域、印度—西太平洋暖水域。

生态习性：为暖水性底层鱼类。栖息于浅海岩礁区及珊瑚丛边缘。

线粒体DNA COI片段序列：

CCTTTATTTAGTATTCGGTGCCTGAGCCGGAATAGTCGGCACCGCCTTAAGCCTGCTCATTCG
AGCGGAGCTAAGTCAACCAGGCGCCCTTCTGGGGGACGACCAGATTTATAATGTTATCGTAA
CAGCACATGCCTTCGTAATAATTTTCTTTATAGTAATACCAATTATGATTGGAGGCTTTGGCAA
CTGACTCATCCCCCTAATGATCGGAGCCCCTGACATGGCATTCCCTCGAATGAACAACATGA
GCTTCTGACTTCTTCCCCCCTCTTTCCTTCTTCTCCTAGCCTCTTCAGGCGTAGAAGCCGGAG
CGGGAACCGGATGGACGGTCTACCCCCCACTGGCAGGCAATCTTGCCCACGCAGGAGCATC
CGTGGACCTAACTATCTTCTCCCTTCACCTGGCTGGTATTTCCTCTATCCTAGGGGCAATTAAC
TTTATTACGACAATCATCAACATAAAACCCCCCGCTATCTCCCAGTACCAAACGCCACTATTT
GTGTGAGCCGTCCTAATCACTGCCGTCCTACTCCTTCTTTCACTCCCAGTCCTAGCTGCAGGC
ATTACAATACTCCTCACGGATCGAAACTTAAACACAACCTTCTTTGACCCGGCAGGAGGGGG
TGACCCAATTCTCTACCAACACCTGTTT

线粒体DNA 12S片段序列：

CACCGCGGTTATACGAGAGGCCCAAGTTGACAGACACTCGGCGTAAAGCGTGGTTAAGATTT
ATTTTTCTAAAGTCGAACGCCTACAGAGCTGTTACACGCTCCCGAAGGTAAGAAGCCCAACC
ACGAAAGTGACTTTATTACAACTGAACCCACGAAAGCTATGGCA

黄犁齿鲷
Evynnis tumifrons

中 文 名： 黄犁齿鲷
学　　名： *Evynnis tumifrons*（Temminck & Schlegel，1843）
英 文 名： Crimson seabream，Yellow seabream
别　　名： 黄鲷，赤章，赤鯮
分　　类： 鲷科Sparidae，犁齿鲷属*Evynnis*
鉴定依据： 中国海洋鱼类，中卷，p1225

形态特征： 背鳍Ⅻ—10；臀鳍Ⅲ—8；胸鳍15。侧线鳞数46 ~ 50，侧线上鳞数6。背鳍鳍棘不延长。背鳍第四棘长度不及第五棘的2倍。通常具有锄齿；两颌无臼齿，外行颌齿圆锥状，内行颌齿颗粒状。体橙红色，体侧具6条黄色纵线，鱼体新鲜时，体侧散在些许钴蓝色小点；背部有3块大黄斑，吻背部也有黄斑，幼鱼为大黑斑，且黑斑伸入背鳍。除腹鳍外，其他鳍红黄色。体长约35cm。

分布范围： 中国东海、南海、台湾海域；日本南部海域、朝鲜半岛海域、西北太平洋暖水域。

生态习性： 为暖水性底层鱼类。主要栖息于泥或沙泥底质海区，水深80 ~ 150m。每年6—7月及10—11月是其产卵期。肉食性，主要以底栖生物为食。

线粒体DNA COI片段序列：

CCTTTACCTTGTATTTGGTGCTTGGGCCGGGATAGTAGGGACTGCCCTAAGCCTGCTCATTCG
AGCTGAGCTAAGCCAGCCCGGCGCTCTCCTAGGCGACGACCAGATTTATAATGTTATTGTTAC
AGCACATGCATTTGTAATAATTTTCTTTATAGTAATACCAATCATAATTGGAGGCTTTGGAAAT
TGACTTATCCCGCTTATGATCGGCGCCCCTGATATAGCATTTCCCCGAATAAACAACATGAGCT

TCTGACTGCTCCCCCCCTCATTCCTTCTTCTACTTGCCTCCTCCGGGGTTGAAGCCGGAGCCG
GCACTGGATGAACCGTTTACCCCCCTCTAGCAGGAAATCTTGCCCACGCAGGAGCATCCGTC
GACCTGACCATCTTCTCCCTCCACTTAGCTGGGATCTCATCAATTCTTGGTGCAATCAATTTTA
TTACGACCATTATTAACATAAAACCCCCCGCTATTTCCCAGTATCAAACCCCCTTATTTGTATG
AGCTGTCCTTATTACGGCCGTACTACTTCTTCTGTCACTGCCAGTTCTCGCTGCAGGAATCAC
AATGCTCCTAACAGACCGTAACCTGAACACCACCTTCTTTGACCCGGCCGGGGGAGGTGATC
CTATTCTTTACCAACACTTATTC

线粒体DNA 12S片段序列：

CACCGCGGTTATACGGGAGGCCCAAGTTGTTAGAAATCGGCGTAAAGGGTGGTTAAGAACA
AGCTTGACACTAAAGCCGAACGCCTTCCGGGCTGTTATACGCATCCGAAGGTAAGAAGTTCA
ATTACGAAAGTAGCTTTATATATTCTGACCCCACGAAAGCTAAGACA

平鲷
Rhabdosargus sarba

中 文 名：平鲷
学　　名：*Rhabdosargus sarba*（Forsskål，1775）
英 文 名：Goldlined seabream
别　　名：黄锡鲷，枋头，邦头
分　　类：鲷科 Sparidae，平鲷属 *Rhabdosargus*
鉴定依据：台湾鱼类资料库；中国海洋鱼类，中卷，p1230；南沙群岛至华南沿岸的鱼类（一），p94

形态特征： 背鳍Ⅻ—10；臀鳍Ⅲ—9；胸鳍15。侧线鳞数58 ~ 64；侧线上鳞数6 ~ 7。体高而侧扁，体呈椭圆形，背缘隆起，腹缘圆钝。头中大，前端尖。口端位；上、下颌约等长；上颌前端具圆锥齿2 ~ 3对，两侧具臼齿4列；下颌前端具圆锥齿2 ~ 3对，两侧具臼齿3列；锄骨、腭骨及舌面皆无齿。体被薄栉鳞，背鳍及臀鳍基部均具鳞鞘，基底被鳞；侧线完整，侧线至背鳍硬棘基底之间有6.5 ~ 7.5列鳞。背鳍单一，硬棘部及鳍条部间无明显缺刻，硬棘强，第四或第五棘最长；臀鳍小，与背鳍鳍条部同形，第二棘强大；胸鳍中长，长于腹鳍；尾鳍叉形。体呈银灰色，腹面颜色较淡，体侧有许多淡青色纵带，其数目和鳞列相当。腹鳍和臀鳍颜色略黄；尾鳍上、下叶末端尖，大部为深灰色，仅下缘鲜黄色。以前所记载的黄锡鲷（*Sparus sarba*）为本种的同种异名。

分布范围： 中国黄海、东海、南海、台湾海域；日本南部海域、印度—西太平洋暖水域。

生态习性： 主要栖息于沿岸岩礁区或礁、沙交错处，也常进入河口沼泽域活动。幼鱼时，生活于河口水域，随着成长而逐渐向深处移动。春末时为其产卵期。群居性，以无脊椎动物为食。

线粒体DNA COI片段序列：

CCTTTATCTAGTATTTGGTGCTTGAGCCGGAATAGTAGGAACTGCCTTAAGCCTGCTCATTCG
AGCCGAACTAAGCCAGCCTGGCGCTCTCCTTGGAGACGACCAGATTTACAATGTTATTGTTA
CAGCACATGCATTTGTAATAATTTTCTTTATAGTAATACCAATCATGATTGGTGGGTTTGGTAA
CTGATTAATCCCACTTATGATTGGTGCCCCTGACATAGCATTCCCTCGAATAAATAACATAAGC
TTCTGACTGCTTCCCCCCTCATTTCTCCTCCTGTTAGCTTCTTCCGGAGTTGAAGCCGGGGCT
GGCACTGGATGAACAGTCTACCCTCCCCTAGCAGGTAATCTCGCCCACGCAGGTGCATCAGT
TGATTTAACAATCTTTTCCCTTCATTTGGCTGGAGTTTCATCCATTCTTGGTGCCATTAACTTC
ATCACTACAATTATTAACATGAAACCCCCGGCTATTTCACAGTACCAAACACCACTCTTCGTT
TGGGCCGTTCTGATTACCGCCGTCCTGCTCCTTTTATCTCTTCCGGTTCTTGCTGCCGGAATTA
CGATACTCCTCACAGATCGAAATCTAAACACCACCTTCTTCGACCCAGCCGGAGGAGGGGA
CCCAATTCTTTATCAGCACCTGTTT

线粒体DNA 12S片段序列：

CACCGCGGTTATACGGGTGGCCCAAGTTGTCAGAAGTCGGCGTAAAGGGTGGTTAAGAGCA
AACTTAAGATTAAAGCCGAACACCTTCCAGACCGTTATACGTATCCGAAGGCAAGAAGCTCA
ATTACGAAAGTAGCTTTATATTTTCTGAACCCACGAAAGCTAAGGTA

金带齿颌鲷
Gnathodentex aureolineatus

中 文 名： 金带齿颌鲷
学　　名： *Gnathodentex aureolineatus*（Lacepède，1802）
英 文 名： Glowfish，Goldenlined glowfish，Gold-lined sea-bream
别　　名： 金带鲷，黄点鲷
分　　类： 裸颊鲷科Lethrinidae，齿颌鲷属*Gnathodentex*
鉴定依据： 中国海洋鱼类，中卷，p1203，南海海洋鱼类原色图谱（一），p23；台湾鱼类资料库

形态特征：体延长，呈长椭圆形。眼大。吻尖，口端位。上颌骨表面具1条纵走锯齿隆起线，两颌具犬齿及绒毛状齿，下颌犬齿向外。颊部具鳞4～6列；胸鳍基部内侧不具鳞；侧线鳞数68～74；侧线上鳞列数5。背鳍单一，不具深刻，具硬棘10、鳍条10；臀鳍具硬棘3、鳍条8～9；胸鳍鳍条15；尾鳍深分叉，两叶先端尖锐。体背暗红褐色，具数条银色窄纵纹；下方体侧银至灰色，有若干金黄色至橘褐色纵线；尾柄背部近背鳍后方数枚鳍条的基底有一大块黄斑，大鱼不明显。各鳍淡红色或透明。

分布范围：中国南海；日本高知以南海域、印度—西太平洋水域。

生态习性：栖息于岩礁浅海，于岩石和沙质海岸交界处栖息。具群居性，较少落单行动。具夜行性，白天栖息于珊瑚丛中，晚上则游到珊瑚礁外围觅食。

线粒体DNA COI片段序列：

CCTCTATCTAATCTTCGGTGCCTGAGCTGGCATGGTTGGCACCGCCCTAAGCCTACTTAT
CCGAGCAGAGCTAAGCCAGCCCGGCGCCCTCCTTGGCGACGACCAAATTTATAATGTTA

TCGTCACGGCACACGCCTTCGTTATAATCTTTTTATAGTAATGCCAATTATGATTGGGGG
CTTTGGAAACTGACTCATCCCGCTGATGATCGGGGCCCCTGACATGGCATTCCCTCGAA
TGAACAACATGAGCTTCTGACTCCTCCCTCCCTCATTCCTCCTCCTCCTGGCCTCTTCAG
GCGTAGAGGCCGGAGCAGGCACCGGGTGAACTGTCTACCCCCCACTAGCTGGGAACC
TCGCCCATGCAGGCGCATCCGTCGACCTAACTATCTTTTCTCTCCACTTAGCAGGTGTCT
CCTCTATTTTAGGGGCTATTAATTTTATTACTACTATTATTAACATGAAACCCCCCGCCATC
TCTCAATACCAAACCCCCTTATTTGTCTGAGCAGTCTTAATTACTGCCGTCCTTCTTCTT
CTCTCCCTCCCCGTATTAGCTGCAGGCATTACTATGCTCCTCACAGATCGGAACTTAAAC
ACAACCTTCTTTGACCCAGCAGGAGGTGGAGACCCAATTCTCTATCAGCACCTATTT

线粒体DNA 12S片段序列：

CACCGCGGTTATACGAGAGGCCCAAGTTGATAGACACTCGGCGTAAAGTGTGGTTAAGATTA
ATTAATATCTAAAGTCGAATGCCTACAGAGCTGTTGAAAGCCCCCGAAGGTAAGAAGCCCAA
CCACGAAAGTGACTTTATTACTACTGAACCCACGAAAGCTATGGTA

半带裸颊鲷
Lethrinus semicinctus

中 文 名：半带裸颊鲷
学　　名：*Lethrinus semicinctus* Valenciennes，1830
英 文 名：Black blotch emperor
别　　名：龙尖，龙占
分　　类：裸颊鲷科 Lethrinidae，裸颊鲷属 *Lethrinus*
鉴定依据：台湾鱼类资料库；中国海洋鱼类，中卷，p1223

形态特征：体延长，呈长椭圆形。吻长而尖，吻上缘与上颌间的角度为55°～67°。眼间隔微凸或平坦。眼大，近位于头背侧。口端位；两颌具犬齿及绒毛状齿，后方侧齿呈犬齿状；上颌骨上缘平滑或稍呈锯齿状。颊部无鳞；胸鳍基部内侧不具鳞；侧线鳞数46～47；侧线上鳞列数4.5；侧线下鳞列数15～16。背鳍单一，不具深刻，具硬棘10、鳍条9，第三或第四棘最长；臀鳍硬棘3、鳍条8，第一鳍条通常最长，但等于或短于鳍条部的基底长；胸鳍鳍条13个；尾鳍分叉，两叶先端尖形。体榄绿色至褐色，散布许多不规则斑驳；体侧在背鳍鳍条部下方的侧线下具一大型斜斑。各鳍淡色至粉红色。

分布范围：中国南海与台湾海域；东印度—西太平洋区，包括斯里兰卡、印度尼西亚、澳大利亚北部至所罗门群岛，北至日本南部。

生态习性：主要栖息于潟湖、内湾、珊瑚礁区或海草床，或其外缘沙地上巡游，以沙地上的甲壳类、软体动物、棘皮动物、多毛类或小鱼等动物为食。

线粒体DNA COI片段序列：

CCTCTATCTAGTATTTGGTGCCTGAGCCGGCATGGTAGGGACAGCTCTAAGCCTACTCA
TCCGAGCAGAACTCAGTCAACCTGGAGCACTCCTGGGTGACGACCAGATTTATAATGT
TATCGTTACAGCACACGCCTTTGTAATAATTTTCTTTATAGTAATGCCTATCATGATCGG
AGGCTTCGGAAACTGACTTATCCCTCTAATGATTGGAGCCCCTGATATGGCATTCCCCC
GAATGAATAATATGAGTTTTTGACTTCTGCCTCCTTCGTTCCTCCTCCTGCTTGCATCCT
CAGGCGTAGAAGCCGGGGCCGGAACTGGTTGAACAGTCTACCCCCCACTAGCAGGCA
ATCTCGCCCATGCAGGAGCTTCTGTAGACTTGACCATTTTTTCACTCCACTTAGCAGGG
GTTTCCTCAATTCTAGGGGCCATTAACTTCATCACAACAATTATTAATATGAAGCCTCC
GGCTATTTCTCAATACCAGACCCCACTATTTGTGTGAGCTGTCCTAATTACGGCCGTAC
TTCTTCTTCTGTCCCTACCTGTCCTTGCCGCTGGAATTACAATGCTTCTAACAGACCGA
AACCTTAATACCACCTTCTTCGACCCCGCTGGAGGAGGAGATCCCATCCTTTACCAAC
ATCTTTTC

线粒体DNA 12S片段序列：

CACCGCGGTTATACGAGAGACCCAAGTTGACAACTACCGGCGTAAAGAGTGGTTAAGATCG
CCCTCCATTAAAGTTGAATATCTTCAAGGCTGTTATACGCGCCCGAAGACTAGAAACCCAACT
ACGAAAGTGACTTTATTTTGTCTGATCCCACGAAAGCTAGGGCA

红棘裸颊鲷
Lethrinus erythracanthus

中 文 名：红棘裸颊鲷
学　　名：*Lethrinus erythracanthus* Valenciennes，1830
英 文 名：Orange-spotted emperor
别　　名：龙尖
分　　类：裸颊鲷科 Lethrinidae，裸颊鲷属 *Lethrinus*
鉴定依据：中国海洋鱼类，中卷，p1218；台湾鱼类资料库

形态特征： 背鳍Ⅹ—9；臀鳍Ⅲ—8；胸鳍13。体延长，呈长椭圆形。吻中短，略钝，吻上缘与上颌间的角度为55° ~ 69°。眼间隔凸起。眼大，近位于头背侧，但随着成长而渐分离。口端位；两颌具犬齿及绒毛状齿，后方侧齿呈犬齿状；上颌骨上缘平滑或稍呈锯齿状。颊部无鳞；胸鳍基部内侧具鳞；侧线鳞数46 ~ 48；侧线上鳞列数4.5；侧线下鳞列数15 ~ 18。背鳍单一，不具深刻，具硬棘10、鳍条9，第四或第五棘最长；臀鳍具硬棘3、鳍条8，第三、第四或第五鳍条通常最长，长于鳍条部基底长；胸鳍鳍条13；尾鳍分叉，两叶先端钝圆。体背侧暗灰至褐色，散在许多不显的暗色或淡色斑点，有时在体侧下半部具淡色不规则纵纹；头部褐色或灰色，颊部通常具橘点。胸及腹鳍白色至橘红色；背鳍及臀鳍橘和蓝色交杂；尾鳍鲜橘色。

分布范围： 中国南海、台湾海域；印度—太平洋区，西起东非，东至土阿莫土群岛，北至日本南部，南迄澳大利亚北部。

生态习性： 为暖水性中下层鱼类。栖息于近岸岩礁、沙砾底质海区及较深的潟湖。栖息水深18 ~ 120m。群居性，主要以软体动物、甲壳类及小鱼为食。

线粒体DNA COI片段序列：

CCTTTATTTAGTATTCGGCGCCTGAGCTGGCATGGTAGGAACAGCCCTAAGCCTACTTATCCG
AGCAGAACTCAGCCAACCCGGGGCACTCCTGGGGGACGACCAGATTTATAATGTTATCGTCA
CAGCACACGCTTTCGTAATAATTTTCTTTATAGTAATGCCTATCATAATCGGAGGCTTCGGTAA
TTGACTCATCCCTCTAATGATCGGTGCCCCCGACATGGCATTCCCCCGAATGAATAACATGAG
CTTTTGACTTCTTCCTCCCTCGTTCCTCCTCCTGCTTGCATCCTCAGGCGTAGAGGCTGGGGC
TGGCACCGGATGAACCGTTTACCCCCCACTAGCAGGCAACCTCGCCCACGCAGGCGCGTCT
GTAGATCTAACAATTTTCTCGCTCCACCTAGCAGGGGTCTCCTCAATTCTGGGGGCTATCAAC
TTCATCACAACAATCATCAACATAAAACCCCCAGCTATTTCTCAATACCAGACACCACTGTTT
GTGTGGGCCGTTCTAATTACCGCCGTGCTTCTTCTCCTATCCCTGCCCGTCCTTGCCGCCGGT

ATCACAATGCTGTTGACAGACCGAAATTTAAACACCACCTTCTTCGACCCTGCAGGAGGGGG
AGACCCAATTCTCTACCAGCACCTGTTC

线粒体DNA 12S片段序列：
CACCGCGGTTATACGAGAGGCCCGAGTTGACAACTATCGGCGTAAAGAGTGGTTAAGATCGC
CTAACATTAAAGTCGAATATCTTCAAGGCTGTTATACGCACCCGGAGACTAGAAGCCCAACT
ACGAAAGTGACTTTATTTATCTGACTCCACGAAAGCTAGGGCA

橘带裸颊鲷
Lethrinus obsoletus

中 文 名：橘带裸颊鲷
学　　名：*Lethrinus obsoletus*（Forsskål，1775）
英 文 名：Orangestripe emperor
别　　名：龙尖，龙占
分　　类：裸颊鲷科Lethrinidae，裸颊鲷属*Lethrinus*
鉴定依据：中国海洋鱼类，中卷，p1217；台湾鱼类资料库

形态特征：体延长，呈长椭圆形。吻短、钝。眼间隔凸起。眼大，位置近于头背侧。口端位；两颌具犬齿及绒毛状齿，后方侧齿呈圆形而有犬齿尖或块状臼齿；上颌骨上缘平滑或稍呈锯齿状。颊部无鳞；胸鳍基部内侧具鳞；侧线鳞数46 ~ 47；侧线上鳞列数5.5。背鳍单一，不具深

刻，具硬棘5、鳍条9，第四或第五棘最长；臀鳍硬棘3、鳍条8，第一鳍条通常最长，但等于或短于鳍条部基底长；胸鳍鳍条13；尾鳍分叉，两叶先端尖形。体呈浅黄褐色或淡橄榄绿，体侧下半部有一条明显橙黄色纵带，有时橙黄色纵带的上、下方另具有不明显的纵带；鳞片中部比周围色淡；头部通常具多条不明显的斜带；鳃盖缘为暗褐色；眼下方有时具少许白色点。各鳍淡色或淡灰色，有时具杂斑。

分布范围：中国台湾海域与南海；印度—太平洋区，西起东非、红海，东至萨摩亚、汤加，北至日本南部，南至澳大利亚。

生态习性：为暖水性中下层鱼类。主要栖息于沿岸珊瑚礁、岩礁区外缘、沼泽区、红树林区或海藻床区，栖息水深10～75m。主要以软体动物、甲壳类及小鱼为食。

线粒体DNA COI片段序列：

CCTTTATTTAGTGTTTGGTGCCTGAGCTGGAATGGTGGGAACAGCCTTAAGCCTTCTTA
TTCGAGCCGAACTTAGTCAACCTGGAGCTCTCCTGGGAGACGACCAAATTTATAATGT
TATTGTTACAGCACATGCTTTCGTAATGATTTTCTTTATGGTTATGCCTATTATGATTGGA
GGTTTCGGCAACTGACTAATCCCCCTAATGATTGGAGCGCCTGACTAGCATTCCCCCGA
ATGAATAACATGAGCTTTTGACTTCTACCCCCTTCGTTCCTCCTCCTACTTGCCTCTTCA
GGCGTGGAAGCTGGGGCTGGTACCGGGTGAACAGTTTACCCGCCCCTAGCAGGCAAC
CTCGCCCATGCTGGGGCATCTGTCGACTTGACAATCTTCTCCCTCCACCTAGCAGGGG
TCTCCTCAATTCTTGGGGCTATTAACTTCATCACAACAATCATTAACATGAAGCCCCCA
GCTATTTCTCAATACCAAACACCCCTCTTTGTATGAGCCGTTTTAATCACCGCCGTACT
GCTTCTCCTGTCCCTACCAGTCCTTGCCGCCGGCATCACAATGCTACTGACAGACCGA
AACCTAAACACCACCTTCTTTGACCCTGCAGGAGGAGGGGACCCCATCCTCTATCAAC
ACCTGTTT

线粒体DNA 12S片段序列：

CACCGCGGTTATACGAGAGGCCCAAGTTGACAACCATCGGCGTAAAGAGTGGTT
AAGATTAGCCCTCCATTAAAGTCGAATGTCTTCAAGGCTGTTATACGCACCCGAA
GACTAGAAGCCCAGCTACGAAAGTGACTTTATCTTATCTGACCCCACAAAAGCT
AGGGCA

斑点九棘鲈

Cephalopholis argus

中 文 名：斑点九棘鲈
学　　名：*Cephalopholis argus* Bloch & Schneider，1801
英 文 名：Blue-spotted grouper
别　　名：斑点九刺鮨，眼斑鲙，黑鲙仔
分　　类：鮨科Serranidae，九棘鲈属*Cephalopholis*
鉴定依据：台湾鱼类资料库；南海海洋鱼类原色图谱（一），p112；中国海洋鱼类，p951

形态特征：体长椭圆形，侧扁，体长为体高的2.7 ~ 3.2倍。头背部几乎斜直；眶间区平坦或微凹陷。眼小，短于吻长。口大；上颌稍能活动，可向前伸出，末端延伸至眼后下方；上、下颌前端具小犬齿，下颌内侧齿尖锐，排列不规则，可向内倒状；锄骨和腭骨具绒毛状齿。前鳃盖圆形，幼鱼后缘略锯齿状，成鱼则平滑；下鳃盖及间鳃盖后缘平滑。体被细小栉鳞；侧线鳞数46 ~ 51；纵列鳞数95 ~ 110。背鳍连续，有硬棘9、鳍条15 ~ 17；臀鳍有硬棘3、鳍条9；腹鳍腹位，末端不及肛门开口；胸鳍圆形，中央的鳍条长于上、下方的鳍条，且长于腹鳍，但短于后眼眶长；尾鳍圆形。体呈一致的暗褐色，头部、体侧及各鳍上皆散布具黑缘的蓝点；通常体侧后半部具5 ~ 6条淡色宽横带；胸部具一大片淡色区块。背鳍硬棘部鳍膜末端具三角形橘黄色斑；背鳍、臀鳍鳍条部及尾鳍具白缘。

分布范围：中国南海和东海；印度—太平洋区热带、亚热带海域。

生态习性：热带海域常见的鱼类，生活栖所多变，自潮池至水深40m处的礁石区皆可见其踪迹，一般较常见于水深1 ~ 10m的水域。主要摄食时间为清晨及午后，其余时间则穴居休息。可改变体色。肉食性，以小鱼、无脊椎动物等为食。

线粒体DNA COI片段序列：

CTCTATTTAGTCTTTGGTGCCTGAGCCGGTATAGTAGGGACAGCACTCAGCCTATTAAT
TCGAGCTGAATTAAGCCAGCCAGGTGCTCTTCTGGGCGATGATCAGATTTATAATGTTA
TTGTCACGGCACACGCTTTCGTAATAATCTTCTTCATAGTAATGCCAATTATGATTGGC
GGTTTCGGAAACTGACTTATCCCCCTAATAATTGGTGCTCCTGACATAGCATTCCCCCG
AATAAATAACATGAGCTTCTGACTTCTTCCCCCATCCTTCCTACTTCTGCTGGCCTCCT
CTGGAGTAGAAGCAGGTGCTGGAACTGGCTGAACAGTTTACCCCCCTCTAGCTGGCA
ACTTAGCCCATGCAGGCGCATCTGTTGACCTAACCATTTTCTCCCTGCATTTAGCAGGT
ATTTCATCAATCCTAGGGGCGATTAATTTTATCACAACCATTATTAACATGAAACCTCC
AGCTATTTCCCAATATCAAACGCCCCTGTTTGTATGAGCTGTTCTAATTACAGCTGTTC

TTCTTCTCCTCTCTCTTCCTGTCCTTGCTGCCGGCATTACAATACTTCTAACAGATCGA
AATCTAAACACTACCTTCTTTGACCCAGCTGGCGGAGGAGACCCAATTCTTTATCAGC
ACTTATTC

线粒体DNA 12S片段序列：

TACCGCGGTTATACGAGAGGCCCAAGTTGACAGACACCGGCGTAAAGAGTGGTTAAGGACA
AATATTTCACTAAAGCTGAACACTTACAAAGCTGTCATACGCATCCGAGAGTAAGAAAAACA
ACTACGAAGGTGGCTTTATAACACCTGAACCCACGAAAGCCAAGACA

豹纹九棘鮨
Cephalopholis leopardus

中 文 名： 豹纹九棘鮨
学　　名： *Cephalopholis leopardus*（Lacepède，1801）
英 文 名： Leopard hind
别　　名： 豹纹鲙，过鱼，石斑
分　　类： 鮨科 Serranidae，九棘鲈属 *Cephalopholis*
鉴定依据： 台湾鱼类资料库；中国海洋鱼类，p953；南海海洋鱼类原色图谱（一），p114

形态特征： 体长椭圆形，侧扁，体长为体高的2.6～2.9倍。头背部斜直；眶间区微凹陷。眼小，短于吻长。口大；上颌稍能活动，可向前伸出，末端延伸至眼后缘的下方；上、下颌前端具小犬齿，下颌内侧齿尖锐，排列不规则，可向内倒状；锄骨和腭骨具绒毛状齿。前鳃盖圆，而幼鱼时尚可见锯齿缘，成鱼后则平滑；下鳃盖及间鳃盖微具锯齿，但埋于皮下。体被细小栉鳞；侧线鳞数47 ~ 50；纵列鳞数79 ~ 88。背鳍连续，有硬棘9、鳍条13 ~ 15；臀鳍有硬棘3、鳍条9 ~ 10；腹鳍腹位，末端不及肛门开口；胸鳍圆形，中央的鳍条长于上、下方的鳍条，且长于腹鳍，但短于后眼眶长；尾鳍圆形。体呈红褐色，腹侧淡色；头部、体侧及奇鳍散布橘红色小斑点，腹侧斑点较密集；尾柄背侧有2个黑色斑驳；尾鳍上、下叶外侧各具1条暗色斜带，外缘则为淡色。

分布范围：中国南海和东海；印度—太平洋区。

生态习性：热带洄游性鱼类。喜栖息于珊瑚繁生的潟湖区、水道或外礁斜坡区，生性隐秘，生活在礁石洞穴或岩壁裂缝中。主要以小鱼及甲壳类为食。有雌雄同体现象，雌性先性成熟，产浮性卵。

线粒体DNA COI片段序列：

CCTCTATCTAGTATTTGGTGCCTGAGCCGGTATAGTGGGAACAGCCCTCAGCCTACTAATCCGGGCTGAACTAAGCCAACCAGGTGCTTTACTCGGCGATGATCAAATCTATAATGTGATTGTTACAGCACATGCTTTCGTAATAATTTTCTTTATAGTAATACCAATTATGATCGGTGGATTCGGAAACTGACTTATTCCACTAATAATTGGTGCCCCGGATATAGCATTCCCCCGAATGAACAACATGAGCTTCTGGCTTCTCCCCCCATCCTTCCTACTTCTGCTAGCCTCCTCTGGAGTAGAAGCTGGTGCTGGTACTGGTTGAACGGTGTATCCACCCTTAGCCGGTAACCTAGCCCACGCAGGTGCCTCTGTTGATCTAACCATCTTTTCTCTGCATTTAGCAGGGATCTCATCAATTCTAGGAGCTATCAACTTCATTACTACCATTATTAACATAAAACCCCCTGCCATCTCCCAATACCAAACACCCTTATTTGTTTGAGCTGTATTAATTACAGCCGTTCTTCTCCTTCTCTCCCTTCCTGTCCTTGCTGCCGGTATTACAATGCTTTTAACAGACCGAAATCTTAATACTACCTTCTTCGACCCTGCCGGTGGGGGAGACCCGATCCTTTACCAACACCTATTC

线粒体DNA 12S片段序列：

TACCGCGGTTATACGAGAGGCCCAAGTCGATAGGCATCGGCGTAAAGAGTGGTTAAGGTTAAACAAATACTAAAGCCGAACACTTACAAGGCTGTTATACGCACCCGAAAGTAAGAAGAACAACCACGAAAGTGGCTTTATTACACCTGAACCCACGAAAGCCAAGGCA

横条石斑鱼

Epinephelus fasciatus

中 文 名：横条石斑鱼

学　　名：*Epinephelus fasciatus*（Forsskål, 1755）

英 文 名：过鱼

别　　名：Blacktip grouper

分　　类：鮨科 Serranidae，石斑鱼属 *Epinephelus*

鉴定依据：台湾鱼类资料库；中国海洋鱼类，中卷，p967

形态特征： 体长椭圆形，侧扁而粗壮，体长为体高的2.8 ~ 3.3倍。头背部斜直。眶间区微凸。眼小，短于吻长。口大；上下颌前端具小犬齿或无，两侧齿细尖，下颌齿2 ~ 4列。鳃耙数（6 ~ 8）+（15 ~ 17）。前鳃盖骨后缘具锯齿，下缘光滑；鳃盖骨后缘具3扁棘。体被细小栉鳞；侧线鳞数49 ~ 75；纵列鳞数92 ~ 135。背鳍鳍棘部与鳍条部相连，无缺刻，具硬棘11、鳍条15 ~ 17；臀鳍具硬棘3、鳍条8；腹鳍腹位，末端延伸不及肛门开口；胸鳍圆形，中央鳍条长于上下方鳍条，且长于腹鳍，但短于后眼眶长；尾鳍圆形。体呈浅橘红色，具有6条深红色横带；背鳍硬棘间膜的前端具黑色三角形斑；棘的顶端处，有时具淡黄色或白色斑；背鳍鳍条部、臀鳍、尾鳍有时具淡黄色后缘。

分布范围： 中国台湾海域、南海；印度—西太平洋区。

生态习性： 主要栖息于水质较混浊的沿岸礁区。以鱼类及甲壳类为食。

线粒体DNA COI片段序列：

CCTCTATCTTGTATTCGGTGCCTGAGCCGGTATAGTAGGAACAGCTCTCAGCCTGCTTATTCG
AGCTGAGCTGAGTCAGCCAGGAGCCCTACTCGGCGACGACCAAATTTATAATGTAATCGTTA
CAGCACATGCTTTCGTAATAATTTTCTTTATAGTAATACCAATCATGATTGGAGGCTTTGGAAA
CTGACTCATCCCACTTATGATCGGCGCCCCAGATATAGCATTCCCTCGAATAAATAATATAAGC
TTCTGGCTTCTCCCACCATCTTTCCTCCTTCTTCTCGCCTCTTCCGGGGTAGAAGCTGGAGCC
GGCACTGGCTGAACAGTCTACCCACCTCTGGCTGGAAACCTGGCCCATGCAGGTGCATCTGT
AGACTTAACCATCTTCTCACTACACTTAGCAGGGATTTCATCAATTCTGGGGGCTATCAACTT
TATTACAACTATTATTAACATAAAACCTCCTGCTATCTCTCAGTATCAAACACCTTTATTCGTCT
GAGCTGTCCTAATTACAGCAGTACTCCTGCTCCTATCCCTTCCCGTGCTTGCTGCCGGCATCA
CTATACTTCTTACAGATCGTAATCTTAACACTACTTTCTTTGATCCAGCTGGAGGAGGAGATC
CTATTCTCTACCAACACCTATTC

线粒体DNA 12S片段序列：

TACCGCGGTTATACGAGAGGCCCAAGTTGATAAGCTCCGGCGTAAAGCGTGGTTAAGGACTA
AAACACACTAAAGCCGAACGCTTACTAGGCTGTTATACGCTTACGAAAGTAAGAAGCACATC
CACGAAAGTAGCTTTACTACACCTGAACCCACGAAAGCCAAGATA

点带石斑鱼
Epinephelus coioides

中 文 名：点带石斑鱼
学　　名：*Epinephelus coioides*（Hamilton，1822）
英 文 名：Orange-spotted grouper
别　　名：石斑，过鱼，红花
分　　类：鮨科Serranidae，石斑鱼属*Epinephelus*
鉴定依据：台湾鱼类资料库；中国海洋鱼类，中卷，p974

形态特征：体长椭圆形，侧扁而粗壮，体长为体高的2.9 ~ 3.7倍。头背部斜直；眶间区微突。眼小，短于吻长。口大；上、下颌前端具小犬齿或无，两侧齿细尖，下颌2 ~ 3列。鳃耙数（8 ~ 10）+（14 ~ 17），随着成长而逐渐退化。前鳃盖骨后缘具锯齿，下缘光滑；鳃盖骨后缘具3扁棘。体被细小栉鳞；侧线鳞数58 ~ 65；纵列鳞数100 ~ 118。背鳍鳍棘部与鳍条部相连，无缺刻，具硬棘11、鳍条14 ~ 16；臀鳍硬棘3、鳍条8；腹鳍腹位，末端延伸不及肛门开口；胸鳍圆形，中央的鳍条长于上、下方的鳍条，且长于腹鳍，但短于后眼眶长；尾鳍圆形。头部及体背侧黄褐色，腹侧淡白；头部、体侧及奇鳍散布许多橘褐色或红褐色小点；体侧另具5条不显著、不规则、斜的及腹侧分叉的暗横带，第一条在背鳍硬棘前缘，最后一条在尾柄上。

分布范围：中国台湾海域、南海；印度—西太平洋区，西至非洲东岸、红海，东至西太平洋，北至日本南部，南至澳大利亚。

生态习性：主要栖息于水质较混浊的沿岸礁区，幼鱼则经常出现于沙泥底质河口水域、沼泽区或潟湖。以鱼类及甲壳类为食。

线粒体DNA COI片段序列：

CCTTTATCTTGTATTTGGTGCCTGAGCGGGAATAGTAGGAACAGCCCTTAGCCTACTAA
TTCGAGCTGAGCTAAGCCAGCCGGGAGCTCTACTAGGCGACGACCAGATCTATAATGT
AATTGTTACAGCACATGCTTTTGTAATAATCTTTTTTATAGTAATACCAATTATGATTGGT
GGCTTTGGAAACTGACTTATTCCACTTATAATCGGTGCCCCAGACATAGCATTCCCTCG
AATGAATAATATAAGCTTCTGACTCCTTCCCCCATCCTTCCTGCTTCTTCTTGCCTCTTC
TGGTGTAGAAGCCGGTGCTGGCACTGGCTGAACAGTCTACCCACCCCTGGCCGGAAA
CCTAGCCCACGCAGGTGCATCAGTAGACTTAACTATTTTCTCACTACATTTAGCGGGA
ATTTCATCAATTCTAGGCGCAATCAACTTTATCACAACCATCATTAACATGAAACCTCC
TGCTACCTCTCAATACCAAACACCTTTATTTGTGTGAGCAGTATTGATTACAGCAGTAC
TCCTACTCCTTTCCCTTCCCGTCCTTGCCGCCGGCATCACAATGTTACTCACTGATCGT
AACCTTAATACCACTTTCTTTGACCCAGCCGGAGGGGGAGACCCGATTCTTTACCAGC
ACTTATTT

线粒体DNA 12S片段序列：

TACCGCGGTTATACGAGAAGCCCAAGTTGACAAGCTCCGGCGTAAAGCGTGGTT
AAGGAGTAATAAACACTAAAGCCGAACGCTTACTAAGCTGTTATACGCTTACGAA
AGTAAGAAGTACATCCACGAAGGTGGCTTTATCTCACCTGAACCCACGAAAGCCA
AGGCA

棕点石斑鱼

Epinephelus fuscoguttatus

中 文 名：棕点石斑鱼
学　　名：*Epinephelus fuscoguttatus*（Forsskål，1775）
英 文 名：Blotch grouper
别　　名：棕点石斑鱼，老虎斑，过鱼
分　　类：鮨科Serranidae，石斑鱼属*Epinephelus*
鉴定依据：台湾鱼类资料库；中国海洋鱼类，中卷，p978

形态特征： 体长椭圆形，侧扁而粗壮，体长为体高的2.6 ~ 2.9倍。头背缘眼后部凹陷，而后稍隆起。主盖骨后上角明显凸出，且近垂直下降至鳃盖骨最后缘。后鼻孔大，呈三角形。眼小，短于吻长。口大；上、下颌前端具小犬齿或无，两侧齿细尖，下颌约3列。鳃耙数（10 ~ 12）+（17 ~ 21），随着成长而逐渐退化。前鳃盖骨后缘具锯齿，下缘光滑；鳃盖骨后缘具3扁棘。体被细小栉鳞；侧线鳞数52 ~ 58；纵列鳞数102 ~ 115。背鳍鳍棘部与鳍条部相连，无缺刻，具硬棘11、鳍条14 ~ 15；臀鳍硬棘3、鳍条8；腹鳍腹位，末端延伸不及肛门开口；胸鳍圆形，中央的鳍条长于上、下方的鳍条，且长于腹鳍，但短于后眼眶长；尾鳍圆形。体呈淡黄褐色；头部及体侧散布许多大型不规则的褐色斑；尾柄具一黑色鞍状斑；头部、体侧及各鳍另散布许多小暗褐色斑点。

分布范围： 中国南海、台湾海域；琉球群岛海域、印度—太平洋暖水域。

生态习性： 主要栖息于潟湖及海湾内的独立礁周围水域，也常常被发现于外礁斜坡区以及清澈水域。主要以鱼类及甲壳类为食。

线粒体DNA COI片段序列：

CCTTTATCTTGTATTTGGTGCCTGAGCCGGTATGGTAGGAACAGCCCTCAGCCTGCTA
ATTCGAGCTGAGCTTAGCCAACCAGGGGCTTTACTAGGTGACGACCAGATCTATAATG
TAATTGTTACAGCACATGCTTTTGTAATAATCTTTTTTATAGTAATACCAATTATAATTGG
TGGCTTTGGAAACTGACTTATTCCACTTATAATTGGCGCCCCAGACATAGCATTCCCTC
GAATGAATAATATAAGCTTCTGACTTCTTCCTCCATCCTTCCTGCTCCTTCTCGCTTCTT
CTGGAGTAGAAGCCGGTGCCGGTACTGGTTGAACGGTTTACCCACCCTTAGCTGGAA
ACTTAGCCCATGCAGGTGCATCCGTAGACTTAACCATCTTCTCACTACATCTAGCAGG
TATTTCATCAATTCTAGGTGCAATTAACTTTATTACAACCATTATTAATATAAAACCCCC
TGCTATCTCTCAATACCAAACACCTTTATTTGTATGAGCTGTATTAATTACAGCCGTGC

TTCTACTCCTCTCTCTTCCCGTTCTTGCCGCTGGCATTACAATGTTACTCACAGATCGTAACCTTAACACTACTTTCTTTGACCCAGCCGGAGGGGGAGACCCTATTCTTTACCAACATTTATTC

线粒体DNA 12S片段序列：

TACCGCGGTTATACGAGAGGCCCAAGTTGACAAGCTCCGGCGTAAAGCGTGGTTAAGGAACAATAAACACTAAAGCCGAACGCTTACTAAGCTGTTATACGCTCCCGAAAGTAAGAAGCACATCCACGAAGGTGGCTTTATTTACCTGAATCCACGAAAGCCAAGGTA

云纹石斑鱼
Epinephelus radiatus

中 文 名： 云纹石斑鱼
学　　名： *Epinephelus radiatus*（Day，1868）
英 文 名： Oblique-banded rockcod
别　　名： 石斑，过鱼，鲙仔
分　　类： 鮨科Serranidae，石斑鱼属*Epinephelus*
鉴定依据： 台湾鱼类资料库；中国海洋鱼类，中卷，p965

形态特征： 体长椭圆形，侧扁而粗壮，标准体长为体高的2.6 ~ 3.0倍。头背部斜直；眶间区平坦。眼小，短于吻长。口裂大；上、下颌前端具小犬齿或无，两侧齿细尖，上颌达眼后缘下方，下颌齿约2列。鳃耙数（8 ~ 9）+（16 ~ 18）。前鳃盖骨后缘具2 ~ 5个锯齿，下缘光滑；鳃盖骨后缘具3扁棘。体被细小栉鳞；侧线鳞数52 ~ 66；纵列鳞数102 ~ 120。背鳍鳍棘部与鳍条部相连，无缺刻，具硬棘11、鳍条13 ~ 15；臀鳍硬棘3、鳍条8；腹鳍腹位，末端延伸不及肛

门开口；胸鳍圆形，中央的鳍条长于上、下方的鳍条，且长于腹鳍，但短于后眼眶长；尾鳍圆形。体呈浅褐色，体侧具5条暗色斜横带，横带于腹部分叉，横带内具淡色斑；体侧另具黑色小点；头部于眼下方具3条暗色细纹。

分布范围：中国南海、台湾海域；日本南部海域、印度—太平洋暖水域。

生态习性：主要栖息于较深的岩礁区，幼鱼一般栖息水深18 ~ 20m，成鱼80 ~ 383m。以鱼类、甲壳类及软体动物为食。

线粒体DNA COI片段序列：

CCTTTATCTTGTATTTGGTGCCTGAGCCGGCATAGTGGGACAGCCCTCAGCCTACTAATTCGAGCTGAGCTAAGCCAACCAGGGGCCCTACTAGGCGACGATCAGATCTATAACGTAATTGTTACAGCACACGCCTTCGTAATAATTTTCTTTATAGTAATACCAATTATGATTGGTGGCTTTGGAAACTGACTTATCCCACTTATAATTGGTGCCCCGGATATAGCATTCCCTCGAATAAATAATATAAGCTTCTGACTTCTTCCCCCGTCTTTCCTGCTCCTTCTTGCCTCTTCTGGTGTTGAAGCCGGAGCTGGTACTGGCTGAACAGTGTATCCACCCCTAGCTGGAAACTTAGCCCATGCAGGCGCATCTGTAGACTTAACTATTTTCTCCCTACACTTAGCAGGAATTTCATCAATTCTAGGGGCAATTAACTTTATCACGACCATTATTAATATAAAACCCCCTGCCATCTCTCAGTATCAGACACCCTTGTTTGTATGAGCCGTATTAATTACTGCGGTGCTTCTACTCCTCTCTCTCCCCGTTCTTGCCGCCGGCATCACAATGCTACTAACAGATCGTAACCTTAACACCACTTTCTTTGACCCCGCCGGAGGAGGAGACCCAATTCTTTATCAACACCTATTC

线粒体DNA 12S片段序列：

TACCGCGGTTATACGAGAGGCCCAAGTTGACAGGCTCCGGCGTAAAGCGTGGTTAAGGGATAACATACACTAAAGCTAAACGCTTACTAGGCTGTTATACGCTCCCGAAAGTAAGAAAATCGTCTACGAAAGTGGCTTTACTTTACCTGAACCCACGAAAGCCAAGGCA

双带黄鲈
Diploprion bifasciatum

中 文 名：双带黄鲈

学　　名：*Diploprion bifasciatum* Cuvier，1828

英 文 名：Two-banded sea perch，Barred soapfish

别　　名：皇帝鱼，火烧腰，拆西仔

分　　类：鮨科 Serranidae，黄鲈属 *Diploprion*

鉴定依据：南海海洋鱼类原色图谱（二），p203；南沙群岛至华南沿岸的鱼类（二），p21；台湾鱼类资料库；中国海洋鱼类，中卷，p987

形态特征：体延长而侧扁，标准体长为体高的2.0 ~ 2.4倍。头背部几乎斜直，眶间区平坦。吻略钝圆。上颌骨末端延伸至眼的下方；上、下颌，腭骨及锄骨均具齿。前鳃盖后缘锯齿状。鳃耙数（9 ~ 10)+(19 ~ 22)。体被细小栉鳞；侧线鳞数80 ~ 88；纵列鳞数100 ~ 110。背鳍连续，硬棘部低，有硬棘8、鳍条13 ~ 16；臀鳍硬棘2、鳍条12 ~ 13；腹鳍腹位，末端伸达臀鳍前缘；胸鳍短于后头部，圆形，中央的鳍条长于上、下方的鳍条；尾鳍圆形。体前半部淡黄色，后半部黄色，体侧有2条暗灰色宽横带，其中一条在头部，另一条在体中部。除背鳍硬棘部暗色、腹鳍具黑缘外，各鳍为黄色。幼鱼的背鳍第二及第三棘特别延长呈丝状。

分布范围：中国东海和南海；印度—西太平洋区。

生态习性：暖水性底层鱼类。主要栖息于珊瑚礁或岩礁的洞穴或缝隙中，有时可进入河口，白天会在礁区外围的沙泥地上活动。以鱼及甲壳类为食。体表黏液有毒。

线粒体DNA COI片段序列：

CCTGTATTTAGTATTTGGTGCCTGAGCCGGCATAGTGGGAACCGCCCTCAGCCTGCTTATTCG
AGCGGAGCTGAGCCAACCCGGGGCTCTTCTAGGGGATGACCAAATTTACAACGTAATTGTTA
CGGCTCACGCCTTCGTAATGATCTTCTTTATAGTAATGCCAATCATAATCGGCGGATTCGGGAA
CTGACTCATCCCCCTGATAATCGGAGCGCCAGATATGGCATTTCCCCGAATGAATAATATGAG
CTTCTGGCTCTTACCTCCTTCCTTCTTACTCTTGCTTGCCTCATCTGGCGTGGAAGCTGGTGC
CGGCACAGGATGGACCGTTTACCCTCCCCTTGCTGGCAACTTAGCCCATGCAGGAGCGTCTG
TAGATTTAACAATCTTCTCCCTGCACTTAGCAGGGATTTCCTCAATTCTGGGGGCTATCAACT
TTATTACTACCATTATCAACATAAAACCTCCCGCAATTTCCCAGTATCAAACACCACTATTTGT

GTGAGCGGTCCTAATCACTGCCGTGCTCCTGTTATTATCTCTCCCAGTGCTTGCTGCCGGCAT
TACAATACTGCTCACAGACCGAAACCTTAATACCACCTTCTTTGACCCTGCGGGAGGAGGAG
ACCCAATTTTATACCAACATTTATTC

线粒体DNA 12S片段序列：

TACCGCGGTTATACGAGAGACCCAAGTTGATAGGCACCGGCGTAAAGAGTGGTTAAGGAAA
AAAACAGACTAAAGCCGAACGCCTACAGGGCTGTTATACGCATCCGAAGGTAAGAAGTACA
ATCACGAAAGTAGCTTTACTACCCCTGAACCCACGAAAGCCAAGGCA

珠赤鮨
Chelidoperca margaritifera

中 文 名：珠赤鮨
学　　名：*Chelidoperca margaritifera* Weber，1913
英 文 名：Pearly perchlet
别　　名：小花鲈
分　　类：鮨科 Serranidae，赤鮨属 *Chelidoperca*
鉴定依据：中国海洋鱼类，中卷，p919

形态特征：背鳍 X—10；臀鳍 Ⅲ—6；胸鳍 16。侧线鳞数 44 ~ 45，侧线上鳞数 3。鳃耙数（6 ~ 7）+12。本种与燕赤鮨相似。两者的区别在于本种尾鳍后缘圆弧形；眼间隔区被鳞并有 4 列感觉管孔；体鲜红色，腹侧有同色横带，沿侧线的小白点不显著。体长约 9cm。

分布范围：中国南海；日本种子岛海域、西太平洋暖水域。

生态习性：为暖水性底层鱼类。栖息于沙泥底质海区。

线粒体DNA COI片段序列：

CCTTTATCTAGTATTTGGTGCCTGAGCTGGTATGGTGGGACCGCCTTGAGCCTCCTTATCCG
AGCCGAACTTAGCCAACCCGGTGCTCTCCTTGGAGATGACCAAATCTATAATGTAATTGTAAC
AGCCCACGCCTTTGTAATAATTTTTTTCATAGTTATACCAATTATAATTGGAGGCTTTGGAAAC
TGACTCATTCCACTAATAATTGGCGCCCCTGATATAGCGTTCCCACGAATAAATAACATAAGCT
TCTGACTCCTGCCCCCTTCATTCCTCCTTCTCCTCGCTTCTTCAGGAGTTGAAGCCGGAGCAG
GTACAGGTTGAACAGTCTACCCCCCATTAGCCGGGAATCTGGCCCATGCAGGAGCTTCTGTC
GACCTAACAATCTTTTCGCTTCACCTAGCGGGCATCTCCTCAATTCTTGGGGCAATCAACTTC
ATCACAACAATTATTAACATGAAGCCCCCTGCTATTTCTCAATACCAAACCCCTCTGTTCGTAT
GGTCAGTCCTAATCACTGCCGTCCTTCTCCTCCTATCCCTCCCTGTTCTTGCCGCTGGTATTAC
TATACTTTTAACCGACCGAAACCTTAATACAACCTTTTTTGACCCTGCCGGAGGAGGAGACC
CCATCCTCTACCAACACCTATTC

线粒体DNA 12S片段序列：

CACCGCGGTTATACGAGAGACCCCAGTTGATAGACTCCGGCGTAAAGCGTGGTTAAGATCTA
GTTATACTAAAGCCGAATGCCCTCAAAGTTGTTATACGCTCTCGAGGGAAAGAAGCCCATCA
ACGAAAGTAGCTTTATAAACCCTGACCCCACGAAAGCTAGGAAA

燕赤鮨
Chelidoperca hirundinacea

中 文 名：燕赤鮨
学　　名：*Chelidoperca hirundinacea*（Valenciennes，1831）
英 文 名：Pearly perchlet
别　　名：小花鲈
分　　类：鮨科 Serranidae，赤鮨属 *Chelidoperca*
鉴定依据：台湾鱼类资料库；中国海洋鱼类，中卷，p918

形态特征： 体延长，呈亚圆筒形，标准体长为体高的3.6 ~ 4.0倍。头背部几乎斜直；眶间区略突出。眼大，约等于吻长。口大，下颌较上颌略突出。前、后鼻孔紧邻。鳃耙数（5 ~ 8）+（11 ~ 14）。体被细小栉鳞，两眼间隔具鳞；侧线鳞数42 ~ 45。侧线上鳞数4 ~ 5。背鳍连续，有硬棘10、鳍条9 ~ 10；臀鳍硬棘3、鳍条6；腹鳍腹位，末端不及肛门开口；胸鳍鳍条数15 ~ 17，胸鳍长于腹鳍，圆形，中央的鳍条长于上、下方的鳍条；尾鳍截形或内凹，上、下叶缘略突出。体呈橘红色，体侧具多条不明显的黄色横带；体侧胸鳍上方具一暗褐色斑。

分布范围： 中国东海、南海、台湾海域；日本南部海域、西太平洋温暖水域。

生态习性： 主要栖息于大陆棚缘沙泥淤塞的水域，生态习性不甚清楚。

线粒体DNA COI片段序列：

CCTTTATCTAGTATTTGGTGCCTGAGCTGGCATGGTAGGAACCGCCTTAAGTCTTCTTATCCG
AGCCGAACTTAGCCAACCTGGTGCTCTCCTAGGAGACGACCAAATTTATAATGTAATCGTAA
CAGCGCACGCTTTTGTAATAATTTTTTTATAGTTATACCAATTATAATTGGAGGTTTTGGAAA
CTGACTTATTCCACTAATAATTGGCGCCCCCGATATAGCATTTCCACGAATAAACAACATAAGC
TTTTGACTACTGCCCCCCTCTTTCCTCCTCCTCGCCTCTTCAGGGGTTGAAGCCGGAGCA
GGAACAGGATGAACAGTCTACCCTCCCCTAGCCGGAAACCTAGCTCATGCAGGAGCATCCGT
TGATCTAACAATTTTTTCTCTCCACCTAGCAGGCGTCTCCTCAATTCTTGGAGCAATTAACTTC
ATCACAACAATTATTAACATGAAGCCCCCCGCCATCTCTCAATACCAGACCCCTCTGTTTGTT
TGATCTGTATTAATTACTGCCGTCCTTCTCCTTTTATCCCTGCCTGTCCTTGCCGCCGGCATTAC
TATGCTTTTAACGGACCGAAATCTTAATACAACCTTTTTTGACCCGGCAGGAGGAGGAGACC
CCATCCTCTACCAACACCTATTC

线粒体DNA 12S片段序列：

CACCGCGGTTATACGAGAGACTCTAGTTGATAGACTGCGGCGTAAAGCGTGGTTAAGATTTAT
TCGCACTAAAGCCGAATCCCCTCAAAGCTGTTATACGCCCTCGAAGGAAAGAAGCTCATTAA
CGAAAGTGGCTTTATTACCCCTGAACCCACGAAAGCTAAGAAA

红带拟花鮨
Pseudanthias rubrizonatus

中 文 名： 红带拟花鮨
学　　名： *Pseudanthias rubrizonatus*（Randall，1983）
英 文 名： Red-belted anthias
别　　名： 花鲈，海金鱼，红鱼
分　　类： 鮨科 Serranidae，拟花鮨属 *Pseudanthias*
鉴定依据： 台湾鱼类资料库；中国海洋鱼类，中卷，p936

形态特征：体延长，侧扁。吻短。眼中大，眼眶后缘无乳突。口较大，稍倾斜。上、下颌齿细小，前端具犬齿。间鳃盖骨下缘微具锯齿。体被小栉鳞；侧线完全，侧线鳞数42 ~ 47；上颌不具鳞；各鳍也不具鳞。背鳍连续，具硬棘10、鳍条16，第四背鳍棘最长，但不延长如丝；臀鳍硬棘3、鳍条7；腹鳍腹位，延伸至臀鳍；胸鳍鳍条18 ~ 20；尾鳍弯月形，雄鱼上下叶端略延长如丝。雌鱼体淡红色，背侧鳞片中央黄色，腹侧为白色；雄鱼头及体前部橘黄色，背鳍后四鳍棘下方具一镶紫蓝色边的宽红横斑，横斑后有一大片黄色区域；除胸鳍外，各鳍具蓝缘。雌雄鱼头部均有由眼下方至胸鳍基部具1条粉紫蓝色斜带。

分布范围：中国台湾海域与南海；西太平洋区，包括菲律宾、新几内亚、印度尼西亚、所罗门群岛、斐济及澳大利亚等海域。

生态习性：为暖水性底层鱼类。栖息于水深10 ~ 58m的珊瑚礁海区，通常成一小群活动于独立的珊瑚礁头或破裂的片状珊瑚区。

线粒体DNA COI片段序列：

CCTTTATTTAGTATTTGGTGCTTGAGCCGGCATAGTAGGAACCGCCCTAAGCTTACTCATTCG
AGCTGAGCTAAGTCAACCAGGCGCTCTTTTAGGCGACGACCAAATTTATAATGTTATCGTTAC
AGCGCATGCTTTCGTAATAATTTTCTTTATAGTAATACCCATCATAATCGGAGGATTTGGTAATT
GACTCATTCCCCTAATGATTGGCGCCCCTGACATAGCATTCCCCCGAATAAACAACATGAGCT
TTTGACTGCTCCCCCCTTCATTCCTCCTCCTCCTTGCCTCTTCAGGAGTGGAAGCAGGAGCC
GGCACCGGGTGAACTGTCTACCCGCCACTAGCCGGTAATTTGGCCCACGCCGGAGCCTCCGT
AGATTTAACCATCTTCTCCCTTCACCTGGCCGGCATCTCTTCCATTCTGGGCGCAATCAACTT
CATCACAACAATTATTAACATGAAGCCCCCCGCCATCTCCCAATACCAAACGCCCCTGTTCGT
ATGAGCGGTCCTCATTACAGCCGTCCTTCTACTTCTTTCCCTCCCAGTTCTTGCCGCAGGCAT
TACCATGCTCTTAACAGACCGTAATCTTAACACCACTTTCTTCGACCCCGCAGGAGGGGGGG
ACCCGATCCTCTATCAACACTTATTC

线粒体DNA 12S片段序列：

CACCGCGGTTATACGAGGAGCCCAAGTTGACAGCCACCGGCGTAAAGCGTGGTTAAGAAAACATAAATATTAAAGCCGAACGCAAACTACACTGTTATACGCATTCGAAAATAGAAGCTCAATTACGAAAGTAGCTTTATTCATCTGACCCCACGAAAGCCAGGGCA

凯氏棘花鮨
Plectranthias kelloggi

中 文 名：凯氏棘花鮨
学　　名：*Plectranthias kelloggi*（Jordan & Evermann，1903）
英 文 名：Eastern flower porgy
别　　名：花鲈
分　　类：鮨科 Serranidae，棘花鮨属 *Plectranthias*
鉴定依据：中国海洋鱼类，中卷，p923；台湾鱼类资料库

形态特征：体长椭圆形，侧扁而略高，体长为体高的2.8 ~ 3.2倍。头背部略为弧形；眶间区略凹。眼稍大，长于或等于吻长。口大；下颌前端具小犬齿。鳃耙数（7 ~ 10）+（13 ~ 17），随成长而渐退化。前鳃盖骨下缘无前向棘。体被细小栉鳞，主上颌骨及颐部皆具鳞；侧线完整，侧线鳞数33 ~ 36，侧线上鳞数3。背鳍鳍棘部与鳍条部相连，具缺刻，具硬棘5、鳍条14 ~ 16，第四或第五棘最长；臀鳍具硬棘3、鳍条7；腹鳍腹位，末端延伸至肛门开口；胸鳍延长，中央的鳍条长于上、下方的鳍条，鳍条数15，部分鳍条有分支；尾鳍内凹形，上叶延长呈丝状，其余各鳍的外侧鳍条也有延长呈丝状的现象。体背侧为淡橘红色，腹部淡色。体侧具2条暗红色横斑：一条在体中部，延伸至背鳍上；另一条在尾柄上。尾基上缘另具一暗红色小斑。

分布范围：中国台湾海域以及南海；中西太平洋水域。

生态习性：栖息于沿岸岩成沙底质海区，水深100 ~ 300m。

线粒体DNA COI片段序列：

CCTCTATCTAGTATTTGGTGCTTGAGCCGGTATAGTAGGCACAGCCCTAAGTCTGCTCATCCGGGCA
GAGTTAAGCCAACCGGGCGCCCTCCTCGGGGACGACCAGATTTACAATGTAATCGTTACAGCACAC
GCCTTTGTAATAATTTTTTTCATGGTCATGCCTATTATAATTGGAGGGTTCGGAAACTGACTGATTCC
ACTAATGATCGGGGCCCCTGATATAGCATTCCCTCGAATGAATAATATGAGCTTTTGGCTTCTACCCC
CGTCATTCCTTCTTTTACTTGCCTCATCCGGCGTAGAGGCCGGGGCCGGGACCGGTTGAACGGTATA
CCCCCCCCTCGCCGGCAACCTCGCCCATGCAGGAGCATCAGTAGACCTAACCATTTTCTCCCTACA
CCTGGCAGGGATCTCCTCAATTCTAGGGGCTATTAACTTTATTACTACAATTATTAATATGAAACCCC
CCGCCATCTCTCAGTACCAGACGCCCCTCTTTGTGTGGGCCGTACTCATTACAGCTGTCCTCTTACT
ACTTTCCCTCCCTGTACTTGCTGCCGGAATTACTATGCTTCTAACTGATCGAAATCTTAACACAACCT
TTTTCGACCCGGCAGGAGGAGGGGACCCAATCCTTTACCAACACTTATTC

线粒体DNA 12S片段序列：

CACCGCGGTTATACGAGTGACCCAAGTTGAAAGACATCGGCGTAAAGCGTGGTTAAGACAA
AGCCTAACACTAAAGCCGAATACATGCAACGCTGTTATACGCACTCGAGAGTAAGAAGTTCA
ATCACGAAAGTAGCTTTATGCCCCTGAACCCACGAAAGCTTTGACA

胁谷软鱼
Malakichthys wakiyae

中 文 名：胁谷软鱼
学　　名：*Malakichthys wakiyae* Jordan & Hubbs，1925
英 文 名：Silverbelly seaperch
别　　名：大面侧仔
分　　类：发光鲷科 Acropomatidae，软鱼属 *Malakichthys*
鉴定依据：中国海洋鱼类，中卷，p982

形态特征： 背鳍Ⅸ～Ⅹ—10；臀鳍Ⅲ—8～9；胸鳍13～14。侧线鳞数48～52。鳃耙数（7～9）+1+（20～23）。本种一般特征同属。臀鳍鳍条长小于臀鳍基长，肛门距臀鳍较距腹鳍基为近；腹鳍不伸达肛门，腹鳍棘前缘平滑无锯齿。体青灰色，腹侧银白色。各鳍略带黄色，尾鳍色稍深。体长25cm。

分布范围： 中国东海台湾海域；日本东京至鹿儿岛沿海、西北太平洋温热水域。

生态习性： 为暖温性底层鱼类。栖息于沿岸较深海区。

线粒体DNA COI片段序列：

CCTTTATCTAGTATTTGGTGCCTGAGCCGGAATAGTTGGCACGGCCTTAAGCCTGCTCA
TTCGAGCAGAACTAAGCCAACCAGGCGCCCTCTTGGGGGACGACCAGATTTATAATG
TAATTGTAACAGCACATGCATTTGTGATAATTTTCTTTATAGTAATACCAGTCATAATTG
GAGGTTTTGGGAACTGACTAATTCCCCTAATGATTGGTGCGCCCGATATGGCATTTCCT
CGAATAAATAATATGAGTTTTTGACTTCTTCCCCCTTCTTTCCTCCTCCTCCTTGCTTCC
TCCGGAGTAGAGGCTGGAGCTGGTACCGGATGGACCGTGTATCCCCCTCTGGCTAGTA
ATTTAGCACACGCAGGGGCCTCCGTTGATTTAACGATCTTTTCTCTGCACTTAGCAGGT
ATTTCCTCAATCCTCGGAGCCATTAATTTCATTACCACCATTATTAACATGAAACCTCCT
GCCATCTCTCAGTATCAAACCCCCCTCTTTGTGTGGGCCGTATTAATTACCGCTGTCCT
TCTCCTCCTCTCCCTTCCAGTCCTGGCTGCTGGTATTACAATGCTTCTCACAGACCGAA
ACCTTAACACCACCTTCTTTGACCCGGCAGGAGGAGGCGACCCCATCCTTTACCAAC
ACCTATTC

线粒体DNA 12S片段序列：

CACCGCGGTTATACGAGGGGCCCAAGTTGATAGCCACCGGCGTAAAGAGTGGTT
AGGATAAATAAAATACTAAAGCCGAACGCCCTCAGAGCTGTTATACGCCCCCGAA
GGTAAGAAGATCAATCACGAAAGTGGCTTTATAATGACTGAACCCACGAAAGCT
ATGGCA

日本锯大眼鲷
Pristigenys niphonia

中 文 名： 日本锯大眼鲷

学　　名： *Pristigenys niphonia*（Cuveir，1829）

英 文 名： Japanese bigeye

别　　名： 红目鲢，严公仔，大目仔

分　　类： 大眼鲷科 Priacanthidae，锯大眼鲷属 *Pristigenys*

鉴定依据： 南沙群岛至华南沿岸的鱼类（一），p54；台湾鱼类资料库

形态特征：体甚高，侧扁，呈卵圆形；体最高处位于背鳍第六棘附近。眼特大，瞳孔大半位于体中线下方。吻短。口裂大，近乎垂直；下颌突出，颌骨、锄骨和腭骨均具齿。前鳃骨后缘及下缘具锯齿并具有1枚后向的短强棘。头及体部皆被有粗糙坚实、不易脱落的栉鳞，鳞后缘的棘弱而多；侧线完全，侧线鳞数30 ~ 36。背鳍单一，具深缺，具硬棘10、鳍条11 ~ 12；臀鳍与背鳍几乎相对，具硬棘3、鳍条9 ~ 10；背鳍及臀鳍后端圆形；胸鳍短小；腹鳍中长，短于或等于头长；尾鳍稍圆。体红色，幼时具白色狭窄横带，长成则逐渐消失。尾鳍、背鳍及臀鳍鳍条部具黑边。

分布范围：中国南海、台湾海域以及东海；印度—西太平洋区。

生态习性：主要栖息于沿、近海礁区水深80 ~ 100m的海域，幼鱼则栖息于较浅水域。肉食性，主要以甲壳类及小鱼等为食。

线粒体DNA COI片段序列：

CCTCTATCTAGTATTTGGTGCTTGGGCCGGTATAGTAGGCACAGCCTTAAGCCTTCTCA
TCCGGGCAGAGCTAAGCCAGCCCGGTGCCCTTCTAGGGGACGACCAGATCTACAATG
TAATTGTTACAGCACATGCATTTGTAATAATTTTCTTTATAGTAATGCCAATTATAATTGG
AGGATTTGGAAACTGACTTATCCCCTTGATGATTGGGGCCCCCGATATGGCATTTCCTC
GAATGAACAACATGAGCTTCTGACTTCTTCCCCCCTCATTTCTACTTCTACTAGCCTCT
TCAGGAGTAGAAGCTGGCGCGGGAACCGGATGAACAGTCTACCCCCCTCTAGCCGGC
AACCTTGCCCACGCTGGAGCCTCCGTCGATCTGACAATTTTCTCCCTCCATCTAGCAGG
TATTTCTTCAATCCTGGGGGCCATCAATTTTATTACAACTATTATCAACATAAAACCCCC
TGCCATCTCACAGTACCAGACCCCCTTATTTGTGTGAGCTGTCCTAATTACTGCGGTTC

TTCTCCTCCTCTCACTCCCAGTTCTTGCCGCAGGGATTACCATGCTCCTTACAGATCGA
AACCTTAATACCACCTTCTTTGACCCGGCGGGGGAGGAGACCCCATCCTGTACCAAC
ACCTATTC

线粒体DNA 12S片段序列：
CACCGCGGTTATACGAGAGACCCAAGTTGATAGACATCGGCGTAAAGAGTGGTTAAGATGAA
CTTGTACTAAAGCCGAACACCTTCAAAGCTGTTATACGCACCCGAAGGCAAGAAGCCCACT
CACGAAAGTGGCTTTACAATATCTGAATCCACGAAAGCTATGACA

日本牛目鲷
Cookeolus japonicus

中 文 名：日本牛目鲷
学　　名：*Cookeolus japonicus*（Cuvier，1829）
英 文 名：Bulleye
别　　名：红目鲢，严公仔湖
分　　类：大眼鲷科 Priacanthidae，牛目鲷属 *Cookeolus*
鉴定依据：台湾鱼类资料库；中国海洋鱼类，中卷，p1005

形态特征：体较高，侧扁，呈卵圆形。眼特大。吻短。口裂大，近乎垂直；下颌突出，颌骨、锄骨和腭骨均具齿。前鳃骨后缘及下缘具锯齿并具有1枚后向的强棘。头及体部皆被有粗糙坚实、不易脱落的栉鳞；侧线完全，侧线鳞数56～59，侧线上鳞数16～20。背鳍单一，不具深缺，具硬棘10、鳍条12～13；臀鳍与背鳍几乎相对，具硬棘3、鳍条12～13；背鳍及臀鳍后端尖突；胸鳍短小；腹鳍长而大，等于或大于头长；尾鳍圆形。体一致呈红色。腹鳍鳍膜呈黑色，背鳍、臀鳍及尾鳍具黑缘。

分布范围：中国南海、台湾海域以及东海；全世界热带及亚热带海域。

生态习性：主要栖息于岩礁外围水深60～400m的海底或岛屿区的洞穴或陡壁。肉食性，主要以甲壳类及小鱼等为食。

线粒体DNA COI片段序列：

CCTCTATCTAGTATTCGGTGCTTGAGCCGGCATAGTAGGCACAGCTTTAAGCCTGCTGA
TTCGGGCAGAACTTAGCCAACCAGGCGCCCTTCTAGGGGACGACCAGATTTACAATGT
AATTGTTACAGCACATGCATTTGTAATAATTTTCTTTATAGTAATGCCAATTATGATCGGA
GGATTCGGAAATTGACTTATCCCACTAATGATCGGAGCCCCCGACATGGCATTCCCTCG
AATGAACAACATGAGCTTCTGACTCCTCCCTCCTTCATTCCTTCTTCTGCTTGCCTCTT
CCGGAGTAGAAGCCGGTGCAGGGACAGGATGGACAGTTTACCCCCCATTAGCCGGGA
ACCTCGCTCACGCTGGGGCCTCCGTTGACCTCACCATTTTTTCTCTTCACCTAGCTGGT
GTTTCCTCCATCCTAGGGGCCATTAACTTCATTACAACAATTATCAACATGAAACCTCC
GGCCATCTCACAATACCAAACCCCACTATTTGTTTGAGCCGTCCTAATCACTGCTGTCC
TTCTACTCTTATCCCTCCCAGTTCTCGCCGCAGGGATCACAATGCTCCTCACCGACCGA
AACCTTAATACTACCTTCTTCGACCCTGCAGGAGGGGGAGACCCGATTCTGTACCAAC
ACCTGTTC

线粒体DNA 12S片段序列：

CACCGCGGTTATACGAGAGACCCGAGTTGACAGACATCGGCGTAAAGAGTGGTTAAGATGT
ATTTACACTAAAGCCGAACGCCTTCAAAGCTGTTATACGCATCCGAAGGTAAGAAGTTCATTT
ACGAAGGTAGCTTTACGATATCTGAACCCACGAAAGCTATGACA

直线若鲹
Carangoides orthogrammus

中 文 名：直线若鲹
学　　名：*Carangoides orthogrammus*（Jordan & Gilbert，1882）
英 文 名：Bluefin trevally
别　　名：瓜仔，直线平鲹
分　　类：鲹科Carangidae，若鲹属*Carangoides*
鉴定依据：中国海洋鱼类，中卷，p1101；台湾鱼类资料库

形态特征：体呈椭圆形，背部轮廓略凸出腹部轮廓。吻微尖。上、下颌约略等长，上颌末端延伸至眼前缘。鳃耙数（含瘤状鳃耙）30 ~ 31。胸部裸露区自胸部下方1/4处向下延伸，后缘仅至腹鳍基底的起点。侧线直走部始于第二背鳍第十五至第十七鳍条下方，棱鳞仅存在于后半部。背鳍鳍条数29 ~ 31；第二背鳍与臀鳍同形，前方鳍条延长如丝状，但长度较头长为短；臀鳍鳍条数25 ~ 26；体背部蓝绿色，腹部银白色。鳃盖后缘上方具一不明显的小黑斑；体侧不具横斑，若有也不显著；侧线上、下部具少数大而显著的黄点，大部分位于侧线下方。

分布范围：中国南海以及台湾海域；日本宫崎县以南海域、印度—太平洋暖水域。

生态习性：主要生活于大洋中群岛附近的海域，栖息水深可达50m处，较少出现于浅水域，但偶尔仍可发现三两成群游动于潟湖、海藻床水域或礁沙混合区觅食。主要以沙地中的甲壳类为食。

线粒体DNA COI片段序列：

CCTTTATCTAGTATTTGGTGCTTGAGCCGGAATAGTAGGAACAGCTTTAAGCCTACTTATTCG
AGCAGAACTTAGCCAACCTGGCGCCCTTCTAGGGGATGACCAAATTTATAACGTAATTGTTAC
GGCCCACGCCTTTGTAATAATTTTCTTTATAGTAATGCCAATTATAATCGGAGGCTTTGGAAAT
TGACTTATCCCTCTAATGATTGGAGCCCCTGACATAGCATTCCCCCGAATGAATAATATGAGCT
TCTGACTTCTACCCCCTTCTTTCCTTCTTCTACTAGCTTCTTCAGGGGTTGAAGCTGGGGCAG
GAACTGGTTGAACTGTATACCCGCCACTAGCTGGAAACCTTGCCCACGCCGGAGCATCAGTT
GACTTAACCATTTTCTCCCTGCATCTGGCAGGGGTCTCATCAATTCTGGGGGCTATTAATTTTA
TTACTACCATCATCAATATGAAACCCCCCGCGGTTTCAATATATCAAATCCCACTATTTGTCTG
AGCCGTTCTCATTACAGCCGTTCTCCTTCTTCTATCCCTCCCAGTCTTAGCTGCTGGCATTACA
ATGCTCCTAACAGACCGAAATCTAAACACTGCATTCTTCGACCCCGCAGGAGGTGGAGACCC
CATTCTTTATCAGCACCTATTC

线粒体DNA 12S片段序列：

CACCGCGGTTATACGAGAGGCTCAAGTCGACAGACAACGGCGTAAAGAGTGGTTAAGGAAAATATTTAACTAAAGCGGAACACCCTCATAGCTGTTATACGCTTCCGAGGGCATGAACCTCAACTACGAAGGTGGCTTTATACTACCTGAACCCACGAAAGCTAAGAAA

高体若鲹

Carangoides equula

中 文 名：高体若鲹

学　　名：*Carangoides equula*（Temminck & Schlegel，1844）

英 文 名：Whitefin trevally

别　　名：甘仔鱼，平鲹

分　　类：鲹科Carangidae，若鲹属*Carangoides*

鉴定依据：台湾鱼类资料库

形态特征： 体呈卵圆形，侧扁而高。背、腹部轮廓约相等。吻尖。胸部完全具鳞，或于腹鳍基底前方有时具一小块的裸露区域。侧线直走部始于第二背鳍第十四至第十五鳍条，侧线直走部几乎全为棱鳞，长度远短于弯曲部，为后者的52% ~ 69%。鳃耙数（含瘤状鳃耙）27 ~ 31。背鳍鳍条数23 ~ 26，第二背鳍与臀鳍同形，前方鳍条正常而不延长，呈钝直状；臀鳍鳍条数

22～24。体背蓝灰色，腹部银白色，第二背鳍及臀鳍中央部位具1条黑褐色的纵带，边缘则呈白色。幼鱼时，体侧具有暗色横带。

分布范围：中国海域；南非、索马里、阿曼、印度尼西亚、菲律宾、日本、澳大利亚、新西兰及夏威夷等海域。

生态习性：为沙泥底质水域底栖性的鱼种，常常可发现于水深100～200m的大陆棚边坡处。肉食性，以底栖性甲壳类及小鱼为食。幼鱼具有跟随其他大鱼一起巡游的习性，由此可获得大鱼的保护。

线粒体DNA COI片段序列：

CCTATATCTAGTATTTGGTGCTTGAGCCGGAATAGTAGGAACAGCCTTAAGCTTACTTA
TTCGGGCAGAACTAAGCCAACCTGGCGCCCTTCTAGGGGATGACCAAATTTATAACGT
AATTGTTACGGCCCACGCCTTTGTAATAATTTTCTTTATAGTAATGCCAATTATGATCGG
AGGGTTCGGAAACTGACTTATTCCCCTAATGGTCGGGGCCCCTGACATGGCATTCCCC
CGAATGAACAATATGAGTTTCTGACTTCTTCCCCCTTCTTTCCTTCTACTCTTGGCCTCA
TCAGGTGTTGAAGCCGGGGCGGGGACTGGTTGAACAGTCTACCCCCCACTAGCCGGC
AATCTCGCCCACGCCGGAGCTTCCGTAGATTTAACCATCTTCTCTCTCCACTTAGCAGG
GGTCTCATCAATTCTAGGGGCTATTAACTTTATTACCACTATTATTAACATGAAACCCCC
CGCAGTCTCAATATATCAAATTCCACTATTTGTTTGAGCTGTCCTAATTACGGCCGTCCT
TCTTCTCCTGTCCCTCCCAGTCCTCGCTGCTGGCATTACAATACTTCTAACTGACCGAA
ACCTAAACACTGCCTTCTTCGACCCGGCAGGAGGCGGGGACCCCATTCTCTACCAAC
ACTTGTTC

线粒体DNA 12S片段序列：

CACCGCGGTTATACGAGAGGCTCAAGTTGACAGACAACGGCGTAAAGAGTGGTT
AAGGAACATATTTAACTAAAGCGGAACATCCTCACAGCTGTCATACGCTTCCGAG
GGAATGAACCCCAACTACGAAAGTGGCTTTACTTAACCTGAACCCACGAAAGCT
AAGGAA

珍鲹

Caranx ignobilis

中 文 名：珍鲹

学　　名：*Caranx ignobilis*（Forsskål，1775）

英 文 名：Big-headed jack

别　　名：牛港鲹，牛港瓜仔

分　　类：鲹科Carangidae，鲹属*Caranx*

鉴定依据：中国海洋鱼类，中卷，p1091；台湾鱼类资料库

形态特征：体呈卵圆形，侧扁而高；随着成长，身体逐渐向后延长。头背部高度弯曲，头腹部则几乎呈直线。脂眼睑普通发达，前部达眼前缘，后部达瞳孔后缘，留下略呈半圆的缝隙。吻钝。上颌末端延伸至瞳孔后缘。鳃耙数（含瘤状鳃耙）20 ~ 24。体被圆鳞，胸部及腹鳍基部前方裸露无鳞。侧线前部弯曲大，直走部始于第二背鳍第六至第七鳍条下方，直走部几乎全为棱鳞。第二背鳍与臀鳍同形，前方鳍条呈弯月形，不延长为丝状。体背蓝绿色，腹部银白色，各鳍淡色至淡黄色。鳃盖后缘不具任何黑斑，体侧也无任何斑纹。

分布范围：中国黄海、东海、南海以及台湾海域；日本南部海域、印度—太平洋暖水域。

生态习性：近沿海洄游性鱼类。成鱼多单独栖息于具清澈水质的潟湖或向海的礁区；幼鱼常出现于河口区域。主要在夜晚觅食，以甲壳类（如螃蟹、龙虾）以及鱼类为食。

线粒体DNA COI片段序列：

CCTTTATCTAGTATTTGGTGCTTGAGCCGGAATAGTAGGAACAGCTTTAAGCTTACTCATCCG
AGCAGAACTTAGTCAACCTGGCGCTCTTTTAGGAGATGACCAAATTTATAACGTAATTGTTAC
CGCCCATGCCTTTGTAATAATTTTCTTTATAGTAATGCCAATCATGATCGGAGGCTTTGGAAAC
TGACTTATTCCTCTAATGATCGGAGCTCCTGACATGGCATTCCCCCGAATGAATAATATGAGCT
TCTGACTTCTCCCTCCCTCCTTCCTATTACTTTTAGCTTCTTCAGGAGTAGAAGCCGGAGCTG
GGACAGGCTGAACCGTATATCCCCCATTAGCTGGCAACCTCGCCCATGCTGGTGCGTCAGTA
GATCTAACTATTTTTTCCCTCCATCTAGCAGGGGTCTCATCAATTCTGGGGGCCATTAACTTTA
TTACTACAATTATTAATATGAAACCACCCGCAGTTTCAATGTACCAAATCCCACTATTTGTTTG
AGCCGTACTTATCACGGCTGTCCTTCTCCTCCTCTCCCTCCCAGTCTTAGCTGCTGGGATCAC
AATGCTTCTCACGGATCGAAACCTAAACACCGCTTTCTTTGACCCGGCAGGAGGAGGGGATC
CAATCCTTTACCAACACCTATTC

线粒体DNA 12S片段序列：

CACCGCGGTTATACGAGAGGCTCAAGTTGACAGACAACGGCGTAAAGCGTGGTTAAGGAAA
ATATATTACTAAAGCGGAACCTCCCCCTAGCTGTTATACGCTTCCGAGGAAGTGAACTCCAAC
TACGAAAGTGGCTTTACCTAACCTGAACCCACGAAAGCTAAGAAA

黑尻鲹
Caranx melampygus

中 文 名： 黑尻鲹
学　　名： *Caranx melampygus* Cuvier，1833
英 文 名： Bluefin trevally
别　　名： 蓝鳍鲹
分　　类： 鲹科Carangidae，鲹属*Caranx*
鉴定依据： 中国海洋鱼类，中卷，p1089；台湾鱼类资料库

形态特征： 体呈长椭圆形。背部轮廓略比腹部轮廓弯曲。头背部适度弯曲。吻稍尖。上、下颌约略等长，上颌末端延伸至眼前缘的下方。脂眼睑不发达，前部仅一小部分，后部在大型成鱼时可达眼后缘。鳃耙数25 ~ 28。体被小型圆鳞，胸部完全具鳞。侧线前部中度弯曲，直走部始于第二背鳍第五至第六鳍条下方，直走部几乎全为棱鳞。第二背鳍与臀鳍同形，前方鳍条呈弯月形，不延长为丝状。幼鱼时，体色银灰色，除胸鳍为淡黄色外，各鳍淡色或灰暗色。随着成长，体背逐渐呈蓝灰色，腹部银白色，头部及体侧上半部也逐渐出现蓝黑色小点。

分布范围： 中国南海、台湾海域；日本南部海域、印度—太平洋暖水域。

生态习性： 为暖水性中上层鱼类。栖息于沿岸内湾或珊瑚礁海域。

线粒体DNA COI片段序列：

CCTCTATCTAGTATTTGGTGCTTGAGCCGGAATAGTAGGGACAGCTTTAAGCTTACTT
ATCCGAGCAGAACTTAGTCAACCTGGCGCTCTTTTAGGAGACGACCAAATTTATAAT
GTAATTGTTACGGCCCATGCCTTTGTAATAATTTTCTTTATAGTAATGCCAATCATGATT
GGAGGCTTTGGAAACTGACTTATCCCTCTAATGATCGGAGCCCCTGACATGGCATTC

CCCCGAATAAATAATATGAGCTTCTGACTTCTCCCTCCTTCCTTCCTCCTACTTCTAGCCTCTTCAGGGGTAGAAGCCGGGGCTGGAACAGGTTGAACTGTATATCCCCCATTAGCTGGCAATCTTGCTCATGCCGGAGCATCAGTAGATTTAACTATTTTCTCCCTTCATCTAGCAGGGGTTTCATCGATTCTAGGGGCCATTAACTTCATCACTACAATTATTAACATAAAACCGCCCGCAGTCTCAATATACCAAATTCCGCTATTTGTTTGAGCCGTATTAATTACAGCCGTTCTTCTCCTTCTCTCCCTCCCAGTTTTAGCTGCTGGAATCACGATGCTTCTTACAGATCGAAATCTAAACACCGCTTTCTTTGACCCAGCAGGGGGAGGGGACCCAATCCTTTACCAGCACTTATTC

线粒体DNA 12S片段序列：

CACCGCGGTTATACGAGAGGCTCAAGTTGACAGACAACGGCGTAAAGCGTGGTTAAGGAAAACATACAACTAAAGCGGAACCTCCTCCTAGCTGTTATACGCTTCCGAGGAAGTGAACCCCAACTACGAAAGTGGCTTTATCTAACCTGAACCCACGAAAGCTAAGAAA

沟鲹

Atropus atropos

中 文 名：沟鲹

学　　名：*Atropus atropos*（Bloch & Schneider，1801）

英 文 名：Blackfin jack，Thin crevalle，Cleftbelly kingfish，Cleftbelly trevally

别　　名：铜镜，白鲳仔

分　　类：鲹科Carangidae，沟鲹属*Atropus*

鉴定依据：台湾鱼类资料库；中国海洋鱼类，中卷，p1093

形态特征：体呈卵圆形，极度侧扁。脂眼睑不发达。体被小圆鳞，胸部由胸鳍基部至腹鳍基底后方具一裸露无鳞区。齿细小，上颌呈一齿带；下颌前方呈齿带，后方则为1列细齿。腹部具一深沟，腹鳍、肛门和臀鳍前方2枚游离硬棘均可收藏其中。第一背鳍棘间有膜相连；第二背鳍与臀鳍同形，两者后方的鳍条若为雄鱼则延长，幼鱼及雌鱼则无。腹鳍长，末端至臀鳍起点。体背蓝灰色，腹部银白色。腹鳍深黑色，无离鳍。幼鱼时体侧具4～5条横斑，成鱼则不明显。全世界仅1属1种。

分布范围：中国渤海、黄海、东海、南海、台湾海域；日本南部海域、印度—西太平洋暖水域。

生态习性：为暖水性中上层鱼类。主要栖息于浅岸边，通常三两成群游动于表层水域。主要以虾、桡足类、十足类等动物为食。

线粒体DNA COI片段序列：

CCTTTATCTAGTATTTGGTGCTTGAGCCGGAATAGTAGGCACAGCTTTAAGCCTGCTTATTCGAG
CAGAACTAAGCCAACCTGGCGCCCTTCTAGGAGACGACCAAATTTATAATGTTATTGTTACGGC
CCACGCCTTTGTAATAATTTTCTTTATAGTAATGCCAATCATGATTGGAGGCTTCGGAAATTGACT
AATTCCACTAATGATTGGAGCCCCTGACATAGCATTCCCCCGAATGAACAACATAAGCTTTTGAC
TCCTCCCACCTTCTTTCCTACTACTCTTAGCCTCTTCCGGGGTTGAAGCTGGGGCCGGAACTGG
TTGAACAGTTTACCCGCCACTGGCTGGAAACCTTGCTCACGCCGGAGCATCCGTTGACTTAACA
ATCTTTTCCCTTCACTTAGCGGGGGTCTCGTCGATTCTGGGAGCAATTAACTTCATTACCACCAT
TATTAACATGAAACCTCCTGCAGTGTCAATGTACCAAATCCCCCTGTTTGTTTGAGCCGTACTAA
TTACAGCTGTCCTTCTCCTTTTATCCCTGCCAGTCCTAGCCGCTGGAATTACAATACTCCTGACA
GACCGAAACCTAAACACTGCCTTCTTTGACCCCGCAGGAGGTGGAGATCCCATTCTTTACCAGC
ACTTATTC

线粒体DNA 12S片段序列：

CACCGCGGTTATACGAGAGGCTCAAGTTGACAGACAACGGCGTAAAGAGTGGTTAAGGGAA
ACACATAACTAAAGCGGAACACCCTCACAGCTGTTATACGCTTCCGAGGGCATGAACCACAA
CTACGAAAGTGGCTTTACATCACCTGAACCCACGAAAGCTAAGAAA

斐氏鲳鲹
Trachinotus baillonii

中 文 名：斐氏鲳鲹
学　　名：*Trachinotus baillonii*（Lacepède，1801）
英 文 名：Smallspotted dart
别　　名：卵鲹，红鲹，油面仔，幽面仔，斐氏黄腊鲹
分　　类：鲹科Carangidae，鲳鲹属*Trachinotus*
鉴定依据：台湾鱼类资料库；中国海洋鱼类，中卷，p1111

形态特征：背鳍Ⅴ～Ⅵ，Ⅰ—21～25；臀鳍Ⅱ，Ⅰ—20～24。体呈长椭圆形，甚侧扁，随着成长而逐渐向后延长。体稍低，体长大于体高的2倍。尾柄短细，背腹侧无肉质棱脊，也无凹槽。吻钝。眼小，脂眼睑不发达。上、下颌，锄骨和腭骨均具细小的绒毛状齿，随着成长而渐退化；舌面一般无齿。鳃耙数（7～13）+（14～19）。第一鳃弓下支鳃耙数16～17。侧线几乎呈直线状或微波状，无棱鳞。无离鳍。第一背鳍在幼鱼时具鳍膜，随着成长而渐呈游离状；第二背鳍与臀鳍同形，前方鳍条延长而呈弯月形。尾鳍深叉，末端尖细而长。体背蓝灰色，腹部银白色。体侧具1～5个黑色斑点，横越在侧线上，但小鱼无此斑点。各鳍暗色、黑色或淡黄色。

分布范围：中国南海、台湾海域；印度—西太平洋的暖水域以及日本南部海域。

生态习性：为暖水性中上层鱼类。栖息于沿海礁岩底质的浅水海域，但常可发现其出现于沙泥底质的激浪区。以无脊椎动物为食。

线粒体DNA COI片段序列：

CCTCTATCTAGTATTTGGTGCTTGAGCCGGTATAGTAGGAACAGCTTTAAGTCTACTTAT
CCGAGCAGAGCTTAGCCAACCCGGCGCCCTCTTAGGAGATGACCAAATTTACAACGT
AATCGTCACGGCCCATGCCTTCGTGATGATTTTCTTTATAGTAATACCAATTATGATCGG
AGGCTTTGGAAACTGACTTATCCCCTTAATGATCGGAGCCCCTGATATAGCATTTCCTC
GAATGAACAATATGAGCTTCTGACTTCTACCCCCTTCTTTCCTTCTCCTCCTCGCTTCC
TCAGGAGTAGAAGCAGGTGCCGGGACTGGTTGAACAGTCTACCCTCCCCTGGCTGGA
AACCTCGCTCATGCAGGAGCATCTGTTGACCTAACTATTTTCTCCCTCCACTTAGCTGG
AATTTCCTCAATTCTTGGAGCAATTAACTTTATTACAACAGTAATTAACATAAAACCTC
ATGCTGTTTCCATGTATCAGATTCCACTATTTGTTTGAGCTGTCCTAATTACAGCCGTTC
TTCTCCTCCTCTCACTCCCCGTCCTAGCTGCAGGCATTACAATGCTTCTTACGGATCGA
AACTTAAACACCGCTTTCTTTGATCCAGCTGGAGGAGGAGACCCAATCCTCTACCAAC
ACCTCTTC

线粒体DNA 12S片段序列：

CACCGCGGTTATACGAGTTGGCCCAAGTTGATAGACAACGGCGTAAAGAGTGGTTAAGGAA AACAAAAACTAAAGCCGAACATCTTCAAAGCTGTCATACGCTCCCGAAAATATGAAGCCCA ACCACGAAAGTGACTTTATTCCACCTGAACCCACGAAAGCTAAGAAA

无齿鲹
Gnathanodon speciasus

中 文 名： 无齿鲹
学　　名： *Gnathanodon speciasus*（Forskål，1775）
英 文 名： Golden trevally
分　　类： 鲹科Carangidae，无齿鲹属*Gnathanodon*
鉴定依据： 中国海洋鱼类，中卷，p1095；台湾鱼类志，p338；南海鱼类志，p381

形态特征： 背鳍Ⅰ，Ⅶ，Ⅰ—18～19；臀鳍Ⅱ，Ⅰ—16；胸鳍21；腹鳍Ⅰ—5；尾鳍17。体呈椭圆形，侧扁而高。体长为体高的2.16～2.3倍、为头长的2.96～3.28倍。头侧扁，从吻端至头顶弧度大，近鼻孔处稍凹，枕骨嵴明显。头长为吻长的2.57～2.84倍、为眼径的4.9～5.71倍。吻长约等于眼径的2倍。眼小，脂眼睑不发达。口裂始于眼下缘稍下方的水平线上；前颌骨能伸缩，上颌后端达眼前缘的下方。上、下颌及犁骨、腭骨均无牙，舌面上有粗糙绒毛状小突起；舌短，前端呈截形。鳃盖条数7，鳃耙数（8～9）+（18～20），假鳃不明显。颊、眼后部、鳃盖上部、胸部和身体均被小圆鳞。第二背鳍和臀鳍基有一低的鳞鞘。侧线前部弯曲度不大，直线部始于第二背鳍第八鳍条下方，弯曲部稍长于直线部。侧线上有普通鳞83 ~ 90及棱鳞17 ~ 20。棱鳞小而弱，存在于直线部的后半部。第一背鳍有一向前平卧倒棘和7枚鳍棘，棘间有膜相连。体和鳍均为黄色，鳃盖后缘有一长形小黑斑，有9 ~ 11条黑色横带，第一条自眼间隔斜下穿过眼，其他各条均位于体侧，粗带与细带交错排列。第二背鳍与尾鳍边缘浅黑色，活体时颜色非常美丽。

分布范围：中国南海、台湾海域；日本南部海域、印度—太平洋暖水域。

生态习性：为暖水性中上层鱼类。栖息于近岸内湾或珊瑚礁海区。

线粒体DNA COI片段序列：

CCTTTATCTAGTATTTGGTGCTTGAGCCGGAATAGTTGGAACAGCTTTAAGTCTACTTATCCGA
GCAGAACTTAGTCAACCTGGTGCTCTTCTAGGAGACGACCAAATTTATAACGTAATTGTTACG
GCCCATGCCTTCGTAATAATTTTCTTTATAGTAATACCAATTATGATTGGAGGCTTTGGAAACT
GACTTATCCCTCTAATGATCGGAGCCCCTGACATAGCATTCCCCCGAATAAATAATATGAGCTT
TTGACTTCTCCCCCCTTCTTTCCTCCTACTTTTAGCCTCTTCAGGAGTTGAGGCCGGGGCCGG
AACTGGTTGAACTGTATATCCTCCCTTAGCTGGTAACCTAGCCCACGCCGGAGCATCAGTAGA
TTTAACCATCTTTTCCCTCCACCTGGCAGGTGTCTCATCAATTCTAGGAGCCATTAATTTTATT
ACCACAATTATTAATATAAAACCACCCGCAGTCTCAATATACCAAATCCCATTATTCGTTTGAG
CTGTACTAATTACAGCCGTTCTCCTTCTTCTATCCCTCCCAGTACTAGCTGCTGGCATTACGAT
GCTATTAACAGACCGAAACCTAAACACCGCCTTCTTCGACCCTGCGGGGGGTGGAGATCCAA
TCCTTTATCAACACTTATTCTGATTCTTTGGC

线粒体DNA 12S片段序列：

CACCGCGGTTATACGAGGGGCTCAAGTTGACAGATAACGGCGTAAAGCGTGGTTAAGGAAA
ATATTCAACTAAAGCGGAACCTCTTCACAGCTGTTATACGCTTCCGAAGAAGTGAACCCCAA
CTACGAAAGTGGCTTTACCCTGCCTGAACCCACGAAAGCTAAGAAA

吉达副叶鲹

Alepes djedaba

中 文 名：吉达副叶鲹

学　　名：*Alepes djedaba*（Forsskål，1775）

英 文 名：Banded scad，Shrimp scad，Slender yellowtail kingfish

别　　名：甘仔鱼，瓜仔鱼，花鲳

分　　类：鲹科Carangidae，副叶鲹属*Alepes*

鉴定依据：台湾鱼类资料库；南海鱼类志，p380

形态特征：吻短，鱼小时，其长略等于眼径；鱼大时，稍长于眼径。脂眼睑发达，前部达眼前缘，后部达瞳孔后至眼缘中间的部下方。口裂始于中部水平线上；前颌骨能伸缩，上颌后端达眼前缘至瞳孔前缘间的下方。牙细，上、下颌1列或近缝合部有2列，犁骨牙呈三角形，腭骨、翼状骨、舌面均有细牙。鳃盖条数7，鳃耙数（11 ~ 14）+（27 ~ 31），有假鳃。颊、鳃盖上部、胸部和身体均被圆鳞。第二背鳍与臀鳍有稍发达的鳞鞘。侧线前部弯曲度大，直线部始于第一背鳍点至第三鳍条间下方，直线部长于弯曲部。侧线上有普通鳞31 ~ 39和棱鳞42 ~ 48。棱鳞形状明显，存在于直线部的全部。第一背鳍有一埋于皮下的向前平卧棘与8枚鳍棘，棘间有膜相连，第二背鳍有鳍棘1、鳍条23 ~ 25，前部不呈镰刀状；臀鳍与第二背鳍同形，有鳍棘1、鳍条18 ~ 21，前方有2枚粗短棘；胸鳍稍长于头长；腹鳍胸位，略等于1/2头长；尾鳍叉形，上叶稍长于下叶。背部青蓝色，腹部银色。体侧无黑色横带，鳃盖后上缘与肩部共有一显著黑色斑。第一背鳍灰色，第二背鳍前部顶端白色。

分布范围：中国台湾海域与南海；非洲东岸、印度、斯里兰卡、印度尼西亚、泰国、菲律宾。

生态习性：近沿海礁区常见鱼种，有时出现于混浊水域，常聚集成群游动。主要以无脊椎动物（如虾、水蚤及十足类）为食，大型鱼有时捕食小鱼。

线粒体DNA COI片段序列：

CCTTTATCTAGTATTTGGTGCTTGAGCCGGAATAGTGGGACAGCTTTAAGCTTACTCATCCG
AGCAGAACTTAGTCAACCTGGCGCCCTTCTAGGGGACGACCAAATTTACAACGTAATCGTTA
CGGCCCACGCCTTCGTAATGATTTTCTTTATAGTAATACCAATTATGATCGGAGGCTTCGGAAA
CTGACTTATTCCCCTAATGATCGGAGCCCCTGATATAGCATTCCCCCGAATAAATAACATGAGT
TTCTGACTTCTCCCTCCTTCTTTCCTCCTCCTTCTAGCTTCTTCAGGAGTTGAAGCCGGGGCC
GGAACTGGTTGAACCGTATACCCCCCTCTAGCTGGCAATCTAGCTCACGCCGGAGCATCCGT
AGACCTAACCATCTTCTCCCTGCATTTGGCTGGGGTCTCATCAATTCTAGGGGCTATTAACTTT
ATTACAACAATTATTAATATGAAACCCCCTGCAGTATCAATGTATCAAATCCCACTGTTTGTTT
GAGCCGTCCTAATTACGGCCGTTCTCCTTCTCCTGTCCCTCCCAGTCCTAGCCGCTGGAATTA
CAATGCTCCTAACAGACCGAAACCTAAATACTGCCTTCTTTG

线粒体DNA 12S片段序列：

CACCGCGGTTATACGAGAGGCTCAAGTTGACAGACAACGGCGTAAAGTGTGGTTAGGGAAACTCTCTAACTAAAGCGGAATCTCCTCATAGCTGTTATACGCTTCCGAGGAAGTGAACCCCAACTACGAAAGTGGCTTTATTAGACCTGAACCCACGAAAGCTAAGAAA

长颌似鲹

Scomberoides lysan

中 文 名：长颌似鲹

学　　名：*Scomberoides lysan*（Forsskål，1775）

英 文 名：Blacktip leatherskin，Blacktip queenfish，Doublespotted queenfish

别　　名：七星仔，棘葱仔，鬼平

分　　类：鲹科Carangidae，似鲹属*Scomberoides*

鉴定依据：中国海洋鱼类，中卷，p1109；台湾鱼类资料库

形态特征：体延长，甚侧扁。背、腹部轮廓约略相同，头后部微凹入。吻尖，长于眼径。下颌突出于上颌，上颌末端延伸至眼后缘下方。脂眼睑不发达。上、下颌及锄骨、腭骨、舌面均具齿。头部无鳞，体被枪头形小圆鳞，多埋于皮下。侧线前半呈波浪状，无棱鳞。第一背鳍具硬棘6～7，棘间无膜相连，仅有一小膜与基底相连；第二背鳍与臀鳍同形且约略等长，后半部各有半分离鳍条8～11，但无真正离鳍，也无凹槽。体背部蓝黑色，腹部银白色。头侧眼上缘具一黑色短纵带；新鲜时，体侧沿侧线上、下各具1列6～8个铅灰色圆斑，但死后会逐渐消失，此外幼鱼期完全没有圆斑。

分布范围：中国南海、台湾海域；日本南部海域、印度—西太平洋暖温水域。

生态习性：为暖水性中上层鱼类。主要栖息于具有清澈水质的潟湖区或近沿海礁石区。主要是以小鱼及甲壳类为食。

线粒体DNA COI片段序列：

TCTCTACCTCGTATTCGGTGCTTGAGCCGGAATAGTAGGAACAGCCCTAAGCCTACTCATCCGAGCAGAACTAAGCCAACCCGGGGCCCTCCTCGGAGACGACCAAATCTATAATGTTATTGTTACGGCCCACGCCTTCGTAATAATCTTCTTTATAGTAATGCCAATCATGATCGGAGGATTCGGAAACTGACTTATCCCCCTAATAATTGGCGCCCCCGACATAGCTTTCCCTCGAATAAATAACATAAGCTTCTGACTCCTCCCCCCTTCATTCCTCCTTCTCCTCGCCTCCTCAGGAGTCGAAGCTGGGGCGGGAACTGGATGAACAGTTTACCCTCCACTAGCAGGAAACCTAGCCCACGCGGGAGCATCCGTAGACCTAACCATCTTCTCTCTCCATCTAGCCGGAATTTCCTCAATTCTAGGGGCTATTAACTTTATCACAACTATCATTAACATGAAACCCCATGCCGTCTCCATGTATCAAATCCCCCTATTCGTATGAGCCGTCCTCATCACAGCAGTACTTCTCCTTCTCTCCCTACCTGTTCTTGCTGCCGGCATTACAATGCTTCTAACCGATCGAAACCTAAACACCGCTTTCTTTGACCCCGCTGGAGGAGGTGACCCTATTCTCTACCAACACCTATTC

线粒体DNA 12S片段序列：

CACCGCGGTTAGACGAGCAGGCCCAAGTTGATAGTTCACGGCGCAAAGGGTGGTTAGGGAAAACAAAAACTAAAGTCGAACTAACTCATTACTGTGATAAGCCCATATGATAAAATGAAGCCCGCCCACGAAAGTGACTTTATTAACCCTGAACCCACGAAAGCTAAGAAA

革似鲹

Scomberoides tol

中 文 名：革似鲹

学　　名：*Scomberoides tol*（Cuvier，1832）

英 文 名：Blackfin queenfish，Needlescaled queenfish

别　　名：七星仔，棘葱仔，鬼平

分　　类：鲹科Carangidae，似鲹属*Scomberoides*

鉴定依据：台湾鱼类资料库；中国海洋鱼类，中卷，p1109；南沙群岛至华南沿岸的鱼类（二），p32

形态特征：体延长，甚侧扁。背部轮廓在近眼处稍凹入。吻尖，长于眼径。下颌突出于上颌，上颌末端延伸至眼中部瞳孔后缘的下方。脂眼睑不发达。上、下颌及锄骨、腭骨、舌面均具齿。头部无鳞，体被针形小圆鳞，多埋于皮下。侧线在胸鳍上方微弯，无棱鳞。背棘分立，无连续棘膜；第一背鳍具硬棘6 ~ 7，棘间无膜相连，仅有一小膜与基底相连；第二背鳍与臀鳍同形且约略等长，后半部各有半分离鳍条8 ~ 12，但无真正离鳍，也无凹槽。体背部蓝黑色，腹部银白色。头侧眼上缘具一黑色短纵带；新鲜时，体侧另具1列黑色圆斑，其4 ~ 5个在侧线上，余皆在侧线上方，但死后会逐渐消失；此外幼鱼期完全没有圆斑。体长约50cm。

分布范围：中国东海、南海、台湾海域；日本和歌山以南海域、印度—西太平洋暖水域。

生态习性：为暖水性中上层鱼类。栖息于沿岸表层水域。主要以小鱼为食。

线粒体DNA COI片段序列：

TCTCTACCTCGTATTCGGTGCTTGAGCCGGAATAGTAGGAACAGCCCTAAGCCTACTCATCCG
AGCAGAACTAAGCCAACCCGGGGCCCTCCTCGGAGACGACCAAATCTATAACGTCATCGTTA
CAGCCCACGCCTTCGTAATAATCTTCTTTATAGTAATACCAATTATAATTGGGGGGTTCGGAAA
CTGACTCATTCCCCTAATAATTGGTGCCCCTGACATAGCTTTCCCTCGAATAAATAACATAAGC
TTCTGACTCCTTCCCCCTTCCTTCCTTCTTCTCCTCGCCTCCTCAGGGGTTGAAGCCGGGGCA
GGAACTGGTTGAACGGTCTACCCTCCTCTAGCAGGGAACCTAGCCCATGCAGGAGCATCCGT
AGACCTAACCATCTTCTCCCTCCACCTGGCCGGAATTTCCTCAATTCTAGGGGCTATTAACTT
CATCACAACTATTATTAACATAAAACCCCACGCCGTCTCCATGTACCAAATCCCTCTATTCGTC
TGAGCCGTCCTAATTACAGCAGTGCTTCTCCTTCTTTCTTTACCTGTTCTTGCCGCCGGCATTA
CAATACTTCTAACTGACCGAAACCTAAACACCGCCTTCTTCGACCCTGCCGGAGGGGGTGAC
CCCATTCTCTACCAACACCTATTC

线粒体DNA 12S片段序列：

CACCGCGGTTAGACGAGCAGGCCCAAGTTGATAATTCACGGCGCAAAGGGTGGTTAGGGAA
AACAAAAACTAAAGTCGAACTAGCTCATTACTGTGATAAGCCCATATGAAAAAATGAAGCCC
ACCCACGAAAGTGACTTTATTACCCCTGAACCCACGAAAGCTAAGAAA

康氏似鲹

Scomberoides commersonnianus

中 文 名：康氏似鲹

学　　名：*Scomberoides commersonnianus* Lacepède, 1801

英 文 名：Talang queenfish，Giant queenfish

别　　名：七星仔，棘葱仔

分　　类：鲹科Carangidae，似鲹属*Scomberoides*

鉴定依据：台湾鱼类资料库；中国海洋鱼类，中卷，p1110

形态特征：体延长而高，甚侧扁。背、腹部轮廓约略相同，头后部微凹入。吻钝圆，长于眼径。下颌突出于上颌，上颌末端延伸至眼后缘后方甚多。脂性眼睑不发达。上、下颌、锄骨、腭骨和舌面均具齿。头部无鳞，体被菱形小圆鳞，多埋于皮下。侧线前半部呈波浪状；无棱鳞。第一背鳍具硬棘6～7，棘间无膜相连；仅有一小膜与基底相连；第二背鳍与臀鳍同形且约略等长，后半部各有半分离鳍条7～12，但无真正离鳍，也无凹槽。体背蓝灰色，腹部银白色。头侧眼上缘具一黑色短纵带；活体时，体侧具5～8个铅灰色长圆形斑，前方2个横越在侧线上，但死后会逐渐消失；此外幼鱼期完全没有圆斑。

分布范围：中国南海与台湾海域；印度—西太平洋海域。

生态习性：主要栖息于沙泥底沿海，也常游于礁石岸或外海独立礁周缘，偶尔游于河口区域。一般呈少数群体生活。一般以鱼类、头足类为食。

线粒体DNA COI片段序列：

TCTCTACCTCGTATTCGGTGCTTGAGCCGGAATAGTAGGAACAGCCCTAAGCCTACTCATCCG
AGCAGAACTAAGCCAACCCGGGGCCCTCCTCGGAGACGACCAAATCTATAACGTCATTGTTA
CGGCCCATGCCTTCGTAATAATCTTCTTTATAGTAATACCAATTATGATCGGAGGTTTCGGAAA
CTGACTCATTCCCCTAATAATTGGTGCTCCCGATATAGCTTTCCCTCGAATAAACAACATAAGC
TTCTGACTCCTACCCCCTTCCTTTCTTCTCCTCCTTGCCTCCTCAGGAGTTGAAGCTGGAGCA
GGAACTGGCTGAACAGTCTACCCTCCCCTAGCAGGCAACCTAGCCCACGCAGGAGCATCCG
TAGACCTAACCATCTTCTCCCTCCACCTAGCCGGAATTTCCTCAATTCTAGGAGCCATCAACT
TCATCACAACTATCATTAACATAAAACCCCATGCCGTTTCCATATACCAAATCCCCCTATTCGT
TTGAGCCGTCCTAATTACAGCAGTCCTTCTCCTTCTTTCTTTACCTGTTCTTGCCGCCGGCATT
ACAATACTTCTAACCGACCGAAACCTAAACACCGCCTTCTTCGACCCTGCTGGAGGAGGTGA
CCCTATTCTCTACCAGCACCTATTC

线粒体DNA 12S片段序列：

CACCGCGGTTAGACGAGCAGGCCCAAGTTGATAATTCACGGCGCAAAGGGTGGTTAGGGAA
AACAAAAACTAAAGTCGAACTAGCTCATTACTGTGATAAGCCTATATGATAAAATGAAGCCC
ACCCACGAAAGTGACTTTATTACCCCTGAACCCACGAAAGCTAAGAAA

丝鲹

Alectis ciliaris

中 文 名：丝鲹
学　　名：*Alectis ciliaris*（Bloch，1787）
英 文 名：African pompano
别　　名：花串，白须公，甘仔鱼
分　　类：鲹科Carangidae，丝鲹属*Alectis*
鉴定依据：台湾鱼类资料库；中国海洋鱼类，中卷，p1092

形态特征：背鳍Ⅵ～Ⅶ，Ⅰ—8～20；臀鳍（Ⅱ），Ⅰ—15～17。棱鳞8～30。鳃耙数(4～6)+(12～17)。幼时，体甚侧扁而高，体长与体高约等长，略呈菱形；随着年龄的成长，鱼体逐渐向后延长；头高略大于头长，使得头背部轮廓陡斜。脂眼睑不发达。第一鳃弓下支鳃耙数（含瘤状鳃耙）12 ~ 17。侧线直走部起于第二背鳍第十至第十二鳍条的下方，直走部后半部具有弱的棱鳞。第一背鳍在小鱼时有硬棘6 ~ 7，随成长而逐渐退化；幼鱼时，第二背鳍、腹鳍和臀鳍前方数枚鳍条延长如丝状，随着成长而逐渐变短。体银色，背侧较深。幼鱼体侧具4 ~ 5条弧形黑色横带，随成长而逐渐消失。第二背鳍及腹鳍前方鳍条基部另具黑斑。

分布范围： 中国黄海、东海、南海以及台湾海域；全世界各温暖海域。

生态习性： 为暖水性中上层鱼类。成鱼主要巡游于近海及大洋中，有时会游于浅礁区至水深60m处；幼鱼游泳能力差，行漂浮生活，有时会随潮水而漂至岸边或港湾内。主要以沙泥中或游泳速度慢的甲壳类为主，偶尔捕食小鱼。

线粒体DNA COI片段序列：

CCTCTATCTAGTATTTGGTGCTTGAGCCGGAATAGTGGGCACAGCTTTAAGCCTACTTA
TCCGAGCAGAACTAAGCCAACCTGGCGCTCTTCTAGGAGACGACCAAATTTATAACGT
TATTGTTACGGCCCACGCCTTTGTAATAATTTTCTTTATAGTAATACCAATTATGATTGGA
GGCTTTGGAAACTGACTTATCCCATTAATAATTGGAGCCCCTGATATGGCATTCCCCCG
AATAAATAACATGAGTTTCTGACTTCTCCCTCCCTCCTTCCTTCTACTTTTAGCCTCTTC
AGGGGTTGAAGCTGGGGCTGGGACTGGTTGAACAGTCTACCCTCCACTAGCTGGAAA
CCTTGCTCACGCCGGGGCATCGGTTGATTTAACCATCTTTTCTCTTCATTTAGCAGGAG
TTTCATCAATTTTAGGAGCTATTAATTTTATCACCACTATTATTAACATGAAACCTCCTGC
AGTTTCAATATATCAAATCCCACTATTTGTTTGAGCTGTTCTGATTACAGCCGTCCTTCT
CCTTCTATCCCTTCCAGTCCTAGCTGCCGGCATTACAATGCTTCTAACAGATCGAAACC
TAAATACTGCCTTCTTTGACCCAGCAGGAGGTGGGGACCCCATCCTTTATCAACACTT
ATTT

线粒体DNA 12S片段序列：

CACCGCGGTTATACGAGGGGCTCGAGTTGACAGACAACGGCGTAAAGAGTGGTT
AAGGAAAATATTCAACTAAAGCGGAACGCCCTCACAGCTGTTATACGTTTCCGAG
GGCATGAACCCCAACTACGAAAGTGGCTTTACACTACCTGAACCCACGAAAGCTA
AGAAA

印度丝鲹
Alectis indica

中 文 名： 印度丝鲹
学　　名： *Alectis indica* (Rüppell, 1830)
英 文 名： Indian threadfish
别　　名： 大花串，须甘
分　　类： 鲹科Carangidae，丝鲹属*Alectis*
鉴定依据： 台湾鱼类资料库；中国海洋鱼类，中卷，p1093

形态特征： 幼时体甚侧扁且高，体长与体高约等长，略呈菱形。随着年龄的增加，鱼体逐渐向后延长，最大的体长可达165cm。头高大于头长，使得头背部轮廓明显陡斜。脂性眼睑不发达。第一鳃弓下支鳃耙数（含瘤状鳃耙）21 ~ 26。侧线直走部起于第二背鳍第九至第十鳍条下方，直走部后半部具有弱棱鳞。第一背鳍在幼鱼时有硬棘6 ~ 7，随成长而逐渐退化；幼鱼时，第二背鳍、腹鳍和臀鳍前方数枚鳍条延长如丝状，随着成长而逐渐变短。体银色，背侧颜色较深；幼鱼时体侧具4 ~ 5条弧形黑色横带，随成长而逐渐消失。

分布范围： 中国黄海、东海、南海以及台湾海域；印度—西太平洋海域。

生态习性： 成鱼主要栖息于近海及大洋中，有时会游于浅礁区至水深100m处，中、小型鱼则较常聚集于内湾或沿岸沙质海滩。主要以沙泥底或游泳速度慢的甲壳类为主，偶尔捕食小鱼。

线粒体DNA COI片段序列：

CCTCTATCTAGTATTTGGTGCTTGAGCCGGTATAGTAGGCACAGCTTTAAGCTTACTCATTCGA
GCGGAACTAAGCCAACCCGGCGCCCTTCTGGGGGACGACCAAATTTATAATGTTATTGTTAC
GGCCCACGCCTTCGTAATAATTTTCTTTATAGTAATACCAATTATGATTGGAGGTTTTGGAAAC
TGACTTATCCCTTTAATAATCGGGGCCCCCGATATAGCATTCCCCCGAATAAATAACATGAGCT
TCTGACTCCTCCCCCCTTCTTTCCTCCTACTTTTAGCTTCTTCCGGGGTTGAAGCTGGGGCTG
GGACCGGCTGAACAGTTTACCCTCCACTAGCCGGAAACCTCGCTCATGCTGGAGCATCAGTT
GACTTAACCATTTTTTCTCTTCATCTAGCAGGAGTTTCATCGATCCTAGGGGCTATCAATTTTA
TTACTACTATTATTAACATAAAACCTCCCGCAGTTTCAATGTACCAAATTCCACTATTCGTCTG
AGCTGTACTAATTACGGCCGTCCTTCTCCTCCTATCTCTTCCAGTCCTAGCCGCTGGAATTACA

ATGCTCCTAACAGACCGAAACCTAAATACTGCCTTCTTTGACCCAGCAGGAGGCGGAGACCC
TATCCTTTACCAACACCTATTC

线粒体DNA 12S片段序列：
CACCGCGGTTATACGAGAGGCCCAAGTTGATAGACAACGGCGTAAAGAGTGGTTAAGGAAA
ATATTTAACTAAAGCGGAACGCCCTCATAGCTGTTATACGCTTCCGAGAGTATGAACCCCGAC
TACGAAAGTGGCTTTACACTACCTGAACCCACGAAAGCTAAGAAA

乌鲹
Parastromateus niger

中 文 名：乌鲹
学　　名：*Parastromateus niger*（Bloch，1795）
英 文 名：Black pomfret，Black pompano
别　　名：乌昌，三角昌，昌鼠鱼，黑鲳
分　　类：鲹科Carangidae，乌鲹属*Parastromates*
鉴定依据：台湾鱼类资料库；台湾鱼类志，p339

形态特征：体卵圆形，高而侧扁，背腹缘甚凸出；体长为体高的1.58 ~ 1.99倍、为头长的3.1 ~ 3.72倍。尾柄每侧有一隆起。头中等大，侧扁，背面较窄，腹面较宽，头高大于头长。头长为吻长的3.68 ~ 4.55倍、为眼径的3.5 ~ 5.87倍。吻较钝。眼小，位于头前部，脂眼睑不发达。鼻孔长圆形，每侧2个，大小相等，距吻端较距前缘略近。口小，前位，稍倾斜。上、下颌长度略相等。上、下颌各有一列排列较稀疏的尖细牙，腭骨及舌面无牙。鳃孔大，鳃盖膜不与喉峡部相连，鳃盖条数7，无假鳃；鳃耙粗短，排列较稀疏，数目为（6 ~ 7）+（13 ~ 15）。肠的长度几乎为体长的2倍；幽门盲囊形小，数量多。身体、颊部、鳃盖、后头部及各鳍基均被小圆鳞。侧线稍呈弧形，将至尾括处开始变为直线形。侧线鳞在尾柄处较大，每鳞各有一向后棘，各棘连接形成一隆起嵴。第一背鳍有棘4，棘在小鱼时较明显，但随着鱼体的成长则渐埋于皮下不易见到，第二背鳍基底长，有鳍条43 ~ 45，前部数鳍条较长，当中以第三至第五鳍条最长，后部大部分鳍条较短，长度略相等；臀鳍基底色很长，与第二背鳍同形，有棘0 ~ 2、鳍条37 ~ 39，前方无游离棘；胸鳍长，镰刀形；腹鳍喉位，小鱼时存在，长大后则逐渐消失；尾鳍叉形，上、下叶长度略相等。头、躯干、鳍均呈黑褐色，鳃盖后缘近胸鳍基处有一黑色斑点，背鳍、臀鳍和尾鳍边缘浅黑色。

分布范围：中国台湾海域与南海；西起非洲东岸，北迄日本南部，南抵澳大利亚北部的海域。

生态习性：通常于白天游动于底层，晚上则于表层休息。经常成群聚集于水深15 ~ 40m深的沙泥底质海域。以浮游动物为食。

线粒体DNA COI片段序列：

CCTTTATCTAGTATTTGGTGCTTGAGCTGGAATAGTAGGCACAGCTTTGAGCCTTCTTAT
TCGAGCAGAACTAAGCCAACCTGGCGCCCTCCTTGGGGACGACCAAATTTATAACGTT
ATTGTTACGGCCCACGCCTTTGTAATAATTTTCTTTATAGTAATGCCAATCATGATTGGAG
GCTTCGGAAACTGACTTATCCCTCTAATGATCGGAGCCCCTGATATAGCATTCCCACGAA
TAAACAATATGAGTTTCTGACTTCTACCCCCTTCTTTCCTTCTACTACTAGCCTCTTCAG
GGGTTGAAGCTGGGGCGGGAACTGGCTGAACAGTTTATCCCCCATTAGCTGGGAACCT
TGCTCATGCCGGAGCATCAGTTGATTTGACTATTTTCTCCCTTCACTTAGCAGGGGTTTC
ATCAATTCTAGGGGCAATTAATTTTATTACCACTATCATTAATATGAAACCCCCTGCAGTA
TCAATATACCAAATCCCACTGTTTGTCTGAGCCGTCCTGATTACGGCCGTTCTTCTTCTC
CTATCCCTCCCAGTTTTAGCTGCTGGCATTACAATGCTTCTCACAGATCGAAATCTAAAT
ACTGCATTCTTCGACCCCGCAGGAGGTGGAGACCCAATCCTCTACCAACACCTATTCTG
ATTCTTTGGCCA

线粒体DNA 12S片段序列：

CACCGCGGTTATACGAGAGGCTCAAGTTGACAGACAACGGCGTAAAGAGTGGTT
AAGGAAAATATACTAACTAAAGCGGAACACCCTCATAGCTGTTATACGCTTCCGA
GGGCATGAACCCCAACCACGAAGGTGGCTTTACATTACCTGAACCCACGAAAGCT
AAGAAA

大眼无齿鲳
Ariomma luridum

中 文 名：大眼无齿鲳
学　　名：*Ariomma luridum* Jordan & Snyder，1904
英 文 名：Driftfish
别　　名：无齿鲳
分　　类：无齿鲳科 Ariommidae，无齿鲳属 *Ariomma*
鉴定依据：KATAYAMA M. A record of *Ariomma lurida* Jordan & Snyder from Japan, with notes on its systematic position[J]. Japanese Journal of Ichthyology, 1952, 2(1): 31-34.

形态特征： *Ariomma lurida* 为本种的同种异名。眼大，眼径约为头长的1/3。头背鳞，向前伸达眼前缘连线。背鳍XI，Ⅰ—15；臀鳍Ⅱ—15；胸鳍21～22。鳞较小，侧线鳞数57～61。体褐色，腹侧色较淡。

分布范围： 中国南海北部大陆架坡海域；日本南部、新西兰以及大西洋东部热带海域。

生态习性： 为深海鱼类。栖息于水深约350m的海域底层。

线粒体DNA COI片段序列：

CCTGTATCTAGTATTTGGTGCATGAGCTGGAATAGTGGGTACAGCCTTAAGCCTACTCATCCG
AGCTGAACTAAACCAACCAGGCGCCCTACTGGGAGACGACCAAATGTATAATGTAATCGTTA
CTGCCCACGCCTTCGTAATAATTTTCTTTATAGTAATACCAATCATAATCGGAGGGTTCGGAAA
CTGACTTGTCCCACTAATAATTGGAGCCCCCGACATGGCCTTCCCTCGAATGAATAACATAAG
CTTTTGACTTCTCCCACCCTCTTTCCTACTCCTGCTATCCTCTTCTGGCGTTGAAGCCGGTGCT
GGAACAGGTTGAACAGTCTACCCTCCCCTGGCCGGCAACTTAGCACACGCGGGGGCTTCCG

TTGACTTAACTATTTTCTCCCTACATCTAGCAGGTGTCTCCTCAATTCTTGGGGCCATTAATTT
TATTACAACAATTATTAACATAAAACCTGCAGCTATCTCCCAATACCAAACACCCCTATTTGTA
TGATCTGTTCTCATTACAGCCGTCCTTCTTCTCCTATCCCTTCCCGTTCTTGCTGCTGGCATCA
CGATGCTTCTTACAGATCGAAACCTAAATACAACCTTCTTCGACCCCGCAGGAGGGGGAGAC
CCCATCCTTTATCAACACTTATTC

线粒体DNA 12S片段序列：

CACCGCGGTTATACGAGAGGCCCAAGTTGACAGACACCGGCGTAAAGCGTGGTTAAGAATA
AATTGAAACTAAAGCCGAACACCTCCAGAGCAGTTATACGTATCCGGAGACACGAAGCCCC
ATCACGAAAGTGGCTTTAATAACCCCTGACCCCACGAAAGCTATGGCA

鲯鳅
Coryphaena hippurus

中 文 名：鲯鳅
学　　名：*Coryphaena hippurus* Linnaeus，1758
英 文 名：Common dolphinfish，Dolphin，Dolphinfish，Mahi-mahi
别　　名：鳛鱼，万鱼，飞乌虎，鬼头刀
分　　类：鲯鳅科Coryphaenidae，鲯鳅属*Coryphaena*
鉴定依据：台湾鱼类资料库；中国海洋鱼类，中卷，p1074；南沙群岛至华南沿岸的鱼类（一），p70

形态特征： 背鳍48～59；臀鳍23～29；胸鳍18～21；腹鳍Ⅰ—5。侧线鳞数160～200。鳃耙数（0～1）+（8～9）。体延长，侧扁，前部高大，向后渐变细。头大，背部很窄，成鱼头背几乎呈方形，额部有一骨质隆起，随成长而越明显，尤以雄鱼为甚。口大，端位；下颌略突出于上颌。上、下颌及锄骨、腭骨、舌面均具齿。体被细小圆鳞，不易脱落；侧线完全，在胸鳍上方呈不规则弯曲后而直走。背鳍单一，基底长，起始于眼上方而止于尾柄前；臀鳍较短，起始于背鳍中部鳍条下方；胸鳍小，镰刀形；尾鳍深叉形。体呈绿褐色，腹部银白色至浅灰色，且带淡黄色泽。体侧散布有绿色斑点。背鳍为紫青色，胸鳍、腹鳍边缘呈青色，尾鳍银灰而带金黄色泽。

分布范围： 中国台湾海域与南海；各大洋的热带及亚热带区海域。

生态习性： 为大洋性洄游鱼类，常可发现成群活动于开放水域，但也偶尔发现于沿岸水域。一般栖息于海洋表层，喜生活于阴影下，故常可发现成群聚集于流木或浮藻处的下面。日行性，性贪食，常追捕飞鱼及沙丁鱼类等洄游性表层鱼类，有时会跳出水面捕食。

线粒体DNA COI片段序列：

CCTTTATTTAATTTTCGGTGTCTTAGCAGGGATAACAGGAACAGGTTTAAGTCTTCTCATTCG
AGCTGAATTAAGCCAGCCTGGGTCACTTCTAGGAGATGACCAAACCTATAATGTCATCGTTAC
AGCACATGCCTTCGTAATAATTTTCTTTATAGTTATGCCAATTATGATCGGAGGCTTCGGGAAC
TGATTAATCCCACTAATGCTTGGCGCTCCTGATATAGCATTCCCTCGAATAAATAACATAAGCT
TTTGACTTCTTCCACCATCATTTCTTCTCCTTCTAGCCTCTTCAGGGGTAGAAGCAGGAGCAG
GAACTGGTTGAACGGTCTACCCACCTCTGGCGGGTAACTTAGCCCATGCTGGGGCCTCTGTA
GATTTAACAATTTTCTCCCTGCATTTAGCCGGGGTGTCATCAATTCTTGGGGCAATCAATTTTA
TTACAACTATTATTAATATAAAACCCCCCACAGTAACGATATACCAAATTCCACTATTCGTGTG
AGCTGTACTAATTACAGCTGTACTACTACTCCTATCACTTCCTGTCCTAGCTGCGGGAATTACA
ATGCTGCTAACAGACCGAAATTTAAATACAGCTTTCTTTGACCCAGCGGGAGGAGGGGATCC
TATCCTATACCAACACCTGTTT

线粒体DNA 12S片段序列：

CACCGCGGTTAGACGAATGACCCAAGTTGACAGAATACGGCGTAAAGGGTGGTTAGGGAAT
ATTAATACTAAAGCCGAACACCTTCCAAGCTGTTATACGCTTATGAAGAACTGAAGCACAACT
ACGAAAGTGGCTTTAAAACACCTGAACCCACGAAAGCTAAGAAA

双棘黄姑鱼
Protonibea diacanthus

中 文 名： 双棘黄姑鱼
学　　名： *Protonibea diacanthus*（Lacepède，1802）
英 文 名： Blackspotted croaker，Spotted croaker
别　　名： 鮸仔鱼，黑鮸
分　　类： 石首鱼科Sciaenidae，原黄姑鱼属*Protonibea*
鉴定依据： 台湾鱼类资料库

形态特征：体延长，侧扁，背部稍隆起。头略尖；口裂大，端位，倾斜，吻不突出，上颌长于下颌，上颌骨后缘达瞳孔之后。上颌最外列齿扩大，下颌齿内列齿扩大。吻缘孔5个，中央缘孔为侧裂型，内、外侧缘孔沿吻缘叶侧裂，在外侧缘孔处吻缘叶成3片状；吻上孔3个，呈弧形排列，中央上孔较大；颏孔6个，中央2孔很接近，中央颏孔隔成2孔成狭缝型；眼眶下缘达前上颌骨顶水平线。鼻孔2个，圆形，后鼻孔较大。前鳃盖具锯齿缘，鳃盖具2扁棘；具拟鳃；鳃耙粗短，最长鳃耙只有鳃丝的1/3。吻端及眼下部为圆鳞，余皆被栉鳞；臀鳍基部有1列鞘鳞，背鳍鳍条基部有2列鞘鳞，尾鳍靠基部的1/3布满小圆鳞。耳石为原始黄姑鱼型。胸鳍基上缘点稍前于腹鳍基起点，位于鳃盖末端下方；背鳍基起点远在胸鳍基起点后；幼鱼尾鳍为尖形，成鱼为楔形。腹腔膜无色，胃为“卜”字形，肠为2次回绕型，幽门垂8个；鳔为原始黄姑鱼型，附支18对，呈对生状，前后附支不重叠，第二对特别大。体侧灰黑色；在胸鳍基水平线以上散布许多瞳孔般大小的不规则黑斑，幼鱼黑斑较少，但有5条4～5列鳞宽的黑色横带，横带自背鳍基部延伸至胸鳍基部上缘点的水平线，分别在背鳍棘部之前、背棘后部下方、背鳍鳍条部前部下方、臀鳍基部后及尾柄上。背鳍褐色有瞳孔般大小的黑斑，尾鳍上半叶褐色有不规则小黑斑，下半叶黑色；胸鳍、臀鳍及腹鳍黑色。鳃腔黑色。口腔白色。

分布范围：中国台湾海域与南海；印度—西太平洋区，西起阿拉伯湾，东至菲律宾，北至日本，南迄澳大利亚北部。

生态习性：近沿海底栖性，活动于10～60m深水域内的泥底海床，也被发现于河口水域或潮汐影响所及的河川下游。以小鱼及甲壳类等为食。产卵期在7—8月。

线粒体DNA COI片段序列：

CCTTTACCTAGTTTTTGGTGCATGGGCCGGAATGGTAGGCACAGCCCTAAGCCTCTTAATCCG
GGCGGAGCTGAGCCAACCCGGCTCCCTCCTCGGGGACGATCAAATCTTTAACGTGATCGTCA
CAGCTCATGCCTTCGTCATAATTTTCTTTATAGTAATACCTGTAATGATTGGGGGCTTCGGAAA
TTGACTTGTGCCCTTAATAATTGGCGCCCCTGACATGGCATTCCCCCGAATAAACAATATAAG
CTTCTGGCTTCTCCCCCCTTCCTTTCTTTTACTCCTAACTTCCTCAGGGGTTGAAGCAGGAGC

CGGAACTGGGTGAACAGTATACCCCCACTTGCCGGAAACCTAGCACACGCAGGGGCCTCC
GTCGACCTAGCTATCTTCTCCCTCCACCTTGCAGGGGTATCCTCCATTCTAGGGGCTATCAAC
TTTATCACAACAATTATTAACATAAAGCCCCCTGCTATTTCCCAGTACCAGACGCCACTGTTT
GTCTGAGCCGTCCTAATTACAGCCGTCCTCCTGCTACTCTCACTTCCCGTTCTAGCCGCTGGC
ATTACAATGCTTTTAACAGACCGCAACCTAAATACAACCTTCTTCGACCCCGCAGGAGGAGG
TGACCCCATCCTCTACCAACACTTATTC

线粒体DNA 12S片段序列：

CACCGCGGTTATACGAGAGGCCCGAGTCGATAGTCAACGGCGTAAAGAGTGGTTAGAGAAA
ATTCTATACTAAAGCCGAACGCCCTCTATGCTGTTATACGCATGCCGAAGGTGAGAAGCCCAC
CCACGAAAGTGGCTTTATAATCTTGAATCCACGAAAGCTAAGGCA

斑鳍银姑鱼
Pennahia pawak

中 文 名： 斑鳍银姑鱼
学　　名： *Pennahia pawak*（Lin，1940）
英 文 名： Pawak croaker
别　　名： 春子，帕头
分　　类： 石首鱼科Sciaenidae，银姑鱼属*Pennahia*
鉴定依据： 台湾鱼类资料库

形态特征： 体延长，侧扁，背、腹缘略呈弧形。头钝尖，口裂大，端位，倾斜，吻不突出，上颌稍长于下颌；上颌最外列齿扩大呈犬齿，口闭时犬齿外露，内列齿细小呈绒毛状，前端中央无齿，左、右侧齿中断不连续；下颌内列齿较大，为犬齿，外列齿较小，前端中央无齿，左、右侧齿中断不连续。吻缘孔5个，内、外侧缘孔沿吻缘叶侧裂，吻缘叶完整不被分割；吻上孔3个，圆形孔呈弧形排列；颏孔6个，中央4孔在颐缝合周围处呈四方形排列，前2孔细小。鼻孔2个，椭圆形后鼻孔较圆形前鼻孔大。眼眶下缘距前上颌骨顶端水平线有一鳞片宽距离。前鳃盖后缘具锯齿缘，鳃盖具2扁棘；具拟鳃；鳃耙细长，最长者略长于鳃丝。吻端、眼周围、颊部及前鳃盖被圆鳞，余被栉鳞，背鳍鳍条部和臀鳍基有1列鞘鳞，尾鳍基部有小圆鳞。耳石为白姑鱼型，即三角形，腹面蝌蚪形印迹的尾区呈T形，末端仅弯向耳石外缘。背鳍基起点在胸鳍基上缘起点和腹鳍基起点稍前方；胸鳍基和腹鳍基起点相对，位鳃盖末端下方；尾鳍楔形。腹腔膜深褐色，胃为“卜”字形，肠为2次回绕型，幽门垂9～10个；鳔为白姑鱼型，附支24～25对，仅有腹分支，第二对以后呈翼形开展。体侧上半部紫褐色，下半部银白色。背鳍棘部褐色，第七至第十棘间有一黑色斑，鳍条部中间有一白色带，鳍基及鳍缘为浅褐色；尾鳍浅褐色；臀鳍无色；腹鳍橘黄色有细褐斑；胸鳍浅褐色。口腔白色。鳃腔黑色。鳃盖青紫色。

分布范围：中国台湾海域与南海；西太平洋区，西起爪哇西部，东至台湾海峡。

生态习性：主要栖息于近沿海的沙泥底质中下层水域，以小型甲壳类等底栖动物为食。群聚性较弱，一般较少被大量捕获。

线粒体DNA COI片段序列：

CCTATATTTAGTTTTTGGTGCATGAGCCGGAATAGTAGGTACAGCCCTGAGCCTTCTAATCCG
AGCGGAACTAAGTCAACCCGGCTCCCTCCTTGGGGATGATCAGATCTTTAACGTAATCGTTA
CAGCCCATGCTTTCGTCATGATTTTCTTTATAGTAATACCCGTCATGATTGGAGGCTTTGGAAA
CTGGCTTGTACCCCTAATGATTGGTGCCCCCGACATGGCATTCCCCCGAATGAACAACATAAG
CTTCTGACTTCTTCCCCCTTCCTTCCTTCTTCTTCTGACCTCTTCCGGGGTCGAAGCAGGGGC
TGGGACAGGATGAACAGTTTATCCCCCACTTGCTGGAAACCTCGCACATGCAGGGGCCTCCG
TCGACTTAGCCATTTTTTCCCTTCACCTCGCAGGTGTTTCCTCCATTTTAGGGGCTATTAACTT
TATTACAACAATTATTAACATAAAACCCCCAGCCATCTCCCAGTATCAAACACCACTATTTGTA
TGAGCTGTTCTGATTACAGCAGTTCTCCTGCTTTTATCTCTACCCGTGTTAGCCGCTGGCATTA
CAATACTTCTAACTGATCGTAATCTAAACACAACCTTCTTTGACCCGGCAGGCGGAGGGGAC
CCTATTCTTTATCAACACTTATTC

线粒体DNA 12S片段序列：

CACCGCGGTTATACGAGAGGCCCAAGTCGATAGTCAACGGCGTAAAGAGTGGTTAGAGAAA
ATCCCTTACTAAAGCCGAACCCCTTCAAGGCTGTTATACGCTTACCGAAGAGGAGAAGCCCA
CCTACGAAAGTAGCTTTACAATCTTGAATCCACGAAAGCTAAGAAA

红叉尾鲷
Aphareus rutilans

中 文 名：红叉尾鲷
学　　名：*Aphareus rutilans* Cuvier, 1830
英 文 名：Rusty jobfish
别　　名：红鲷
分　　类：笛鲷科Lutjanidae，叉尾鲷属*Aphareus*
鉴定依据：中国海洋鱼类，中卷，p1154；台湾鱼类资料库

形态特征： 体呈长纺锤形。体长为体高的3.6～3.8倍。两眼间隔平扁，眼前方无沟槽。下颌突出于上颌；上颌骨末端延伸至眼中部的下方；上颌骨无鳞。上、下颌骨具细小齿，随着成长而消失，腭骨和锄骨无齿。鳃耙数46～52。体被中小型栉鳞，背鳍及臀鳍上均裸露无鳞；侧线完全且平直。背鳍硬棘与鳍条间无深刻；背鳍与臀鳍最末端鳍条皆延长且较前方鳍条长；背鳍硬棘10、鳍条11；臀鳍硬棘3、鳍条8；胸鳍长约等于头长；尾鳍深叉状。体呈粉红色至浅红褐色，带有黄色光泽，前鳃盖骨及主鳃盖骨具黑缘。背鳍、腹鳍与臀鳍淡色至淡黄色；胸鳍淡色至淡红褐色；尾鳍红褐色至暗褐色，带淡色缘。

分布范围： 中国南海与台湾海域；印度—太平洋暖水域。

生态习性： 为暖水性底层鱼类。栖息水深大于100m。主要以鱼类、乌贼及甲壳类为食。

线粒体DNA COI片段序列：

CCTTTATCTAGTATTTGGTGCTTGAGCCGGAATAGTAGGCACAGCCCTTAGCCTACTCATTCG
GGCAGAGCTAAGCCAACCAGGCGCGCTCCTTGGAGACGACCAAATTTATAATGTAATCGTTA
CAGCCCACGCATTCGTAATGATTTTCTTTATAGTAATGCCAATTATGATTGGTGGCTTCGGGAA
CTGATTAATCCCCCTAATGATTGGAGCCCCTGACATGGCATTCCCTCGAATAAATAATATGAGC
TTTTGACTACTACCCCCCTCTTTCCTTCTTCTCCTCGCCTCTTCTGGAGTAGAGGCCGGTGCT
GGGACTGGATGGACAGTGTACCCCCCGCTAGCTGGTAATTTAGCCCATGCAGGAGCATCCGT
TGATCTTACCATCTTTTCTCTTCACCTGGCAGGTGTCTCTTCAATCCTCGGGGCAATTAACTTC
ATCACAACCATTATTAACATGAAACCTCCCGCTATCTCCCAATACCAAACGCCCCTGTTTGTAT
GAGCCGTTCTAATTACCGCTGTACTGCTTCTCCTCTCACTTCCCGTCCTTGCCGCCGGGATTA
CAATGCTTCTCACAGACCGAAATTTAAATACCACCTTCTTTGACCCAGCAGGAGGAGGAGAC
CCAATTCTCTATCAACACCTCTT

线粒体DNA 12S片段序列：

CACCGCGGTTATACGAGAGACCCCAGTTGTTAAACGCCGGCGTAAAGAGTGGTTAAGGAGG
ACTTCAGAATAAAGCCGAACGCTTTCAGAGCTGTTATACGTATCCGAAAGTAAGAAGTTCAA
CCACGAAGGTGGCTTTACAATATAGCCTGACCCCACGAAAGCTATGACA

千年笛鲷
Lutjanus sebae

中 文 名：千年笛鲷
学　　名：*Lutjanus sebae*（Cuvier，1816）
英 文 名：Emperor snapper，Red emperor
别　　名：磕头，白点赤海，厚唇仔，番仔加志，打铁婆
分　　类：笛鲷科 Lutjanidae，笛鲷属 *Lutjanus*
鉴定依据：南沙群岛至华南沿岸的鱼类（一），p86；中国海洋鱼类，中卷，p1149

形态特征：体长椭圆形且高。两眼间隔区平坦。前鳃盖缺刻，间鳃盖结显著，鳃耙数17～18。上、下颌具多列细齿，外列齿稍扩大，上颌前端具2～4枚犬齿，内列齿绒毛状；下颌具1列稀疏细尖齿，后方者稍扩大；锄骨齿带三角形，其后方无突出部；腭骨也具绒毛状齿；舌面无齿。体被中大栉鳞，颊部及鳃盖具多列鳞；背鳍鳍条部及臀鳍基部具细鳞；侧线上方的鳞片斜向后背缘排列，下方的鳞片也与体轴呈斜角。背鳍硬棘、鳍条部间无明显深刻；臀鳍基底短，与背鳍鳍条部相对；背鳍硬棘6、鳍条15～17（16为主）；臀鳍硬棘3、鳍条10；胸鳍长，末端达臀鳍起点；尾鳍内凹。体粉红色，体侧具3条宽阔且略微倾斜的暗红褐色横带，尤其是幼鱼时特别明显，长成后则较不明显。本种异于笛鲷属其他各种，除特异的斜行横带外，还具有较多鳍条数。

分布范围：中国东海、南海、台湾海域；日本南部海域、印度—西太平洋暖水域。

生态习性：为暖水性底层鱼类。栖息于岩礁、珊瑚礁海区，也常出现于沙泥区，栖息水深5～180m。幼鱼常常栖息于海胆间。可发现于红树林河口区。主要以鱼类、虾类等为食。

线粒体DNA COI片段序列：

CGCCCTAAGCCTGCTCATTCGAGCAGAACTTAGCCAACCAGGAGCTCTCCTTGGAGACGAC
CAGATTTACAATGTAATCGTTACAGCACACGCATTCGTAATAATTTTCTTTATAGTAATACCAAT
CATAATTGGAGGATTCGGAAATTGACTAATTCCCCTTATAATTGGAGCCCCCGACATGGCATT
TCCCCGAATAAACAACATGAGCTTTTGACTCCTCCCTCCATCCTTTCTGCTCCTACTCGCATC
TTCTGGGGTTGAAGCCGGGGCCGGAACCGGGTGAACAGTCTATCCTCCGCTAGCAGGCAAC
CTCGCGCACGCAGGAGCATCTGTTGATCTTACAATCTTTTCCCTCCATTTAGCAGGTGTATCAT
CAATTTTAGGCGCCATCAACTTTATTACCACGATTATTAACATAAAACCACCGGCTATTTCCCA
ATACCAGACACCCCTATTTGTCTGAGCCGTCCTAATTACAGCAGTTCTTCTCCTCCTTTCACTT
CCAGTTTTAGCTGCCGGAATCACAATACTCCTCACAGACCGGAATTTAAACACTACTTT

线粒体DNA 12S片段序列：

CACCGCGGTTATACGAGAGGCCCAAGTTGATAAGTGTCGGCGTAAAGAGTGGTTAAGATTTT
TACCTTAAACTAAAGCCGAACGCCTTCAGAGCTGTTATACGCATCCGAAGGTAAGAAGCCCA
ATCACGAAAGTGGCTTTACCGCATCTGACTCCACGAAAGCTACGGCA

四带笛鲷
Lutjanus kasmira

中 文 名：四带笛鲷
学　　名：*Lutjanus kasmira*（Forsskål，1775）
英 文 名：Yellow and blue seaperch
别　　名：四线赤笔，条鱼
分　　类：笛鲷科 Lutjanidae，笛鲷属 *Lutjanus*
鉴定依据：中国海洋鱼类，中卷，p1138；台湾鱼类资料库

形态特征：体长椭圆形，背缘呈弧状弯曲。两眼间隔区平坦。上、下颌两侧具尖齿，外列齿较大；上颌前端具大犬齿2～4颗；下颌前端则为排列疏松的圆锥齿；锄骨、腭骨均具绒毛状齿；舌面无齿。体被中大栉鳞，颊部及鳃盖具多列鳞；背鳍、臀鳍和尾鳍基部大部分也被细鳞；侧线上方的鳞片斜向后背缘排列，下方的鳞片则与体轴平行。背鳍硬棘、鳍条部间无深刻；臀鳍基底短，与背鳍鳍条部相对；背鳍硬棘10、鳍条14～15；臀鳍硬棘3、鳍条7～8；胸鳍长，末端达臀鳍起点；尾鳍内凹。体鲜黄色，腹部微红；体侧具4条蓝色纵带，且在第二至第三条蓝带间具一不明显的黑点；腹面有小蓝点排列而成的细纵带。各鳍黄色，背鳍与尾鳍具黑缘。

分布范围：中国东海、南海、台湾海域；日本南部海域、印度—太平洋暖水域。

生态习性：主要栖息于沿岸礁区、潟湖区或独立礁区，栖息水深3～150m，有些地方可发现于水深180～265m处。白天常可见大群体于珊瑚结构的礁区、洞穴或残骸周边水域活动；稚鱼则栖息于海草床周围的片礁区。主要以底栖的鱼、虾、螃蟹、口足目、头足类以及浮游动物等为食；也食多种藻类。

线粒体DNA COI片段序列：

CCTCTATCTAGTATTTGGTGCTTGAGCCGGAATAGTCGGCACGGCCCTAAGCCTGCTCATCCG
AGCAGAACTAAGCCAGCCAGGAGCCCTTCTTGGAGACGACCAGATTTATAATGTAATTGTTA
CAGCACATGCATTTGTAATAATTTTCTTTATAGTAATGCCAATTATGATTGGAGGGTTCGGAAA
CTGACTAATCCCCCTAATGATCGGAGCCCCTGATATGGCATTCCCTCGAATAAATAACATGAG
CTTTTGACTCCTCCCTCCATCATTTCTTCTACTCCTAGCCTCCTCAGGCGTAGAGGCAGGAGC
TGGAACTGGATGAACAGTTTACCCTCCCCTGGCAGGGAACCTCGCGCACGCAGGAGCATCA
GTTGATTTAACTATTTTCTCCCTGCACCTGGCAGGTGTCTCTTCAATTCTAGGGGCCATTAACT
TCATTACCACAATTATTAACATGAAACCCCCAGCCATTTCCCAATATCAAACACCCCTATTCGT
CTGAGCCGTTCTAATTACCGCTGTATTACTCCTTCTCTCCCTTCCAGTCCTAGCTGCCGGAATT
ACAATGCTTCTCACAGATCGAAATCTAAACACCACCTTCTTCGACCCTGCAGGAGGAGGAG
ACCCCATTCTCTACCAACATCTATTC

线粒体DNA 12S片段序列：

CACCGCGGTTATACGAGAGACCCGAGTTGTTAGACACCGGCGTAAAGAGTGGTTAAGATTG
ACTCAAAACTAAAGCCGAACGCCCTCAGAGCTGTTATACGCACCCGAGGGTAAGAAGCCCA
ATCACGAAAGTGGCTTTATCCTATCCGAACCCACGAAAGCTATGATA

宽带副眶棘鲈
Parascolopsis eriomma

中 文 名：宽带副眶棘鲈
学　　名：*Parascolopsis eriomma*（Jordan & Richardson，1909）
英 文 名：Shimmering spinecheek
别　　名：红副赤尾冬，赤尾冬，红鱼
分　　类：金线鱼科Nemipteridae，副眶棘鲈属*Parascolopsis*
鉴定依据：台湾鱼类资料库；中国海洋鱼类，中卷，p1190

形态特征：体长椭圆形，侧扁；头端尖细，头背几乎成直线，两眼间隔区不隆突。眼大；眶下骨的后上角具无锐棘，下缘具弱锯齿，上缘不具前向棘。吻中大。口中大，端位；颌齿细小，带状，不具犬齿；锄骨、腭骨及舌面均不具齿。第一鳃弓下支鳃耙数11～13，棒状。体被大栉鳞；头部鳞域向前伸展至眼中部；前鳃盖下支骨脊不具鳞；侧线鳞数36；侧线与硬背鳍基底中点间有鳞2.5。背鳍连续，无深刻，具硬棘10、鳍条9；臀鳍硬棘3、鳍条7；腹鳍不达肛门；尾鳍上、下叶先端均不呈丝状延长。体赤黄色，腹面略带银光，侧线起点有一深红色斑。背鳍及尾鳍上叶红色，其余各鳍金黄色。

分布范围：中国南海、台湾海域；日本土佐湾海域、琉球群岛海域、西太平洋暖水域。

生态习性：主要栖息于近海沙泥底质的海域。肉食性鱼类，主要捕食底栖性的甲壳类或小鱼。

线粒体DNA COI片段序列：

CCTTTACCTTTTATTCGGTGCTTGAGCCGGCATAGTCGGAACCGCCTTAAGCCTGCTTATTCG
AGCAGAACTAAGCCAACCCGGCGCTCTCTTAGGAGATGACCAAATTTATAATGTAATCGTTAC
AGCCCATGCTTTCGTAATAATCTTCTTCATGGTTATACCAATTATGATCGGGGGGTTCGGAAAC
TGACTAGTACCACTAATGATTGGTGCCCCAGACATGGCCTTCCCTCGAATAAATAATATGAGC
TTTTGACTTCTTCCCCCATCCTTCCTCCTCCTTCTAGCTTCTTCAGCAGTAGAAGCGGGGGCC
GGAACAGGTTGAACTGTTTATCCTCCTCTCGCCGGAAACCTGGCCCACGCCGGAGCGTCCGT
AGACCTAACTATCTTCTCTCTACACCTGGCAGGCATTTCCTCAATCCTAGGGGCCATTAATTTT
ATTACAACAATTATTAATATAAAACCACCTGCTATTTCACAATATCAAACACCTCTATTCGTATG
AGCAGTTCTTATTACAGCTGTCCTTCTCCTACTCTCCCTCCCTGTTCTTGCCGCCGGCATTACT
ATACTTCTTACCGACCGGAACTTAAACACAACCTTCTTTGACCCCGCAGGGGGAGGAGACCC
AATTCTCTACCAACACCTTTTC

线粒体DNA 12S片段序列：

CGCCGCGGTTATACGAGAGACTCAAGTTGATAGTCATCGGCGTAAAGCGTGGTTAAAACATACTCCCAAACTAAAGCCGAAAGCCTTCAGAGCAGTTATACGTTTCCGAAAGTAAGAAGCCCCTTTACGAAAGTAGCTTTACAGTATTTGACCCCACGAAAACTGGGATA

点石鲈
Pomadasys kaakan

中 文 名：点石鲈
学　　名：*Pomadasys kaakan*（Cuvier，1830）
英 文 名：Javelin grunter
别　　名：鸡仔鱼，石鲈，厚鲈
分　　类：仿石鲈科Haemulidae，石鲈属*Pomadasys*
鉴定依据：台湾鱼类志；中国海洋鱼类，中卷，p1181

形态特征：体侧扁，呈长椭圆形，背缘弧形隆起，腹缘略呈弧形。头中大。吻钝尖。口中大，端位；上颌稍长于下颌，上、下颌齿细小，绒毛状，外列齿大；锄骨、腭骨及舌面皆无齿。颏部具一长而深的中央沟；颏孔1对。体被薄栉鳞，背鳍及臀鳍基部均具鳞鞘；侧线完整，侧线鳞数51 ~ 52。背鳍单一，硬棘部及鳍条部间无明显缺刻，硬棘12，第四棘

最长，鳍条13～15；臀鳍小，与背鳍鳍条部同形，硬棘3，第二棘强大，鳍条7；胸鳍中长，长于腹鳍；尾鳍内凹形。体呈银白色，背部呈银灰色。幼鱼时，胸鳍以上有6～7条黑色点状横带，背鳍也具黑色斑点；随着成长，斑点逐渐不明显，头部和尾鳍则逐渐转黑。

分布范围：中国南海、台湾海域；日本南部海域、印度—西太平洋暖水域。

生态习性：主要栖息于沙泥底质的沿岸海域，深可达75m。对于低盐度容忍度高，可生活于河口沼泽区。以小鱼、甲壳类或沙泥地中的软体动物为主食。冬天时会游入河口水域产卵。

线粒体DNA COI片段序列：

CCTCTATTTAGTATTTGGTGCCTGAGCCGGAATAGTAGGCACAGCCCTAAGCCTGCTTA
TCCGAGCAGAACTCAGCCAACCTGGCGCCCTCCTGGGTGACGACCAAATTTACAATG
TAATCGTTACTGCCCATGCTTTCGTTATAATTTTCTTTATAGTCATACCAATTCTCATTGG
TGGCTTTGGGAACTGACTCGTGCCCCTAATAATCGGAGCCCCCGACATGGCATTCCCT
CGAATAAACAACATAAGCTTTTGACTCCTACCCCCCTCCTTCCTTCTTCTACTTGCCTC
TTCAGGAGTTGAAGCTGGGGCAGGTACTGGGTGGACAGTCTACCCTCCCCTAGCTGG
GAACTTAGCCCACGCAGGAGCATCGGTTGACCTCACAATTTTCTCCCTACATTTAGCA
GGTGTTTCCTCAATTCTTGGGGCTATTAACTTCATCACAACAATTATTAACATAAAACCC
CCAGCCATCTCTCAATATCAAACCCCCCTATTCGTCTGATCCGTCCTAGTCACAGCCGT
TCTCCTTCTACTATCCCTCCCAGTCCTGGCTGCCGGTATTACAATACTTCTTACAGACCG
AAATTTAAACACCACATTCTTCGACCCTGCCGGGGGAGGTGATCCTATTCTTTATCAAC
ACCTATTC

线粒体DNA 12S片段序列：

CACCGCGGTTATACGAGAGACCCGAGTTGATAGTCGCCGGCGTAAAGCGTGGTT
AAGGGTAACTTACAATTAAAGCCGAAAGCCCACATGGCTGTTATAAGCATCCGAG
GGTAAGAAGCCCAACTACGAAAGTGGCTTTATAACACCTGACCCCACGAAAGCT
AGGGTA

岸上氏髭鲷

Hapalogenys kishinouyei

中 文 名：岸上氏髭鲷
学　　名：*Hapalogenys kishinouyei* Smith & Pope，1906
英 文 名：Lined javelinfish
别　　名：打铁婆、四带石鲈
分　　类：仿石鲈科Haemulidae，髭鲷属*Hapalogenys*
鉴定依据：台湾鱼类资料库；中国海洋鱼类，中卷，p1178

形态特征： 本种体型与横带髭鲷相似。体长椭圆形，侧扁，背缘隆起，腹缘圆弧。头中大。吻钝尖，约与眼径等长。口前位，稍斜；上、下颌约等长；上颌前部有犬齿，下颌颏髭仅为痕迹；颌齿细小，呈带状，外列齿较大；锄骨、腭骨及舌面皆无齿。颏部密生小髭；颏孔3对。体被小栉鳞，背鳍及臀鳍基部均具鳞鞘；侧线完全，与背缘平行。背鳍Ⅺ—13 ~ 14；背鳍第四鳍棘较低，第三鳍棘长。背鳍单一，前方具一向前平卧棘，硬棘部及鳍条部间具缺刻，硬棘强大，尤以第四棘为甚；臀鳍小，臀鳍Ⅲ—9，与背鳍鳍条部同形，臀鳍第二鳍棘粗长；胸鳍小，稍短于腹鳍；尾鳍圆形。体淡绿褐色，体侧具4条褐色纵带，其中1条横过眼部。幼鱼时腹鳍淡褐色，随着成长逐渐变暗；背鳍及臀鳍硬棘部鳍膜褐色；背鳍鳍条部、尾鳍及臀鳍鳍条部淡色。

分布范围： 中国东海、南海、台湾海域；日本南部海域、西太平洋暖水域。

生态习性： 主要栖息于沿岸水深5 ~ 50m的礁沙混合区或沙泥底质水域，单独游动，或成群结队地巡游。肉食性，主要以底栖的虾类、鱼类、软体动物等为食。会使用咽头齿摩擦发声，再借鳔加以放大，但是一般很难听到。

线粒体DNA COI片段序列：

CCTCTATTTAGTATTTGGTGCTTGAGCCGGCATAGTAGGCACCGCTCTTAGCCTGCTTATTCGA
GCAGAGCTTAGCCAACCAGGCGCTCTCCTAGGTGACGACCAAATCTACAATGTAATCGTTAC
AGCCCATGCATTTGTAATAATCTTTTTTATAGTAATACCCATTATGATCGGAGGATTCGGGAAC
TGACTAATTCCTCTCATGATTGGGGCCCCTGACATAGCCTTCCCTCGAATAAATAATATGAGCT
TCTGACTCCTCCCCCCTTCTTTCCTCCTTCTCCTAGCCTCCTCAGGAGTGGAAGCAGGGGCT
GGGACAGGATGAACTGTATACCCCCCTCTAGCAGGCAACCTAGCCCATGCAGGAGCATCTGT
CGATTTAACTATTTTTTCCCTCCATCTAGCAGGGGTGTCTTCAATTCTCGGGGCAATCAATTTT
ATTACAACTATTATTAACATAAAACCCCCTGCCATCTCGCAGTATCAAACACCCCTGTTCGTCT

GATCTGTGCTGATCACTGCCGTCCTCCTCCTCCTCTCACTCCCAGTTCTTGCCGCTGGCATTA
CAATGCTTCTGACAGACCGTAACTTAAACACAACATTCTTCGACCCTGCAGGGGGAGGAGA
CCCCATCCTTTACCAACACCTATTC

线粒体DNA 12S片段序列：

CACCGCGGTTATACGAGAGACCCGAGTTGTTAGACGCCGGCGTAAAGTGTGGTTAAGACTTA
AACGAAGCTAAAGCCGAACGCCTTCAAAGCTGTTATACGCATCCGAAGGTAAGAAGACCAA
TTACGAAAGTAGCTTTACTCTATCTGACTCCACGAAAGCCAGGGAA

黑鳍髭鲷
Hapalogenys nigripinnis

中 文 名：黑鳍髭鲷
学　　名：*Hapalogenys nigripinnis*（Temminck & Schlegel，1843）
英 文 名：Short barbeled velvetchin
别　　名：铜盆鱼，番圭志
分　　类：仿石鲈科Haemulidae，髭鲷属*Hapalogenys*
鉴定依据：台湾鱼类资料库，中国海洋鱼类，中卷，p1179

形态特征：体长椭圆形，侧扁，背缘隆起，腹缘圆弧。头中大。吻钝尖，约与眼径等长。口前位，稍斜；上、下颌约等长；颌齿细小，呈带状，外列齿较大；锄骨、腭骨及舌面皆无齿。颏部无须或仅留痕迹；颏孔3对。体被小栉鳞，背鳍及臀鳍基部均具鳞鞘；侧线完全，与背缘平行。背鳍单一，前方具一向前平卧棘，硬棘部及鳍条部间具缺刻，硬棘强大，尤以第四棘为甚；

臀鳍小，与背鳍鳍条部同形；胸鳍小，稍短于腹鳍；尾鳍圆形。体呈淡褐色，体侧具2条暗褐色由背鳍基斜向后方的弧带；前方带可达尾柄下侧，后方带至尾鳍基部上侧。腹鳍黑色；背鳍及臀鳍硬棘部鳍膜暗褐色至黑色；背鳍鳍条部、尾鳍及臀鳍鳍条部淡黑褐色。

分布范围：中国黄海、东海、南海、台湾海域；日本南部海域、朝鲜半岛海域、西太平洋温热水域。

生态习性：主要栖息于水深3 ~ 50m的礁岩区或是沙泥地的交会区。肉食性，主要以底栖的甲壳类、鱼类及贝类等为食。通常喜好成群游动，白天躲藏在洞穴中，夜间出外捕食。

线粒体DNA COI片段序列：

CCTCTATTTAGTATTTGGTGCTTGAGCCGGCATAGTAGGCACCGCTCTAAGCCTCCTTA
TCCGAGCAGAGCTCAGCCAACCTGGCGCTCTACTGGGCGACGACCAGATCTATAATGT
AATCGTTACAGCCCATGCATTTGTAATAATCTTTTTTATAGTGATACCCATCATAATCGG
AGGCTTTGGAAACTGACTCATCCCACTCATGATTGGAGCCCCTGATATAGCCTTTCCAC
GAATAAACAACATAAGCTTTTGATTACTTCCCCCTTCCTTCCTTCTACTCCTAGCCTCGT
CAGGAGTAGAAGCAGGAGCTGGAACTGGGTGAACCGTATATCCACCTCTAGCAGGTA
ACCTCGCACATGCGGGGGCATCTGTAGACCTAACTATTTTTTCCCTCCACTTGGCCGG
AGTGTCCTCAATTCTTGGAGCTATCAATTTTATCACCACTATTATTAACATAAAACCCCC
TGCCATCTCACAATACCAGACACCCCTATTCGTTTGAGCCGTCCTAATTACTGCTGTTC
TCCTACTCCTCTCACTTCCAGTTCTTGCCGCCGGCATTACAATACTTTTAACAGACCGT
AATCTAAATACAACCTTCTTTGACCCTGCGGGAGGGGGGGACCCCATTCTCTATCAAC
ATCTATTT

线粒体DNA 12S片段序列：

CACCGCGGTTATACGAGAGACCCAAGTTGTTAGACACCGGCGTAAAGTGTGGTTAAGATTCT
AATACAAAGCTAAAGCCGAACACCTTCAAAGCTGTTATACGCACCCGAAGGTAAGAAGACC
AATTACGAAGGTAGCTTTAACTCTATCCGACTCCACGAAAGCCAGGAAA

斑胡椒鲷

Plectorhinchus chaetodonoides

中 文 名：斑胡椒鲷
学　　名：*Plectorhinchus chaetodonoides* Lacepède，1801
英 文 名：Harlequin sweetlips
别　　名：小丑石鲈，燕子花旦，打铁婆，花脸
分　　类：仿石鲈科Pomadasyidae，胡椒鲷属*Plectorhynchus*
鉴定依据：台湾鱼类资料库；中国海洋鱼类，中卷，p1184

形态特征： 体延长而侧扁，背缘隆起呈弧形，腹缘圆。头中大，背面隆起。吻短钝而唇厚，随着成长而肿大。口小，端位，上颌突出于下颌；颌齿呈多行不规则细小尖锥齿。颐部具6孔，但无纵沟也无须。鳃耙细短，第一鳃弓鳃耙数（9～12）+1+（27～32）。体被细小弱栉鳞，侧线完全，侧线鳞数52～59。背鳍单一，中间缺刻不明显，无前向棘，硬棘数11～12（大部分为12）、鳍条数18～20；臀鳍基底短，鳍条Ⅲ—7；腹鳍末端延伸至肛门后；尾鳍几乎截平。幼鱼体色和成鱼差异极大，幼鱼体呈褐色而有大型白色斑块散布其中；随着成长，身体颜色逐渐淡化，至成熟后变成全身灰色，愈近腹部体色愈淡，体侧密布黑褐色点。

分布范围： 中国南海、台湾海域；日本南部海域、印度—西太平洋暖水域。

生态习性： 为暖水性中下层鱼类。主要栖息于干净的潟湖、岩礁及珊瑚礁区海域，水深1～30m。通常单独行动，昼间躲避于礁石突出处或洞穴中，夜间外出猎食珊瑚礁区的鱼、虾、贝类。幼鱼有不停地摇头摆尾，模仿有毒海蛞蝓的防卫行为。

线粒体DNA COI片段序列：

CCTCTATCTAGTATTCGGTGCTTGAGCTGGAATAGTGGGAACGGCCTTAAGCCTGCTCATCCG
GGCAGAATTAAGCCAACCCGGCGCTCTCCTAGGAGACGACCAGATTTACAATGTTATTGTTA
CGGCGCACGCGTTCGTAATAATCTTCTTTATGGTAATACCAATCCTGATCGGAGGGTTCGGAA
ACTGACTGGTCCCACTAATAATCGGAGCGCCTGACATGGCATTCCCCCGAATAAACAATATGA
GCTTCTGACTTCTCCCACCATCCTTCCTTCTCCTCCTTGCCTCCTCAGGCGTAGAAGCCGGAG
CAGGAACTGGTTGAACAGTTTACCCCCCATTGGCCGGTAATCTGGCGCACGCAGGTGCATCT
GTTGACCTAACAATCTTTTCCCTTCATCTGGCCGGTATCTCCTCAATTCTTGGAGCAATCAATT
TTATTACAACAATTATTAACATGAAGCCCCCTGCAATTTCACAATATCAAACCCCCCTATTCGT
CTGATCAGTCCTAGTGACCGCTGTCCTTCTGCTCCTCTCCCTCCCAGTCCTTGCTGCCGGAAT
TACAATGCTCCTCACAGATCGAAACCTTAACACTACCTTCTTTGATCCTGCAGGAGGAGGAG
ACCCAATTCTCTATCAACACCTGTTC

线粒体DNA 12S片段序列：

CACCGCGGTTATACGAGAGGCCCAAGTTGATAAGCATCGGCGTAAGGAGTGGTTAAGACAAATCAAATACTAAAGCCGAATACCCTCACAGCTGTCATACGCAACACGAAGGTTAGAAGCTCAACTACGAAAGTGGCTTTATAACATCTGAACCCACGAAAGCTATGGTA

摩鹿加绯鲤

Upeneus moluccensis

中 文 名： 摩鹿加绯鲤

学　　名： *Upeneus moluccensis*（Bleeker，1855）

英 文 名： Goldband goatfish，Golden banded goatfish

别　　名： 羊鱼，羊鲤

分　　类： 羊鱼科 Mullidae，绯鲤属 *Upeneus*

鉴定依据： 南沙群岛至华南沿岸的鱼类（一），p109；南海海洋鱼类，中卷，p1257；东海鱼类志，p341

形态特征： 体长椭圆形，侧扁；体长为体高的3.4 ～ 4.4倍、为头长的3.3 ～ 3.4倍。头中等大，头长为吻长的2.5 ～ 2.7倍、为眼径的4.1 ～ 4.4倍。吻短钝，吻长约为眼径的1.5倍。眼中等大，侧位而高，距鳃盖后上角较距吻端为近。眼间隔宽而平坦，与眼径约相等。鼻孔小，两鼻孔相距远，前鼻孔位于吻中部，后鼻孔略大，紧邻眼前线。口较大，略倾斜。上颌长于下颌。下颌被于上颌之下。两颌齿细小，呈绒毛状，犁骨及腭骨也具绒毛状齿。颏部有2条长须，其末端伸至鳃盖骨下方。鳃孔大，具假鳃；鳃盖膜分离与喉峡部不相连，前鳃盖骨边缘平滑，鳃盖骨后上缘具一弱短棘；鳃盖条数4。鳃耙细弱，鳃耙数（5 ～ 7）+（16 ～ 20）。体被栉鳞，栉状齿甚弱，鳞薄而极易脱落。侧线完全，位高，沿体侧中上部延伸达尾鳍基部，侧线鳞感觉管分叉。头部在眼前部无鳞，第二背鳍、臀鳍及尾鳍约2/3被小鳞。背鳍2个，分离。第一背鳍有8鳍棘，第一鳍棘甚短小，第三或第四鳍棘为最长；第二背鳍低于第一背鳍，第一或第二鳍条最长。臀鳍位于第二背鳍下方，形状与第二背鳍相似。胸鳍钝圆，中等长，始于背鳍稍前方。腹鳍位于胸鳍基下方，略短于胸鳍。尾叉形，下叶稍长。体背部玫瑰红色，腹部浅黄色；沿体侧有1条黄色宽纵带，自眼后起达尾鳍基底。第一背鳍具3条黄棕色斜带；第二背鳍具2～3条黄色斜带；尾鳍仅上叶具5～6条棕褐色斜带；胸鳍、腹鳍及臀鳍浅黄色。触须黄色。

分布范围：中国东海、南海、台湾海域；日本高知以南海域、澳大利亚海域、西太平洋暖水域。

生态习性：暖水性底层鱼类。栖息于泥沙、泥底质海区，栖息水深大于110m。

线粒体DNA COI片段序列：

CCTTTACCTAGTCTTCGGTGCTTGAGCTGGAATAGTAGGAACTGCTTTAAGCCTTCTTATTCG
TGCTGAATTATCTCAACCTGGGGCCCTCCTAGGTGACGATCAAATTTACAACGTAATTGTTAC
GGCGCACGCCTTTGTAATAATTTTCTTCATGGTAATGCCAATTATGATCGGAGGATTTGGTAAC
TGACTTATCCCACTAATGATTGGTGCGCCAGACATGGCCTTCCCCCGAATGAATAACATGAGC
TTCTGGCTCCTACCTCCTTCTTTCCTGCTACTGCTTGCCTCTTCAGGCGTCGAAGCCGGAGCC
GGAACAGGTTGAACTGTATACCCACCTCTAGCAGGCAACCTAGCACACGCCGGGGCCTCAG
TTGACCTAACCATTTTCTCGCTTCACCTGGCAGGTATTTCTTCTATTCTAGGGGCTATTAATTTT
ATTACCACAATTATTAATATGAAACCCCCAGCAATTTCACAGTACCAGACACCTCTATTTGTAT
GAGCTGTACTAATTACAGCCGTTCTTCTCCTTCTGTCCCTGCCAGTTCTTGCTGCAGGTATTAC
AATGCTACTTACAGATCGAAACCTCAACACAACGTTCTTCGATCCAGCAGGCGGAGGAGAC
CCAATCCTTTACCAACACTTGTTC

线粒体DNA 12S片段序列：

CGCCGCGGTTATACGAGAGGCCCAAGTTGATAGGCATCGGCGTAAAGGGTGGTTAAGGAAA
ACTGCAAAATAAAGCCGAACATCTTCAAAGCTGTTATACGCTATCGAAGGCCCCGAAGCCCT
ACTACGAAAGTGGCTTTACCCCCGCCCCCGAACCCACGAAAGCTAGGGTA

无斑拟羊鱼
Mulloidichthys vanicolensis

中 文 名：无斑拟羊鱼
学　　名：*Mulloidichthys vanicolensis*（Valenciennes，1831）
英 文 名：Goldenstripe goatfish，Red goatfish，Yellowfin goatfish
别　　名：金带拟须鲷，福氏副绯鲤，秋姑，须哥
分　　类：羊鱼科Mullidae，拟羊鱼属*Mulloidichthys*
鉴定依据：中国海洋鱼类，中卷，p1259；南海海洋鱼类原色图谱（二），p269；台湾鱼类资料库

形态特征：体延长，侧扁。吻钝，眼大。口小，上颌骨达眼前缘下方。颌齿细小，犁骨、腭骨无齿。鳃耙数（7 ~ 10）+（21 ~ 26）。背鳍Ⅶ ~ Ⅷ—9；臀鳍7 ~ 8；胸鳍16 ~ 17；臀鳍与第二背鳍相对；尾鳍深叉形。颏须几乎达前鳃盖后缘下方。侧线鳞36 ~ 42。体背红黄色，腹部呈白色；体侧有1条金黄色纵带，胸鳍后上方不具黑点，第一背鳍下方无暗斑。腹膜为暗色。各鳍在鱼体新鲜时，呈鲜黄色。

分布范围：中国南海、台湾海域；日本南部海域、印度—太平洋暖水域。

生态习性：暖水性底层鱼类，主要栖息于礁台、礁区水域。行群栖性活动，喜欢在礁区外缘的沙地或软泥地上觅食，以其颏须探索沙泥地中的底栖无脊椎动物。

线粒体DNA COI片段序列：

CCTCTACCTAGTCTTTGGTGCCTGAGCCGGAATGGTAGGAACGGCTTTAAGCCTTCT
TATTCGTGCTGAGCTTAGTCAACCCGGCGCTCTCCTAGGCGACGATCAGATCTACAA
CGTAATTGTTACAGCACACGCCTTTGTAATAATTTTCTTTATGGTCATGCCAATCATGA
TTGGCGGGTTCGGTAACTGACTGATCCCTCTTATGATTGGAGCCCCAGATATGGCCTT
CCCACGAATGAACAACATGAGCTTCTGACTCCTTCCCCCTTCTTTCCTACTCCTACTC
GCCTCTTCAGGTGTTGAAGCCGGGGCTGGGACTGGATGGACCGTTTATCCCCCTCTA
GCAGGCAATCTGGCCCACGCCGGAGCCTCAGTAGACCTAACCATCTTCTCCCTCCAC
CTAGCGGGGATCTCTTCTATTCTAGGGGCCATTAATTTTATTACCACAATTATTAATATG
AAACCCCCAGCAATTTCGCAGTACCAGACACCTCTATTTGTCTGAGCCGTCCTAATT
ACAGCTGTCCTTCTTCTTCTGTCACTCCCTGTCCTTGCTGCCGGCATCACAATGCTAC
TCACAGACCGAAACTTAAATACAACCTTCTTCGACCCAGCAGGCGGAGGTGACCCA
ATCCTTTACCAACACCTGTTC

线粒体DNA 12S片段序列：

CACCGCGGTTATACGAGAGGCCCAAGTTGATAGGTACCGGCGTAAAGGGTGGTTAGGGATAA
CTATAAAATAAAGCCGAATATCTTCAACGCTGTTATACGCCCTCGAAGATTCGAAGCCCCATT
ACGAAAGTAGCTTTACCTTCCCCCGAACCCACGAAAGCCAGGGTA

印度副绯鲤

Parupeneus indicus

中 文 名： 印度副绯鲤
学　　名： *Parupeneus indicus*（Shaw，1803）
英 文 名： Indian goatfish，Yellowspot goatfish
别　　名： 秋姑，须哥，印度海绯鲤
分　　类： 羊鱼科 Mullidae，副绯鲤属 *Parupeneus*
鉴定依据： 台湾鱼类资料库；南沙群岛至华南沿岸的鱼类（一），p111；中国海洋鱼类，中卷，p1263

形态特征： 体长为体高的3.5 ~ 3.7倍，体延长而稍侧扁，呈长纺锤形。头稍大；口小；吻长而钝尖；上颌仅达吻部的中央，后缘斜向弯曲。上、下颌均具单列齿，齿中大，较钝，排列较疏；锄骨与腭骨无齿。具颏须1对，末端达眼眶后方。前鳃盖骨后缘平滑，鳃盖骨具2个短棘；鳃盖膜与喉峡部分离；鳃耙数（5 ~ 7）+（18 ~ 21）。体被弱栉鳞，易脱落，腹鳍基部具一腋鳞，眼前无鳞；侧线鳞数28 ~ 30，上侧线管呈树枝状。背鳍2个，彼此分离；胸鳍鳍条数15 ~ 17（通常为16）；尾鳍叉形。体黄褐色至灰绿色；尾柄每侧具一大圆形黑斑；背鳍棘部与鳍条间的侧线上有一金黄斑；背鳍棘部褐色，鳍条部与臀鳍透明具3 ~ 4条褐色水平纹；颏须黄褐色。

分布范围： 中国南海、台湾海域；日本南部海域、印度—太平洋暖水域。

生态习性： 主要栖息于岩礁或珊瑚礁间外围的沙泥地，或温暖的海草床。生性疑怯，较偏爱水质混浊的海域，常常成群或独游于充满底栖无脊椎生物的沙泥地上，以敏锐的触须翻动泥底，探测受惊吓的底栖小动物撩起的水波，以准确得知食物所在地。因此，有些粗皮鲷及隆头鱼总是跟在它的身旁，以捡便宜的方式来发现食物。夜晚时体色变暗淡，躺在沙地上睡觉。

线粒体DNA COI片段序列：

CCTCTACCTAGTCTTTGGTGCCTGAGCCGGAATGGTAGGAACTGCTTTAAGCCTTCTTATTCGTGCCGAGCTCAGCCAACCCGGCGCTCTTTTAGGTGACGACCAAATTTATAATGTAATTGTTACAGCACATGCCTTTGTAATAATTTTCTTTATGGTAATGCCAATTATGATTGGAGGGTTCGGTAACTGACTTATTCCACTCATGATCGGGGCACCCGACATGGCTTTCCCTCGAATGAACAACATGAGCTTCTGGCTACTCCCTCCCTCTTTCCTGCTTCTTCTTGCCTCTTCAGGTGTTGAAGCTGGGGCCGGAACTGGTTGAACGGTCTACCCTCCACTTGCAGGTAATCTAGCACATGCCGGAGCATCTGTTGACCTAACTATCTTCTCCCTCCACCTTGCAGGTATTTCTTCAATCCTGGGAGCTATTAATTTTATTACTACAATTATTAATATGAAACCCCCTGCAATTTCACAATACCAGACACCTCTGTTCGTCTGAGCTGTGTTAATTACAGCCGTGCTACTCCTTCTGTCACTTCCAGTCCTTGCCGCTGGCATTACAATGCTACTCACGGACCGAAACCTAAATACAACTTTCTTCGACCCGGCAGGCGGGGGAGACCCAATCCTTTACCAACACCTGTTC

线粒体DNA 12S片段序列：

AACCGCGGTTATACGAGAGGCCCAAGTTGATAGGATTCGGCGTAAAGGGTGGTTAAGGGTTACTAAAAATAAAGCCGAACGTTCTCAATGCTGTTATACGCTCCCGAGGACTCGAAGCCCCACCACGAAAGTGGCTTTACCCCGCCCCGAACCCACGAAAGCCAGGGTA

圆口副绯鲤

Parupeneus cyclostomus

中 文 名：圆口副绯鲤

学　　名：*Parupeneus cyclostomus*（Lacepède，1801）

英 文 名：Yellow saddle goatfish

别　　名：秋姑，须哥

分　　类：羊鱼科Mullidae，副绯鲤属*Parupeneus*

鉴定依据：台湾鱼类资料库；中国海洋鱼类，中卷，p1266

形态特征： 体延长而稍侧扁，呈长纺锤形。头稍大；口小；吻长而钝尖；上颌仅达吻部的中央处。上、下颌均具单列齿，齿中大，较钝，排列较疏；锄骨与腭骨无齿。具颏须1对，极长，达鳃盖后缘之后，甚至几乎达腹鳍基部。前鳃盖骨后缘平滑，鳃盖骨具2个短棘；鳃盖膜与喉峡部分离；鳃耙数（6 ~ 7）+（22 ~ 26）。体被弱栉鳞，易脱落，腹鳍基部具一腋鳞，眼前无鳞；侧线鳞数27 ~ 28，上侧线管呈树枝状。背鳍2个，彼此分离。胸鳍鳍条数15 ~ 17（通常为16）；尾鳍叉形。体色具两型：一型为灰黄色，各鳞片具蓝色斑点，尾柄具黄色鞍状斑，眼下方具多条不规则蓝纹，各鳍与颏须皆为黄褐色，第二背鳍和臀鳍具蓝色斜纹，尾鳍具蓝色平行纹；另一型为黄化种，体一致为黄色，尾柄具亮黄色鞍状斑，眼下方具多条不规则蓝纹。

分布范围： 中国南海、台湾海域；印度—太平洋暖水域。

生态习性： 主要栖息于沿岸珊瑚礁、岩礁区、潟湖区或内湾的沙质海底或海藻床。幼鱼成群在沙质地或软泥地，成鱼则单独活动，以颏须探索泥地中潜藏的甲壳类、软体动物及多毛类等，再挖掘觅食。

线粒体DNA COI片段序列：

CTTATACCTAGTATTTGGTGCTTGAGCCGGAATGGTAGGAACTGCTTTAAGCCTTCTTATTCGA
GCCGAGCTAAGTCAACCCGGGGCCCTCCTAGGAGATGACCAAGTCTATAACGTGATCGTTAC
AGCACATGCCTTTGTAATGATTTTCTTTATAGTAATACCAATCATGATCGGAGGATTCGGCAAC
TGGCTTATCCCACTTATGGTGGGCGCGCCAGACATGGCTTTCCCTCGAATAAACAATATAAGC
TTCTGGCTACTTCCCCCCTCTTTCCTCCTCCTCCTTGCCTCTTCAGGCGTTGAAGCCGGGGCA
GGGACTGGTTGAACAGTCTACCCACCGCTAGCAGGCAATCTGGCACATGCCGGAGCATCCG
TTGACCTAACTATTTTCTCCCTCCACCTAGCAGGTATTTCTTCTATCTTGGGTGCTATTAATTTT
ATTACAACAATCATTAATATGAAACCCCCCGCAATTTCACAGTACCAGACGCCTCTGTTCGTC
TGAGCAGTCCTAATTACGGCCGTCTTACTCCTCCTTTCGCTTCCAGTACTTGCCGCTGGCATT
ACAATGTTGCTGACAGACCGAAACCTAAATACAACCTTCTTCGACCCAGCAGGGGGAGGAG
ATCCAATCCTTTACCAGCACCTGTTC

线粒体DNA 12S片段序列：

AACCGCGGTTACACGAGAGGCCCAAGTTGATAGAAATTCGGCGTAAAGGGTGGTTAGGGGA
TATTACAAAATAAAGCCGAACGTTCATCAGTGCTGTTTAACGCCCCCGAGAACTCGAAGCCC
CCCCACGAAAGTGGCTTTACCCCGCCCGAACCCACGAGAGTCAGGGTA

斑点鸡笼鲳

Drepane punctata

中 文 名： 斑点鸡笼鲳
学　　名： *Drepane punctata*（Linnaeus，1758）
英 文 名： Concertina fish，Spotted sicklefish
别　　名： 铜盘仔，镜鲳，金镜，定盘
分　　类： 鸡笼鲳科 Drepaneidae，鸡笼鲳属 *Drepane*
鉴定依据： 台湾鱼类资料库；南沙群岛至华南沿岸的鱼类（一），p114；中国海洋鱼类，中卷，p1277

形态特征：体近菱形，侧扁而高。吻短；唇厚；颏部具一簇颏须。眼间隔圆突。上、下颌约等长，上颌达眼前缘下方。两颌齿细弱；锄骨与腭骨无齿。前鳃盖下缘具锯齿；鳃盖膜与喉峡部相连，且横过喉峡部成一皮褶。鳔侧面有2对盲管突起，突起甚长且分支极多。侧线鳞数50～55。体被中大圆鳞，头部腹面、吻及眼间隔处均无鳞；背鳍、臀鳍具低鞘鳞；腹鳍具腋鳞。背鳍Ⅷ～Ⅸ—19～22；臀鳍Ⅲ—17～19。背鳍前方无向前平棘，硬棘与鳍条间具缺刻；胸鳍尖长，呈镰刀状；腹鳍第一棘延长；尾鳍双截形或圆形。体银灰色；体侧具4～11条由黑点形成的横带。各鳍浅黄色，背鳍具两纵列暗色斑点。

分布范围：中国东海、南海、台湾海域；印度—西太平洋区，西起印度尼西亚，东至菲律宾，北至琉球群岛，南至澳大利亚。

生态习性：为暖水性中下层鱼类。主要栖息于温暖的沿海礁区及礁石与泥沙交错的地方，偶尔也会游到河口觅食。对于不同盐度的环境，适应能力相当强。日行性，为杂食性鱼种，以底栖无脊椎动物为主食。

线粒体DNA COI片段序列：

CCTTTACCTAGTATTCGGTGCTTGAGCTGGGATAGTAGGCACAGCCCTAAGCCTCCTAATCCG
AGCAGAATTAAGCCAACCCGGCGCCCTTCTGGGGGATGACCAGATCTACAATGTAATCGTTA
CGGCCCATGCATTCGTAATAATTTTCTTTATAGTAATACCAATTATGATTGGGGGCTTTGGAAA
CTGACTAATTCCTCTGATAATTGGCGCCCCTGACATGGCATTCCCTCGTATAAACAACATAAG
CTTCTGGCTTCTCCCCCCATCCTTCCTCCTTCTCCTCGCTTCCTCTGGCGTAGAAGCCGGGGC
AGGAACTGGGTGAACGGTCTACCCTCCGCTGGCCGGCAATTTAGCACATGCCGGGGCATCC
GTTGACCTAACCATCTTCTCCCTCCACCTGGCAGGGGTCTCCTCAATCCTAGGGGCCATCAA
CTTTATCACAACTATTATTAACATAAAACCACCCGCCATCTCCCAATACCAAACACCTCTATTC
GTATGGGCAGTCCTAATTACCGCTGTACTTCTACTCCTCTCACTCCCAGTCCTGGCTGCCGGT

ATTACAATACTACTCACAGACCGAAATTTAAATACCACCTTCTTTGACCCAGCAGGGGGAGG
TGACCCAATCCTTTATCAACACCTATTC

线粒体DNA 12S片段序列：
AACCGCGGCTATACGAGAGGCCCAAGTTGACAGATTCCGGCATAAAGCGTGGTTAAGATAAA
CTAAAAACTAAAGCCGAACGCCCTCCGGGCTGTTATACGCTCCCGAAGGTAAGAAGCCCAAT
TACGAAAGTAGCTTTACATTACTGAACCCACGAAAGCTAGGGCA

丽蝴蝶鱼
Chaetodon wiebeli

中 文 名：丽蝴蝶鱼
学　　名：*Chaetodon wiebeli* Kaup，1863
英 文 名：Butterflyfish
别　　名：黑尾蝶，魏氏蝶
分　　类：蝴蝶鱼科Chaetodontidae，蝴蝶鱼属*Chaetodon*
鉴定依据：中国海洋鱼类，中卷，p1304；台湾鱼类资料库

形态特征：体高，呈卵圆形；头部上方轮廓平直，吻上缘凹陷。吻中短而尖。前鼻孔具鼻瓣。前鳃盖缘具细锯齿；鳃盖膜与喉峡部相连。两颌齿细尖密列，上、下颌齿各具10～11列。

体被大型鳞片，垂直延长；侧线向上陡升至背鳍第八至第九棘下方而下降至背鳍基底末缘下方。背鳍单一，硬棘12、鳍条24 ~ 26；臀鳍硬棘3、鳍条19 ~ 20。体黄色；体侧具16 ~ 18条向上斜走的橙褐色纵纹；颈背具一黑色三角形大斑；胸部具4 ~ 5个小橙色斑点；头部具远宽于眼径的黑眼带，仅向下延伸至鳃盖缘，眼带后方另具一宽白带；吻及上唇灰黑色，下部则为白色。各鳍黄色；背鳍后缘灰黑色；臀鳍后缘具1 ~ 2条黑色带；尾鳍中部白色，后部具黑色宽带，末缘淡色；余鳍淡色或微黄。

分布范围：中国南海、台湾海域；日本伊豆海域、高知以南海域，西太平洋暖水域。

生态习性：为珊瑚礁鱼类。栖息于岩礁、珊瑚海区。

线粒体DNA COI片段序列：

TGCCCTAAGTCTGCTCATCCGAGCAGAGCTCAGCCAACCAGGCTCCCTCCTGGGCGACGA
TCAGATCTATAACGTAATTGTTACGGCGCATGCATTCGTAATAATTTTCTTTATAGTAATACC
AATTATGATTGGAGGGTTTGGAAACTGACTGATCCCTCTAATGATTGGGGCCCCAGACATA
GCCTTTCCTCGGATGAATAATATGAGCTTTTGGCTTCTGCCCCCCTCCTTCTTCCTACTCCTT
GCCTCTTCTGGCGTAGAGTCCGGGGCTGGTACCGGATGAACGGTTTATCCCCCACTAGCTG
GCAACCTGGCACACGCCGGGGCATCCGTTGATCTAACCATCTTCTCCCTCCACCTCGCAGG
AGTTTCCTCCATCCTCGGGGCAATTAATTTCATCACAACAATTCTCAACATGAAGCCCCCTG
CCATGTCTCAGTACCAAACCCCTCTTTTCGTGTGATCTGTTTTAATTACAGCCGTCCTGCTT
CTCCTGTCCCTCCCCGTCCTTGCAGCCGGGATTACAATACTCCTTACAGATCGAAACCTAA
ATACGACCTTTTTCGATCCCGCAGGGGGAGGTGATCCTATTCTGTACCAACACCTGTTCTG
ATTCTTCG

线粒体DNA 12S片段序列：

CACCGCGGTTATACGAGAGACTCAAGTTGACAGTCATCGGCGTAAAGAGTGGTTAAGATGTA
TAAAAACTAGAGCTAAATACCCTCAAAGCTGTTATACGCTCTCGAAGGTAAGAAGCCCAACT
ACGAAAGTGGCTCTATCATATCTGATTCCACGAAAGCTAGGGCA

黑背蝴蝶鱼

Chaetodon melannotus

中 文 名：黑背蝴蝶鱼

学　　名：*Chaetodon melannotus* Bloch & Schneider，1801

英 文 名：Blackback butterflyfish，Blackback coralfish

别　　名：太阳蝶，曙色蝶，黑背蝶

分　　类：蝴蝶鱼科Chaetodontidae，蝴蝶鱼属*Chaetodon*

鉴定依据：台湾鱼类资料库；南海海洋鱼类原色图谱（二），p283；南沙群岛至华南沿岸的鱼类（一），p121；中国海洋鱼类，中卷，p1302

形态特征：体高，呈卵圆形；头部上方轮廓平直。吻尖，但不延长为管状。前鼻孔具鼻瓣。前鳃盖缘具细锯齿；鳃盖膜与喉峡部相连。两颌齿细尖密列，上、下颌齿各具6 ~ 7列。体被中型鳞片，圆形，全为斜上排列；侧线向上陡升至背鳍第九棘下方而下降至背鳍基底末缘下方。背鳍单一，硬棘12、鳍条20 ~ 21；臀鳍硬棘3、鳍条17 ~ 18。体淡黄色，背部黑色；体侧具21 ~ 22条斜向后上方的暗色纹；头部镶黄缘的黑色眼带窄于眼径，仅延伸至喉峡部。各鳍金黄色；胸鳍淡色，仅基部黄色；尾鳍前半部黄色，后半部灰白色，中间具黑纹。幼鱼尾柄上具眼点，随着成长而渐散去。

分布范围：中国南海、台湾海域；日本千叶以南海域、印度太平洋暖水域。

生态习性：为珊瑚礁鱼类。栖息于潟湖、礁盘及面海的珊瑚礁区。成鱼通常成对或成群生活。以珊瑚虫为食。

线粒体DNA COI片段序列：

CCTCTACCTAGTGTTTGGTGCTTGGGCTGGAATGGTAGGCACTGCTTTAAGTCTGCTCATCCG
AGCAGAGCTCAGCCAACCCGGCTCCCTTCTGGGCGACGACCAGATCTACAATGTAATTGTCA
CAGCACATGCATTCGTAATAATTTTCTTTATAGTGATGCCAATTATGATTGGGGGGTTTGGAAA
CTGGCTGATTCCCCTAATAATCGGAGCCCCGGATATAGCCTTTCCTCGGATAAATAACATGAG
CTTTTGACTCCTGCCCCCTTCCTTTTTCCTACTTCTTGCCTCCTCTGGCGTAGAGTCAGGAGC
AGGCACCGGATGAACGGTTTACCCTCCACTAGCCGGCAACCTGGCACACGCCGGAGCATCC
GTGGATCTGACCATCTTCTCCCTCCACCTCGCAGGAGTTTCCTCCATCCTCGGGGCCATTAAC
TTCATTACAACAATCCTCAATATAAAACCCCCTGCTATGTCTCAATACCAGACCCCTCTTTTCG
TATGGTCTGTCCTAATTACAGCCGTCCTACTCCTCCTATCCCTCCCCGTTCTTGCAGCCGGAAT
CACAATACTCCTTACAGATCGAAACCTTAATACAACCTTCTTTGACCCCGCAGGCGGAGGTG
ACCCAATCCTGTACCAACACCTGTTC

线粒体DNA 12S片段序列：

CACCGCGGTTATACGAGAGACTCAAGTTGACAGTCATCGGCGTAAAGAGTGGTTAAGATGTACAAAAACTAGAGCTAAATGCCCTCAAAGTTGTTATACGCTCTCGAGGGAAAGAAGCCCAACTACGAAAGTGGCTCTAACATATCTGATTCCACGAAAGCTAGGGCA

乌利蝴蝶鱼

Chaetodon ulietensis

中 文 名：乌利蝴蝶鱼

学　　名：*Chaetodon ulietensis* Cuvier，1831

英 文 名：Sickle butterflyfish

别　　名：双岸蝴蝶鱼

分　　类：蝴蝶鱼科Chaetodontidae，蝴蝶鱼属*Chaetodon*

鉴定依据：中国海洋鱼类，中卷，p1301

形态特征：体近圆形（侧面观），甚侧扁。吻尖突，鼻区凹陷。口小，上、下颌齿各7 ~ 9行。体侧灰褐色，后部橙黄色。眼带贯穿眼下，达喉峡部。体侧有2条宽幅黑色鞍带。沿鳞列具17条黑色横线。尾柄有一黑斑。背鳍、臀鳍、尾鳍橙黄色。体长约20cm。

分布范围：中国台湾海域；日本相模湾以南海域、印度—太平洋暖水域。

生态习性：栖息于珊瑚礁海区。

线粒体DNA COI片段序列：

CCTCTATCTAGTATTTGGTGCTTGAGCTGGGATAGTGGGCACTGCCCTAAGTCTGCTCATCCGAGCAGAGCTCAGCCAACCAGGCTCCCTCCTGGGCGACGACCAGATCTATAACGTAATTGTTA

CGGCGCATGCGTTTGTAATAATTTTCTTTATAGTAATACCAATTATGATTGGAGGGTTCGGAAA
CTGACTGATTCCCCTAATGATTGGGGCCCCAGATATAGCCTTTCCTCGGATAAATAACATGAG
CTTTTGGCTCCTGCCTCCCTCCTTCTTCCTACTCCTTGCCTCTTCTGGCGTAGAATCCGGAGCT
GGTACCGGATGAACGGTTTATCCCCCACTAGCTGGCAACCTAGCACACGCCGGAGCATCCGT
TGATCTGACCATCTTCTCCCTCCATCTCGCAGGGGTTTCCTCCATCCTTGGGGCAATTAATTTC
ATCACAACAATTCTCAACATGAAACCTCCCGCAATATCTCAATACCAAACCCCTCTTTTCGTG
TGATCTGTTTTAATTACAGCCGTCCTGCTTCTCCTATCCCTCCCCGTTCTTGCAGCTGGGATCA
CAATGCTCCTTACAGACCGAAACCTGAATACAACCTTTTTTGACCCCGCAGGAGGAGGTGAC
CCTATTCTGTATCAACACCTATTC

线粒体DNA 12S片段序列：

CACCGCGGTTATACGAGAGACTCAAGTTGACAGTCATCGGCGTAAAGAGTGGTTAAGATGTA
TAAAAACTAGAGCTAAATACCTTCAAAGCTGTTATACGTTCTCGAAGGTAAGAAACCCAACT
ACGAAAGTGGCTCTACCATATCTGATTCCACGAAAGCTAGGGCA

鞭蝴蝶鱼
Chaetodon ephippium

中 文 名：鞭蝴蝶鱼
学　　名：*Chaetodon ephippium* Cuvier，1831
英 文 名：Saddle butterflyfish
别　　名：蝴蝶鱼
分　　类：蝴蝶鱼科Chaetodontidae，蝴蝶鱼属*Chaetodon*
鉴定依据：中国海洋鱼类，p1292

形态特征：体呈椭圆形（侧面观）。吻较尖长。眼背凹陷。颌齿细丝状。前鳃盖骨缘具细锯齿。背鳍鳍条呈丝状延长。体淡黄色，眼带淡褐色。腹侧具暗纵线，体后上方有一大黑斑。体长约30cm。

分布范围：中国南海、台湾海域；日本千叶以南海域、澳大利亚海域、印度—太平洋暖水域。

生态习性：为珊瑚礁鱼类。栖息于岩礁、珊瑚礁海区。

线粒体DNA COI片段序列：

CCTCTATCTAGTATTTGGTGCCTGAGCTGGAATAGTAGGTACTGCCCTAAGTCTGCTCA
TCCGAGCAGAACTCAGCCAACCCGGCTCCCTCCTGGGCGACGACCAAATCTATAATG
TAATTGTTACAGCACATGCATTTGTAATAATTTTCTTTATAGTAATACCAATTATGATCGG
GGGATTCGGAAACTGACTGATTCCTCTAATGATTGGGGCCCCAGATATGGCCTTCCCC
CGGATAAATAATATAAGTTTTTGACTCCTGCCCCCTTCCTTCTTCCTACTTCTTGCCTCT
TCCGGCGTAGAGTCCGGGGCTGGGACCGGATGAACGGTTTATCCCCCGCTGGCTGGC
AACCTAGCACACGCCGGGGCGTCCGTTGATCTAACCATCTTCTCCCTCCACCTCGCAG
GAGTTTCCTCCATCCTCGGGGCTATCAATTTTATTACAACGATTCTTAATATGAAGCCCC
CTGCTATATCTCAGTACCAAACTCCCCTTTTCGTGTGATCTGTTTTAATTACAGCCGTTC
TTCTTCTCTTATCCCTACCTGTTCTTGCAGCCGGGATCACAATACTCCTTACAGACCGA
AACCTAAATACAACCTTCTTTGACCCTGCAGGGGGAGGTGACCCCATCCTGTATCAAC
ACCTATTC

线粒体DNA 12S片段序列：

CACCGCGGTTATACGAGAGACTCAAGTTGACAGTTATCGGCGTAAAGAGTGGTTAAGATGAA
TAAAAACTAGAGCTAAATACCCTCAAAGCTGTTATACGCTCTCGGAGGTAAGAAACCCGACT
ACGAAAGTGGCTCTACTATATCTGATTCCACGAAAGCTAGGGCA

华丽蝴蝶鱼
Chaetodon ornatissimus

中 文 名：华丽蝴蝶鱼
学　　名：*Chaetodon ornatissimus* Cuvier，1831
英 文 名：Butterflyfish，Clown butterflyfish，Onamented butterflyfish
别　　名：斜纹蝶，黄风车蝶
分　　类：蝴蝶鱼科Chaetodontidae，蝴蝶鱼属*Chaetodon*
鉴定依据：台湾鱼类资料库；南海海洋鱼类原色图谱（二），p284；中国海洋鱼类，中卷，p1305

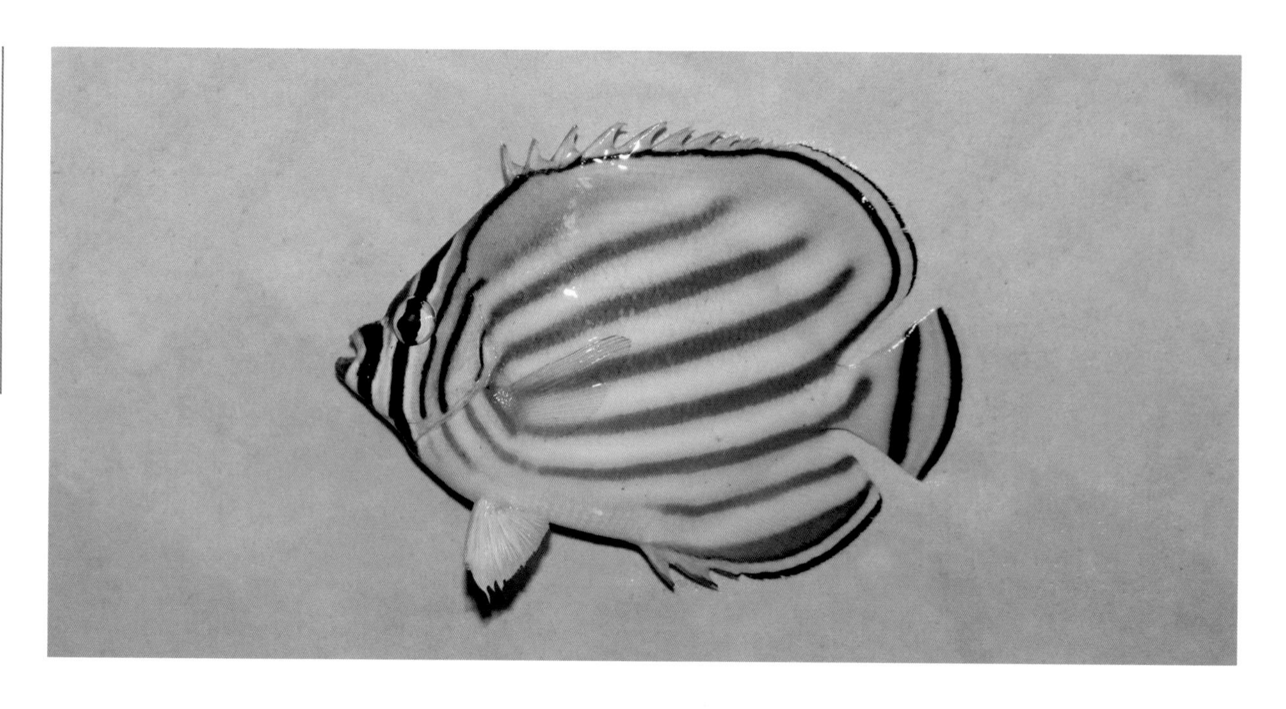

形态特征： 体高，呈卵圆形；头部上方轮廓平直。吻尖，但不延长为管状。前鼻孔具鼻瓣。前鳃盖缘具细锯齿；鳃盖膜与喉峡部相连。两颌齿细尖密列，上、下颌齿各具9 ~ 12列。体被小型鳞片，多为圆形；侧线向上陡升至背鳍第九至第十棘下方而下降至背鳍基底末缘下方。背鳍单一，硬棘12、鳍条26；臀鳍硬棘3、鳍条20 ~ 21。体白色至灰白色，头部、体背部及体腹部黄色；体侧具6条斜向后上方橙色至黄褐色横带；头部具窄于眼径的眼带；眼间隔黑色；吻部也有1条向下短黑带；下唇为黑色。奇鳍具黑色缘；胸鳍、腹鳍黄色；尾鳍中间与末端各具一黑色带。

分布范围： 中国南海、台湾海域；印度—西太平洋暖水域。

生态习性： 栖息于清澈的潟湖及面海的珊瑚礁区。通常成鱼成对或家族聚集生活，幼鱼则生活于珊瑚枝芽间。以珊瑚组织为食。

线粒体DNA COI片段序列：

CCTTTATTTAGTATTCGGTGCTTGAGCAGGGATAGTAGGTACAGCTTTAAGCCTACTTA
TCCGAGCAGAACTTAACCAACCAGGCTCTCTTCTAGGAGACGACCAGATTTACAATGT
TATCGTGACAGCTCACGCGTTTGTAATAATTTTCTTTATAGTAATACCTATCATAATTGG
AGGATTCGGCAACTGACTGATCCCTCTAATAATTGGGGCCCCAGATATGGCCTTCCCCC
GAATAAATAATATAAGCTTCTGACTACTCCCCCCTTCCTTCTTCCTCCTCCTTGCCTCAT
CTGGCGTAGAAGCCGGGGCTGGTACTGGATGAACTGTCTACCCACCGCTCGCTGGCA
ACCTTGCCCACGCAGGGGCCTCTGTTGACTTAACAATCTTCTCTCTACACCTAGCAGG
AATTTCTTCAATTCTTGGAGCCATCAATTTCATTACTACCATTATTAACATAAAACCCCC
AGCTATAACCCAATATCAGACTCCACTTTTCGTGTGATCTGTCCTAATCACCGCCGTCT
TGCTCCTCCTATCCCTCCCTGTTCTTGCCGCCGGAATTACAATGCTACTTACAGACCGA
AACTTAAATACAACTTTCTTTGACCCGGCAGGAGGAGGAGACCCTATTCTTTACCAAC
ACCTGTTC

线粒体DNA 12S片段序列：

CACCGCGGTTATACGAGAGACTCAAGTTGACAGTTATCGGCGTAAAGAGTGGTTAAGATACA AAAAAACTAAAGCCGAATACCTTCAAAGCTGTTATACGCTCTCGAAGGTTAGAAGCCCAACT ACGAAAGTGGCTTTATTAAGTCTGATCCCACGAAAGCTAGGGCA

珠蝴蝶鱼

Chaetodon kleinii

中 文 名：珠蝴蝶鱼

学　　名：*Chaetodon kleinii* Bloch，1790

英 文 名：Sunburst butterflyfish，Yellowspot butterflyfish

别　　名：菠萝蝶，蓝头蝶，虱鬓

分　　类：蝴蝶鱼科Chaetodontidae，蝴蝶鱼属*Chaetodon*

鉴定依据：台湾鱼类资料库

形态特征：体高，呈卵圆形；头部上方轮廓平直。吻尖，但不延长为管状。前鼻孔具鼻瓣。前鳃盖缘具细锯齿；鳃盖膜与喉峡部相连。两颌齿细尖密列，上、下颌齿4～6列。体被中型鳞片；侧线向上陡升至背鳍第九至第十棘下方而下降至背鳍基底末缘下方。背鳍单一，硬棘12～13、鳍条24～27(通常为XII—25～26)；臀鳍硬棘3、鳍条20～21。体淡黄色，吻端暗色；

体侧于背鳍硬棘前部及后部的下方各具有1条不明显的暗色带；头部黑色眼带略窄于眼径，在眼上、下方约等宽，且向后延伸达腹鳍前缘。背鳍及臀鳍鳍条部后部具黑纹及白色缘；腹鳍黑色；胸鳍淡色；尾鳍黄色且具黑缘。

分布范围：中国台湾海域与南海；印度—太平洋区，西起红海、东非，东至夏威夷及萨摩亚群岛，北至日本南部，南至澳大利亚。

生态习性：栖息于较深的潟湖、海峡及面海的珊瑚礁区。常被发现漫游于有沙的珊瑚礁底部或礁盘上。杂食性，以小型无脊椎动物、浮游动物及藻类碎片为食。

线粒体DNA COI片段序列：

CCTTTATCTAGTATTTGGTGCTTGAGCTGGAATAGTAGGCACTGCCTTAAGCCT
TCTCATCCGAGCAGAGCTCAGTCAACCAGGCACCCTTCTAGGCGACGACCAA
ATTTATAATGTCATCGTCACGGCGCATGCGTTCGTAATAATTTTCTTTATAGTAAT
ACCAATTATGATTGGAGGCTTTGGAAACTGACTAATTCCTCTAATGATTGGTGC
TCCCGACATGGCTTTCCCTCGAATAAACAACATGAGCTTTTGACTCCTGCCCCC
TTCTTTCTTCCTCCTGCTTGCCTCGTCTGGCGTAGAGTCCGGGGCTGGGACAG
GATGAACCGTCTACCCCCCACTGGCCGGCAACCTGGCCCACGCCGGAGCATCA
GTTGATTTAACCATCTTCTCCCTACACCTTGCGGGGATTTCATCTATTCTTGGGG
CTATTAACTTCATCACAACAATTCTTAACATGAAACCGCCTGCGATGTCTCAGT
ATCAGACCCCCCTGTTCGTATGATCTGTTCTAATTACAGCTGTCCTCCTTCTTCT
GTCTCTACCTGTCCTTGCGGCCGGTATTACAATGCTTCTAACGGACCGAAACCT
AAACACAACCTTCTTTGATCCAGCAGGAGGAGGAGACCCTATTTTATACCAGC
ATCTGTTC

线粒体DNA 12S片段序列：

CACCGCGGTTATACGAGAGACTCAAGTTGACAGTCATCGGCGTAAAGAGTGGT
TAAGATGTATAGAAACTAAAGCTAAATGCCTTCAAAGCTGTTATACGCTCTCGAA
GGTAAGAAACCCAACTACGAAAGTGGCTTTATTAAATCTGACTCCACGAAAGCT
GGGGCA

曲纹蝴蝶鱼

Chaetodon baronessa

中 文 名：曲纹蝴蝶鱼
学　　名：*Chaetodon baronessa* Cuvier，1829
英 文 名：Baroness butterflyfish，Triangular butterflyfish
别　　名：天王蝶，天皇蝶，三角纹蝶
分　　类：蝴蝶鱼科Chaetodontidae，蝴蝶鱼属*Chaetodon*
鉴定依据：中国海洋鱼类，中卷，p1296

形态特征：体高，呈卵圆形；头部上方轮廓平直。吻尖，但不延长为管状。前鼻孔具鼻瓣。前鳃盖缘具细锯齿；鳃盖膜与喉峡部相连。两颌齿细尖密列，上、下颌齿约4列。体被中大型鳞片；侧线向上陡升至背鳍第九至第十棘下方而下降至背鳍基底末缘下方。背鳍单一，硬棘11～12、鳍条23～26（通常为25）；臀鳍硬棘3、鳍条20～22。体灰蓝色，体侧具有约11条呈<状的垂直纹；头部另具3条黑色鞍状带，第一条在吻部，第二条为眼带，眼带窄于眼径，但在眼下方较宽，且向后延伸达腹鳍前缘，第三条由背鳍硬棘后方经鳃盖至腹鳍后缘，上述3条黑色带间为银白色。背鳍鳍条后缘及臀鳍鳍条后缘为蓝黑色；尾鳍后端具白缘。

分布范围：中国台湾海域与南海；印度—西太平洋区，北至日本，南至新喀里多尼亚，包括澳大利亚及密克罗尼西亚等水域。

生态习性：为珊瑚礁鱼类。栖息于珊瑚礁海区及潟湖。成对生活，具领域性。主要觅食鹿角珊瑚的水螅型虫体。

线粒体DNA COI片段序列：

CCTCTATATAGTATTTGGTGCTTGAGCTGGAATAGTGGGCACCGCTTTAAGTCTGCTCA
TCCGAGCAGAACTTAGCCAACCCGGCACTCTCCTGGGCGATGACCAAATCTATAATGT
GATTGTTACAGCACATGCATTTGTAATAATTTTCTTTATAGTTATACCAATCATGATTGGA
GGATTCGGAAACTGGCTTATCCCCTTAATAATTGGGGCCCCTGATATGGCCTTCCCCCG
AATAAATAATATGAGCTTCTGGCTCCTGCCCCCTTCCTTCTTCCTACTACTCGCCTCTTC
TGGCGTAGAGTCCGGGGCTGGTACAGGGTGGACAGTTTATCCCCCGCTAGCTGGTAA
CCTAGCACACGCTGGGGCGTCCGTTGATTTAACCATCTTCTCCCTACACCTCGCAGGG
GTTTCCTCCATCCTTGGGGCCATTAATTTCATCACAACAATCCTCAACATAAAACCCCC
CGCTATATCTCAATACCAAACCCCTCTCTTCGTTTGATCCGTCCTAATTACAGCGGTTCT

ACTTCTTTTATCCCTTCCCGTCCTCGCAGCTGGGATTACCATGCTCCTTACCGATCGGA
ACCTGAACACAACCTTCTTCGACCCTGCAGGAGGGGGTGACCCTATTCTGTACCAGC
ATTTATTC

线粒体DNA 12S片段序列：

CACCGCGGTTATACGAGAGACTCAAGTTGACAGTCATCGGCGTAAAGAGTGGTTAAGATGA
ACAAAAACTAAAGCCGAACGCCCTCAAAGCTGTTATACGCTCTCGAGGGTAAGAAGCTCAA
CTACGAAAGTGGCTTTATTGAATCTGACCCCACGAAAGCTAGGGTA

弓月蝴蝶鱼
Chaetodon lunulatus

中 文 名：弓月蝴蝶鱼
学　　名：*Chaetodon lunulatus* Quoy & Gaimard，1825
英 文 名：Redfin butterflyfish
别　　名：冬瓜蝶，蝶仔
分　　类：蝴蝶鱼科Chaetodontidae，蝴蝶鱼属*Chaetondon*
鉴定依据：中国海洋鱼类，中卷，p1299

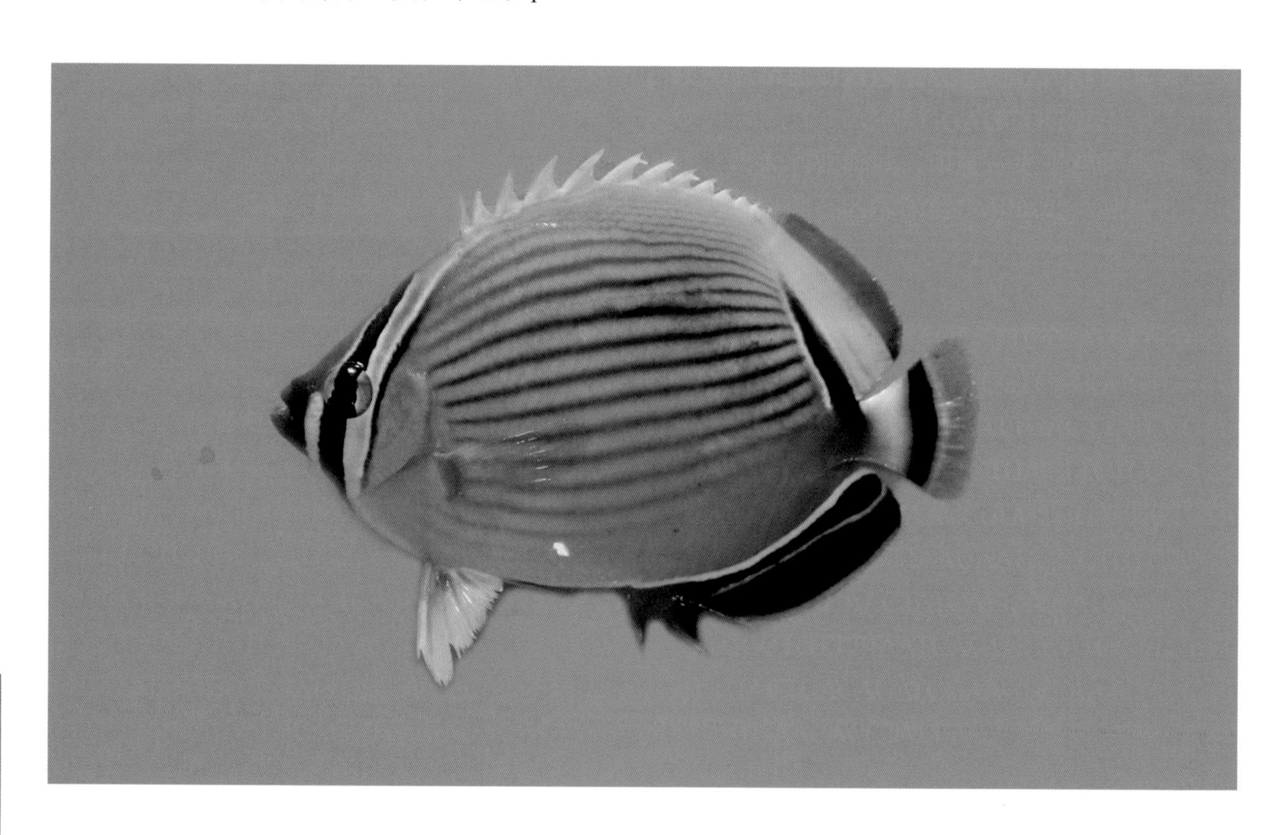

形态特征：体高，呈椭圆形；头部上方轮廓平直。吻短而略尖。前鼻孔具鼻瓣。前鳃盖缘具细锯齿；鳃盖膜与喉峡部相连。两颌齿细尖密列，上、下颌齿呈带状。体被中型鳞片；侧线向上陡升至背鳍第十三至十四棘下方而下降至背鳍基底末缘下方。背鳍单一，硬棘13～14、鳍条20 ～ 22；臀鳍硬棘3、鳍条18 ～ 21。体乳黄色；体侧具约20条与鳞列相当的紫蓝色纵带；头部黄色，另具3条黑色横带，中间横带即为眼带，窄于眼径，止于喉峡部。背鳍及尾鳍灰色；臀鳍橘黄色；背鳍鳍条部、臀鳍鳍条部及尾鳍基底均具镶黄边的黑色带；腹鳍黄色；胸鳍淡色。

分布范围：中国南海；西中太平洋区，包括琉球群岛至澳大利亚北部，印度尼西亚西部至夏威夷群岛等水域。

生态习性：栖息于潟湖及面海的珊瑚礁区。通常成鱼成对或成群生活于礁体外，幼鱼则生活于珊瑚的枝芽间。以珊瑚虫为食。

线粒体DNA COI片段序列：

CCTCTATTTAGTATTTGGTGCTTGAGCTGGAATAGTAGGGACCGCCTTAAGCCTGCTCA
TCCGAGCAGAGCTTAGCCAACCTGGGACACTCCTAGGTGATGACCAGATCTATAATGT
AATTGTTACGGCACATGCGTTCGTAATAATTTTCTTTATAGTAATACCAATTATGATTGG
GGGATTTGGAAACTGACTAATTCCTCTAATAATTGGAGCCCCCGATATGGCTTTCCCTC
GGATAAATAATATGAGCTTTTGACTTCTACCCCCCTCCTTCTTCCTACTTCTAGCCTCTT
CTGGCGTAGAATCCGGAGCCGGTACCGGATGGACAGTCTACCCCCCACTAGCTGGAA
ACCTGGCACACGCCGGAGCATCCGTTGACCTAACCATCTTCTCCCTCCACCTCGCCGG
AATCTCCTCTATCCTTGGAGCCATCAATTTTATTACAACAATCCTTAATATAAAACCCCC
TGCCATGTCTCAGTATCAGACCCCTCTATTCGTCTGATCTGTTTTAATTACAGCCGTCCT
TCTTCTCCTATCCCTTCCTGTCCTTGCAGCCGGAATTACGATACTTCTAACCGACCGAA
ACTTAAACACAACCTTCTTTGACCCCGCAGGAGGAGGCGATCCAATTCTGTACCAAC
ACCTGTTC

线粒体DNA 12S片段序列：

CACCGCGGTTATACGAGAGACTCAAGTTGACAGTCATCGGCGTAAAGAGTGGTT
AGGATGTATAAAAACTAAAGCCAAATGCCTTCAAAGTTGTTATACGCTCTCGAA
GGTAAGAAGCCCAACTACGAAAGTGGCTTTATTAAATCTGACCCCACGAAAGCT
AGGGTA

八带蝴蝶鱼
Chaetodon octofasciatus

中 文 名：八带蝴蝶鱼
学　　名：*Chaetodon octofasciatus* Bloch，1787
英 文 名：Eight-striped butterflyfish
别　　名：八线蝶，红司公，虱鬓，金钟
分　　类：蝴蝶鱼科Chaetodontidae，蝴蝶鱼属*Chaetondon*
鉴定依据：台湾鱼类资料库；中国海洋鱼类，中卷，p1301

形态特征：体高，呈卵圆形；头部上方轮廓平直。口小，吻尖，但不延长为管状。前鼻孔具鼻瓣。前鳃盖缘具细锯齿；鳃盖膜与喉峡部相连。两颌齿细尖密列，颌齿丝状成束，上颌齿3列，下颌齿5列。体被小型鳞片，多为圆形；侧线向上陡升至背鳍第九至第十棘下方而下降至背鳍基底末缘下方。侧线鳞数27～34。背鳍单一，硬棘10～11、鳍条19～20；胸鳍13～14；臀鳍硬棘3、鳍条16～17。体黄色，胸、腹部较淡；具8条黑褐色横带，第一条为窄于眼径的眼带，体侧有5条，第七条在尾柄上，第八条则在尾鳍基部。背鳍、臀鳍及腹鳍黄色；胸鳍基部黄色，后部淡色；尾鳍淡色。幼鱼于第四与第五横带间侧线下方具一椭圆斑，第七横带上具镶白缘的眼斑。

分布范围：中国南海、台湾海域；日本奄美大岛以南海域、印度—西太平洋暖水域。

生态习性：主要栖息于珊瑚礁群集的潟湖或外礁斜坡。成鱼成对生活，幼鱼则群集于珊瑚枝芽间。以珊瑚虫为食。

线粒体DNA COI片段序列：

CCTCTATTTAGTATTTGGTGCTTGGGCTGGAATAGTGGGCACCGCCTTAAGCCTGCTTATCCG
AGCAGAGCTCAGCCAACCAGGCACTCTCCTGGGCGATGACCAGATCTATAATGTTATTGTTA
CGGCACATGCGTTTGTAATAATCTTCTTTATAGTAATACCAATTATGATTGGAGGATTTGGAAA
TTGACTAATTCCTCTAATGATCGGAGCTCCTGACATGGCTTTCCCTCGAATAAATAACATGAG
CTTTTGACTTCTGCCCCCTTCCTTTTTCCTGCTGCTCGCTTCTTCTGGCGTAGAGTCAGGGGC
TGGTACGGGTTGAACAGTCTATCCTCCACTAGCTGGTAACCTAGCACACGCTGGGGCATCCG
TTGATTTAACCATCTTCTCCCTCCACCTTGCAGGAATCTCCTCCATTCTTGGGGCAATTAATTT
CATTACAACAATCCTCAACATGAAGCCTCCCGCTATATCCCAATATCAAACCCCTCTCTTCGTA
TGATCCGTCTTAATTACAGCCGTTCTACTTCTTCTATCCCTTCCTGTCCTTGCAGCTGGTATTA

CAATACTTCTTACAGACCGAAACCTAAACACAACTTTCTTTGACCCTGCAGGAGGAGGTGAC CCTATCCTATATCAACACTTATTC

线粒体DNA 12S片段序列：
CACCGCGGTTATACGAGAGACTCAAGTTGACAGTCATCGGCGTAAAGAGTGGT TAAGATGTATAGAAACTAAAGCCGAATGCCCTCTAAGTTGTTATACACTCTCGAA GGTAAGAAGCCCAACTACGAAAGTGGCTTTATTAAGTCTGATTCCACGAAAGCT AGGGTA

丝蝴蝶鱼
Chaetodon auriga

中 文 名：丝蝴蝶鱼
学　　名：*Chaetodon auriga* Forsskål，1775
英 文 名：Diagonal butterflyfish，Threadfin butterflyfish
别　　名：人字蝶，白刺蝶，碟仔，白虱鬓，金钟，米统仔
分　　类：蝴蝶鱼科 Chaetodontidae，蝴蝶鱼属 *Chaetodon*
鉴定依据：台湾鱼类资料库；中国海洋鱼类，中卷，p1293

形态特征：体高，呈椭圆形；头部上方轮廓平直，鼻区处稍内凹。吻尖，但不延长为管状。前鼻孔具鼻瓣。前鳃盖缘具细锯齿；鳃盖膜与喉峡部相连。两颌齿细尖密列，上颌齿7列，下颌齿9 ~ 11列。体被大型鳞片，菱形，呈斜上排列；侧线向上陡升至背鳍第九棘下方而下降至背鳍基底末缘下方。背鳍单一，硬棘12 ~ 13、鳍条24，成鱼的鳍条部末端延长如丝状；臀鳍硬棘

3、鳍条19～20。体前部银白色至灰黄色，后部黄色；体侧前上方具5条长的及3条短的向后斜上暗带，后下方则具8～9条向前方斜上的暗带，两者彼此呈直角交会；眼带于眼上方窄于眼径，眼下方则宽于眼径；背鳍和臀鳍具黑缘；尾鳍后端前具黑缘的黄色横带；幼鱼及成鱼于背鳍鳍条部均具眼斑。

分布范围： 中国南海以及台湾；印度—太平洋区，西起红海、东非，东至夏威夷，北至日本南部，南至豪勋爵岛。

生态习性： 栖息于碎石区、藻丛、岩礁或珊瑚礁区，单独、成对或小群游动。主要以珊瑚虫、多毛类、底栖甲壳类、腹足类及藻类等为食。

线粒体DNA COI片段序列：

CCTCTATCTAGTATTTGGTGCTTGAGCTGGGATAGTAGGTACTGCCCTAAGTCTGCTCA
TTCGGGCAGAGCTCAGCCAACCAGGCTCCCTCCTGGGCGACGACCAGATCTATAACG
TAATTGTTACAGCACATGCATTCGTAATAATTTTCTTTATAGTAATACCAATTATGATTGG
AGGGTTCGGAAACTGACTGATTCCTCTAATGATTGGAGCCCCAGATATAGCCTTCCCTC
GGATAAATAACATGAGCTTTTGGCTCCTGCCCCCCTCCTTTTTCCTACTCCTTGCCTCT
TCTGGCGTAGAGTCCGGGGCTGGTACTGGATGAACGGTTTATCCCCCACTAGCTGGCA
ACCTAGCACACGCCGGAGCATCCGTTGATCTAACCATCTTCTCCCTTCACCTCGCAGG
AGTTTCCTCCATCCTTGGGGCAATTAACTTCATCACAACAATTCTTAACATGAAACCCC
CTGCCATATCTCAGTACCAGACCCCTCTTTTCGTGTGATCTGTTTTAATTACAGCCGTCC
TGCTTCTCCTATCCCTGCCCGTTCTTGCAGCCGGGATTACAATACTCCTTACAGATCGA
AACCTCAATACAACCTTTTTCGACCCCGCAGGAGGAGGCGACCCTATCCTGTACCAAC
ACCTGTTC

线粒体DNA 12S片段序列：

CACCGCGGTTATACGAGAGACTCAAGTTGACAGTCATCGGCGTAAAGAGTGGTTAAGATGTA
TAAAAACTAGAGCCAAATACCCTCAAAGCTGTTATACGCTCTCGAAGGTAAGAAGCCCAACT
ACGAAAGTGGCTCTATCATATCTGATTCCACGAAAGCTAGGGCA

白带马夫鱼
Heniochus varius

中 文 名： 白带马夫鱼
学　　名： *Heniochus varius* Cuvier，1829
英 文 名： Horned bannerfish
别　　名： 黑身立旗鲷，黑关刀，举旗仔
分　　类： 蝴蝶鱼科Chaetodontidae，马夫鱼属*Heniochus*
鉴定依据： 中国海洋鱼类，中卷，p1285

形态特征：体甚侧扁，背缘高而隆起，略呈三角形。头短小；成鱼眼眶上骨有一短钝棘；颈部具明显的强硬骨质突起。吻尖突而不呈管状。前鼻孔后缘具鼻瓣。上、下颌约等长，两颌齿细尖。体被中大弱栉鳞，头部、胸部与鳍具小鳞，吻端无鳞。背鳍连续，硬棘11～12、鳍条22～24，第四棘略为延长；臀鳍硬棘3、鳍条17～18。体黑褐色；体侧具2条白色横带，第一条白横带自背鳍第一至第三棘向下延伸至腹部，第二条白横带则约自背鳍第四棘末稍斜下延伸至尾鳍基部；头背部到背鳍前方大部分区域为黑色。背鳍鳍条部及尾鳍淡黄褐色至淡色；胸鳍基部黑色，余淡色；臀鳍灰黑色；腹鳍黑色。

分布范围：中国南海、台湾海域；日本田边湾以南海域、印度尼西亚海域、太平洋暖水域。

生态习性：栖息于较深的潟湖及面海的珊瑚礁区斜坡。多半单独活动或成小群活动。主要以珊瑚虫及小型底栖生物为食。

线粒体DNA COI片段序列：

CCTTTATTTAGTATTTGGTGCTTGAGCCGGGATAGTAGGCACAGCTTTGAGCCTACTCA
TCCGAGCCGAACTTAGCCAGCCTGGGTCTCTTCTAGGGGACGATCAAATCTATAACGT
TATCGTTACAGCACACGCATTCGTAATGATTTTCTTTATAGTAATGCCCATCATAATCGG
AGGTTTCGGTAACTGACTTATCCCCCTGATAATCGGGGCCCCAGATATGGCCTTCCCCC
GAATGAACAACATAAGTTTCTGACTACTCCCCCCGTCTTTCTTCCTCCTTTTGGCCTCC
TCCGGCGTTGAGGCGGGGGCCGGCACTGGATGAACCGTCTACCCCCCGCTAGCCGGT
AATCTTGCACACGCAGGGGCATCAGTCGACCTCACCATCTTCTCCCTTCATCTGGCAG
GAATCTCCTCAATTCTAGGAGCCATTAACTTTATTACCACCATTATTAATATGAAACCTC

CTGCTATAACCCAGTATCAAACCCCTCTTTTCGTATGGTCCGTCCTAATTACTGCCGTCC
TGCTTCTCTTGTCCCTTCCCGTACTCGCCGCTGGAATCACAATGCTACTTACGGACCGA
AATCTAAACACAACTTTCTTCGACCCTGCAGGAGGGGGAGATCCTATTTTGTACCAAC
ACTTGTTC

线粒体DNA 12S片段序列：

CACCGCGGTTATACGAGAGACTCAAGTTGTTAGTCATCGGCGTAAAGAGTGGTTA
AGATAAGACAAAAACTAAAGCCGAATGCCCTCAGGGCTGTTATACGCCTCCGAA
GGTAAGAAGCTCATCTACGAAAGTGGCTTTACCCAATCTGAACCCACGAAAGCT
AGGAAA

金口马夫鱼
Heniochus chrysostomus

中 文 名：金口马夫鱼
学　　名：*Heniochus chrysostomus* Cuvier，1831
英 文 名：Pennant bannerfish，Threebanded coachman，Horned bannerfish
别　　名：三带立鳍鲷，南洋关刀，关刀
分　　类：蝴蝶鱼科 Chaetodontidae，马夫鱼属 *Heniochus*
鉴定依据：中国海洋鱼类，中卷，p1288；南海海洋鱼类原色图谱（二），p288

形态特征：体甚侧扁，背缘高而隆起，略呈三角形。头短小。吻尖突，不呈管状。前鼻孔后缘具鼻瓣。上、下颌约等长，两颌齿细尖。体被中大弱栉鳞，头部、胸部与鳍具小鳞，吻端无鳞。背鳍连续，硬棘11～12、鳍条21～22，第四棘特别延长；臀鳍硬棘3、鳍条17～18。体银白色；体侧具3条黑色横带，第一条黑横带自头背部向下覆盖眼、胸鳍基部及腹鳍，第二条黑横带自背鳍第四至第五硬棘向下延伸至臀鳍后部，第三条黑横带则自背鳍第九至第十二硬棘向下延伸至尾鳍基部；吻部背面灰黑色。背鳍鳍条部及尾鳍淡黄色；臀鳍鳍条部具眼点；胸鳍基部及腹鳍黑色。

分布范围：中国南海和台湾海域；印度—西太平洋区。

生态习性：栖息于珊瑚丛生礁盘区、潟湖及面海的珊瑚礁区，通常单独生活。主要以珊瑚虫为食。

线粒体DNA COI片段序列：

CCTTTACCTTGTATTTGGTGCTTGGGCCGGAATAGTAGGCACGGCTTTGAGCCTACTCA
TTCGAGCTGAGCTCAGCCAACCTGGCTCCCTTCTGGGGGACGACCAAATTTATAATGTT
ATCGTAACGGCACACGCGTTCGTAATAATCTTCTTTATAGTGATACCCATCATAATTGGA
GGCTTTGGCAACTGACTTATTCCTCTGATAATTGGGGCCCCAGATATGGCCTTCCCCCG
AATGAATAACATAAGTTTCTGACTGCTCCCCCCGTCCTTCTTCCTCCTCCTGGCCTCCTC
CGGCGTTGAGGCAGGAGCCGGCACTGGATGAACAGTTTACCCCCCACTGGCCGGTAA
CCTTGCACATGCAGGAGCATCAGTTGACCTGACCATCTTTTCCCTTCATCTAGCAGGGA
TCTCCTCAATTCTTGGGGCTATTAACTTTATCACCACCATTATCAACATGAAACCGCCTG
TTATAACCCAATATCAAACCCCTCTTTTCGTATGATCCGTCCTAATTACTGCCGTCCTGC
TTCTCCTGTCTCTCCCCGTGCTCGCCGCTGGGATCACAATACTGCTCACAGACCGGAAT
CTAAACACAACCTTCTTCGACCCGGCAGGAGGAGGGGACCCTATTCTATACCAACACC
TATTC

线粒体DNA 12S片段序列：

CACCGCGGTTATACGAGAGACTCAAGTTGTTAGTCATCGGCGTAAAGAGT
GGTTAAGATAAGACAAAAACTAAAACTAAAGCCGAATGCCCTCAGGGCTG
TTATAAGCGCTACGAAGGTAAGAAGCTCAACGACGAAAGTGGCTTTACCC
AATCTGAACCCACGAAAGCTAGGAAA

黄镊口鱼
Forcipiger flavissimus

中 文 名：黄镊口鱼
学　　名：*Forcipiger flavissimus* Jordan & McGregor，1898
英 文 名：Forceps fish
别　　名：火箭蝶，黄火箭
分　　类：蝴蝶鱼科Chaetodontidae，镊口鱼属*Forcipiger*
鉴定依据：中国海洋鱼类，中卷，p1284；台湾鱼类资料库

形态特征：体高，甚侧扁，略呈卵圆形或菱形。吻部极为延长，呈一管状，体高为吻长的1.6 ~ 2.1倍。前鳃盖角缘宽圆。体被小鳞片，侧线完全，达尾鳍基部，高弧形。背鳍棘12，第二棘比第三棘长1/2，鳍条22 ~ 24；臀鳍棘3、鳍条17 ~ 18。体黄色；自眼下缘及背鳍基部及胸鳍基部的头背部黑褐色，吻部上缘也为黑褐色，其余头部、吻下缘、胸部及腹部银白带蓝色。背鳍、腹鳍及臀鳍黄色；背鳍、臀鳍鳍条部具淡蓝缘；臀鳍鳍条部后上缘具眼斑；胸鳍及尾鳍淡色。

分布范围：中国南海、台湾海域；日本南部海域、印度—太平洋暖水域。

生态习性：为珊瑚礁鱼类。栖息于岩礁、珊瑚礁海区。主要栖息于面海的礁区，偶也可发现于潟湖礁区。单独或小群生活。杂食性，取食对象广泛，如缝穴中的底栖小生物、鱼卵、水螅体及棘皮动物的管足等。

线粒体DNA COI片段序列：

CCTTTATTTAGTATTCGGTGCTTGAGCAGGGATAGTAGGTACAGCTTTAAGCCTACTTATCCGAGCA
GAACTTAACCAACCAGGCTCTCTTCTAGGAGACGACCAGATTTACAATGTTATCGTGACAGCTCAC
GCGTTTGTAATAATTTTCTTTATAGTAATACCTATCATAATTGGAGGATTCGGCAACTGACTGATCCCT
CTAATAATTGGGGCCCCAGATATGGCCTTCCCCCGAATAAATAATATAAGCTTCTGACTACTCCCCCC
TTCCTTCTTCCTCCTCCTTGCCTCATCTGGCGTAGAAGCCGGGGCTGGTACTGGATGAACTGTCTAC
CCACCGCTCGCTGGCAACCTTGCCCACGCAGGGGCCTCTGTTGACTTAACAATCTTCTCTCTACAC
CTAGCAGGAATTTCTTCAATTCTTGGAGCCATCAATTTCATTACTACCATTATTAACATAAAACCCCC
AGCTATAACCCAATATCAGACTCCACTTTTCGTGTGATCTGTCCTAATCACCGCCGTCTTGCTCCTCC
TATCCCTCCCTGTTCTTGCCGCCGGAATTACAATGCTACTTACAGACCGAAACTTAAATACAACTTT
CTTTGACCCGGCAGGAGGAGGAGACCCTATTCTTTACCAACACCTGTTC

线粒体DNA 12S片段序列：

CACCGCGGTTAGACGAGAGACTCAAGTTGTTAGACATCGGCGTAAAGAGTGGTTAAGATGT
TCTAAAAAACTAAAGCCGAACGCCCTCATAGCTGTTATACGCTTCCGAAGGTAAGAAGCCCA
ACTACGAAAGTGGCTTTATTCAATCTGAATCCACGAAAGCTAGGGTA

钻嘴鱼
Chelmon rostratus

中 文 名： 钻嘴鱼
学　　名： *Chelmon rostratus*（Linnaeus，1758）
英 文 名： Copperband butterflyfish
别　　名： 短火箭
分　　类： 蝴蝶鱼科Chaetodontidae，钻嘴鱼属*Chelmon*
鉴定依据： 台湾鱼类资料库；中国海洋鱼类，中卷，p1284

形态特征： 体高，呈卵圆形（侧面观），甚侧扁；头部上方轮廓凹陷。吻突出，呈一管状嘴，口小，开于管的先端。上、下颌短钳状。颌齿细小密生于两颌前部游离缘。眶骨、前鳃盖骨具细锯齿。体被大型鳞片；侧线完全，向上陡升至背鳍第八至第九棘下方而下降至尾鳍基部。背鳍单一，鳍条部长于硬棘部；胸鳍短圆。体珍珠白色，后部较黄；体侧具5条垂直色带，前4条为镶黑边的橙黄色带，最后1条为镶白边的黑色；头背处自颈背至吻端另具一镶黑边的橙黄纹。背鳍与臀鳍后部橙黄色，中央灰色，末缘具蓝灰色线纹；背鳍鳍条部具眼斑；胸鳍灰黑色，前缘与后缘黄色；尾鳍基部橙红色，后部淡色。背鳍Ⅸ—28 ~ 29；臀鳍Ⅲ—19 ~ 21；胸鳍14 ~ 15。侧线鳞数43 ~ 46。体长约18cm。

分布范围： 中国南海以及台湾海域；印度—西太平洋区，自安达曼海到琉球群岛，南至澳大利亚。

生态习性： 为珊瑚礁鱼类。栖息于岩岸、珊瑚礁区、河口或有淤沙的水域。单独或成对活动。

线粒体DNA COI片段序列：

CCTTTATTTAGTATTCGGTGCTTGAGCTGGAATAGTAGGTACCGCCCTTAGCCTACTTATTCGA
GCAGAACTGAGTCAACCAGGGGCTCTTTTAGGGGATGACCAGATTTATAATGTTGTTGTAAC

AGCACATGCGTTTGTAATGATTTTCTTTATAGTAATACCAATTATGATTGGCGGCTTCGGAAAC
TGACTTATCCCACTAATAATTGGAGCCCCCGATATGGCCTTCCCACGAATAAATAACATAAGCT
TCTGGCTTCTCCCACCCTCCTTTTTCCTACTACTTGCCTCTTCTGGCGTAGAGGCTGGGGCCG
GCACTGGCTGAACTGTTTACCCCCCATTAGCAGGCAACCTCGCACACGCGGGAGCTTCTGTT
GACCTGACCATTTTCTCCCTTCATTTAGCAGGAATTTCTTCCATTCTCGGTGCCATTAACTTTA
TTACTACAATTATTAATATAAAACCCCCTGCTATAACTCAATATCAAACCCCTTTATTTGTATGA
TCCGTTCTTATCACAGCCGTTTTACTCCTGCTGTCCCTTCCTGTACTTGCCGCTGGGATTACCA
TGTTACTAACAGATCGTAACCTGAATACAACCTTCTTCGATCCTGCGGGGGGAGGAGATCCTA
TTCTGTACCAACATCTTTTC

线粒体DNA 12S片段序列：

CACCGCGGTTATACGAGAGGCCCAAGTTGTTAGTTGTCGGCGTAAAGAGTGGTTAAGACAA
AAATAAACTAAAGCCGAATGCCCTCAGAACTGTTATACGTTCCCGAAGGTAAGAAGCCCAAC
TACGAAAGTGGCTTTATGAGATCTGATCCCACGAAAGCTAGGGTA

双棘甲尻鱼
Pygoplites diacanthus

中 文 名：双棘甲尻鱼
学　　名：*Pygoplites diacanthus*（Boddaert，1772）
英 文 名：Regal angelfish，Bluebanded angelfish
别　　名：皇帝，帝王神仙鱼，锦纹盖刺鱼
分　　类：刺盖鱼科Pomacanthidae，甲尻鱼属*Pygoplites*
鉴定依据：中国海洋鱼类，中卷，p1310；台湾鱼类资料库

形态特征：体长卵形。头部眼前至颈部突出。吻稍尖。眶前骨下缘突出，无棘。前鳃盖骨具棘；间鳃盖骨无棘。体被中小型栉鳞，颊部具鳞，头部与奇鳍被较小鳞；侧线达背鳍末端。背鳍硬棘14、鳍条18～19；臀鳍硬棘3、鳍条18～19，末端圆形或稍钝尖；尾鳍圆形。幼鱼时，体一致为橘黄色，体侧具4～6条带黑边的白色至淡青色横带，背鳍末端具一黑色假眼；成鱼体呈黄色，横带增至8～10条且延伸至背鳍，背鳍鳍条部暗蓝色，假眼已消失；由背鳍前方至眼后也有黑边的淡青色带；臀鳍黄褐色，具数条青色弧形线条；尾鳍黄色。

分布范围：中国南海、台湾海域；日本奄美大岛以南海域、印度—太平洋暖水域。

生态习性：栖息于珊瑚礁、岩礁海区。栖息于珊瑚礁区水深1～48m的水域，常被发现于洞穴附近。肉食性鱼类，以无脊椎动物如海绵、被囊类、海参等为食。

线粒体DNA COI片段序列：

CCTCTATTTATTATTCGGTGCTTGAGCTGGGATAGTAGGAACAGCTTTAAGCCTACTAATTCGA
GCAGAGCTAAATCAACCAGGCAGCCTCCTAGGGGATGACCAAATCTACAATGTTATCGTTAC
AGCACATGCATTCGTAATAATTTTCTTTATAGTCATACCCGCTATAATTGGAGGGTTCGGAAAC
TGACTAGTTCCCCTAATAATTGGGGCCCCCGACATGGCATTTCCCCGAATAAATAACATAAGC
TTTTGACTCCTCCCTCCCTCCCTTCTCCTTCTTCTGGCCTCCGCCGGAGTAGAGGCCGGGGCC
GGTACTGGATGAACAGTCTATCCTCCTCTAGCTGGCAACTTAGCTCATGCAGGAGCATCAGTA
GACCTAACCATCTTCTCACTTCATCTAGCAGGAGTTTCCTCAATTCTTGGAGCTATTAACTTTA
TTACTACTATCATTAATATAAAACCCCCTGCCATCTCTCAATATCAAACCCCCCTATTTGTCTGA
GCAGTGCTAATTACCGCAGTGCTGCTACTTCTCTCCCTTCCAGTCCTTGCTGCGGGAATCACA
ATGCTTCTCACAGATCGAAACCTGAATACCACATTCTTTGACCCTGCTGGGGGAGGAGACCC
AATTCTTTATCAACACCTATTT

线粒体DNA 12S片段序列：

CACCGCGGTTATACGAGAGGCCCAAGTTGTTAGACACCGGCGTAAAGCGTGGTTAAGATTCC
CCGAACACTAAAGTCAAACACCTTCCACACTGTTATACGTTCACGAAGGTAGGAAGCCCGAT
CACGAAAGTAACTTTATTATATCTGAATCCACGAAAGCTAGGGTA

蓝带荷包鱼
Chaetodontoplus septentrionalis

中 文 名：蓝带荷包鱼

学　　名：*Chaetodontoplus septentrionalis*（Temminck & Schlegel，1844）

英 文 名：Bluestriped angelfish，Bluelined angelfish

别　　名：金蝴蝶，蓝带神仙

分　　类：刺盖鱼科Pomacanthidae，荷包鱼属*Chaetodontoplus*

鉴定依据：台湾鱼类资料库；中国海洋鱼类，中卷，p1324；南沙群岛至华南沿岸的鱼类（二），p46

形态特征：体卵圆形。吻圆钝。眼间隔圆凸。口小；两颌齿呈细刷毛状。前眼眶骨无棘，后缘不游离；前鳃盖后缘具锯齿；间鳃盖骨大，无棘。体被小鳞，躯干部鳞各具一副鳞；侧线止于背鳍末端下方。背鳍硬棘13～14、鳍条18～19；臀鳍硬棘3、鳍条17～18；背鳍与臀鳍鳍条部后端圆形；腹鳍尖形，第一鳍条延长；尾鳍圆形。稚鱼时，体呈蓝紫色，体侧由背鳍前方向下延伸至腹部具一条宽新月形黄色斑带；随着成长，宽新月形黄色斑带逐渐消失，体侧另外出现多条波状蓝色带；成鱼时，体呈黄褐色，宽新月形黄色斑带完全消失，体侧具7～9条波状蓝色带；背鳍与臀鳍也具2条波状蓝色带；胸鳍、腹鳍及尾鳍黄色。

分布范围：中国南海、台湾海域；日本相模湾以南海域、西太平洋暖水域。

生态习性：为珊瑚礁鱼类。栖息于沿岸礁区。通常单独活动。主要以海藻、珊瑚虫、海绵及被囊动物为食。

线粒体DNA COI片段序列：

CCTTTACCTCCTATTCGGTGCTTGAGCCGGAATAGTGGGCACAGCTTTGAGCCTACTAATCCGAGCT
GAGCTAAATCAGCCTGGTAGCCTTCTTGGGGACGACCAGATTTATAATGTAATCGTCACGGCGCATG
CATTTGTAATAATTTTTTTTATAGTAATACCAGCTATAATTGGAGGGTTTGGAAACTGACTAGTCCCT
CTGATAATCGGGGCCCCTGATATAGCATTCCCCCGAATAAATAACATAAGCTTCTGACTTCTCCCCCC
TTCCCTCCTCCTTCTTCTAGCCTCCGCAGGAGTCGAAGCCGGCGCTGGCACCGGATGGACAGTTTA
CCCACCACTCGCTGGCAACTTAGCCCACGCAGGAGCATCAGTAGACTTAACCATCTTTTCCCTTCA
CTTAGCTGGAATTTCCTCTATTTTAGGAGCTATCAACTTTATTACCACCATCATCAACATAAAACCCC
CTGCTACCTCCCAGTATCAAACCCCACTATTCGTATGAGCAGTTCTTATTACTGCCGTCCTCCTCCTT
TTATCCCTCCCAGTACTCGCCGCCGGAATTACAATGCTCCTCACAGATCGTAACTTAAATACTACCTT
CTTTGACCCAGCCGGAGGAGGAGACCCCATCCTCTATCAGCACTTATTT

线粒体DNA 12S片段序列：

CACCGCGGTTAGACGAGGGACTCAAGTTGTTAAGTATCGGCGTAAAGCGTGGTTAAGACAACTCAAACACTAAAGCCGAACACCTTCTCTACTGTTATACGTTCCCGAAGGTAAGAAGCCCACTCACGAAAGTAGCTTTATTTCATCTGACCCCACGAAAGCTAGGGCA

星眼绚鹦嘴鱼

Calotomus carolinus

中 文 名：星眼绚鹦嘴鱼

学　　名：*Calotomus carolinus*（Valenciennes，1840）

英 文 名：Bucktoothed parrotfish，Carolines parrotfish，Christmas parrotfish

别　　名：卡罗鹦鲤，鹦哥，蚝鱼，菜仔鱼

分　　类：鹦嘴鱼科Scarida，鹦鲤属*Calotomus*

鉴定依据：拉汉世界鱼类系统名典，p276；台湾鱼类志，p478；中国海洋鱼类，中卷，p1515；南海海洋鱼类原色图谱（二），p305

形态特征：背鳍Ⅸ—10；臀鳍Ⅲ—9；胸鳍13。背鳍前鳞3 ~ 4；颊鳞1列，4 ~ 5。体延长，略侧扁。吻圆钝，前额不突出；上颌前端齿呈宽扁状，外齿分离而未愈合成齿板，闭口时上颌齿会覆盖下颌齿。幼鱼尾鳍后缘圆弧形，成鱼雄鱼尾鳍后缘双凹形，雌鱼尾鳍后缘为圆形或截形。初期阶段的雌鱼体色单调，为棕色，散布有白色斑点；胸鳍具白缘。终期阶段雄鱼体呈红褐色或绿褐色，鳞缘为橘色；头为深绿褐色，眼睛四周及吻部具有辐射状的橘红色斑纹。背鳍及臀鳍为深绿褐色，具2条平行的橘色条纹；胸鳍为浅橘绿色，边缘为白色；腹鳍为浅红褐色；尾鳍为橘褐色。

分布范围：中国南海海域；印度—西太平洋区。

生态习性：栖息环境多样，如珊瑚礁礁台、礁湖、海草场、沙地等皆可栖居。

线粒体DNA COI片段序列：

CCTTTACCTAGTGTTTGGTGCCTGGGCCGGAATAGTTGGAACTGCTTTAAGCCTGCTCATTCGAGCC
GAATTAAGCCAACCTGGAGCCCTTCTTGGGGACGACCAAATCTATAATGTAATCGTTACGGCTCAC
GCATTCGTAATGATTTTCTTTATAGTTATACCCATCATGATTGGAGGCTTCGGGAACTGACTTATCCCT
TTAATGATCGGAGCCCCCGATATGGCCTTCCCTCGAATGAACAACATAAGCTTCTGACTTCTACCGC
CTTCTTTTCTCTTACTTCTAGCCTCCTCAGGTGTAGAAGCTGGGGCAGGAACTGGATGAACAGTATA
CCCCCCACTAGCAGGAAACCTTGCTCACGCTGGTGCATCCGTAGACTTAACAATTTTCTCCCTTCAC
CTCGCGGGGATCTCGTCAATCCTGGGAGCAATTAATTTCATTACCACAATTATTAATATAAAACCACC
CGCTATCTCCCAATATCAAACACCTCTCTTCGTGTGAGCTGTATTAATTACTGCTGTTCTTCTTCTTCT
CTCACTTCCAGTGCTTGCTGCAGGTATTACAATACTACTAACTGACCGAAACTTAAACACTACCTTT
TTTGACCCAGCAGGTGGGGGAGACCCTATTCTTTATCAACACTTATTC

线粒体DNA 12S片段序列：

CACCGCGGTTACACGAGAAGCCCAAGTTGATAAACAACGGCGTAAAGGGTGGTTAAGGGCT
TTTAAAACTAGAGTCGAACTTTATCAAGGCTGTTATACGCATACGAAAACAGAAGATCATCTA
CGAAAGTGACTCTAACTTTCCTGACACCACGAAAGCTATGGAA

蓝臀鹦嘴鱼
Scarus chameleon

中 文 名： 蓝臀鹦嘴鱼
学　　名： *Scarus chameleon* Choat & Randall，1986
英 文 名： Quoy's parrotfish
别　　名： 鹦哥
分　　类： 鹦嘴鱼科Scaridae，鹦嘴鱼属*Scarus*
鉴定依据： 中国海洋鱼类，中卷，p1527；台湾鱼类资料库

形态特征： 体延长，略侧扁。头部轮廓呈平滑的弧形，随着成长，眼上方的头背部微隆起。后鼻孔略大于前鼻孔。齿板的外表面平滑，上齿板几乎被上唇覆盖；大成鱼的齿板具1～2颗犬齿；每一上咽骨具1列臼齿状的咽头齿。背鳍前中线鳞数约为4；颊鳞3列，上列有5～6枚鳞，中列有6枚鳞，下列有1～3枚鳞。胸鳍具鳍条14；尾鳍为微凹或半月形。稚鱼体呈黑褐色，体侧有数条白色纵纹。初期阶段的雌鱼体色一致呈褐色，腹面较淡；背鳍橘褐色，具橄榄绿色缘；尾鳍裸露区黄褐色。终期阶段的雄鱼体色为蓝绿色，体中部具茶红色区块；鳞片外缘为橙色；眼前方及上方具1道蓝绿色的条纹，后方则有2道蓝绿色的条纹；头上半部为黄绿色，下半部则偏橘色；背鳍及臀鳍为蓝绿色，中央具有纵走的橘黄色带；尾鳍为橘黄色，中央部位具D形蓝绿色斑纹，上、下叶缘也为蓝绿色。

分布范围： 中国南海与台湾海域；琉球群岛海域、澳大利亚海域、印度—太平洋暖水域。

生态习性： 主要栖息于外部峡道与临海礁石的珊瑚礁繁盛区域，形成小群鱼群。

线粒体DNA COI片段序列：

CCTCTACCTTGTATTTGGTGCCTGAGCCGGAATAGTAGGCACTGCCTTAAGCCTTCTTA
TCCGAGCTGAATTAAGCCAACCCGGGGCCCTTCTTGGAGATGACCAAATTTATAATGT
TATCGTTACAGCTCACGCATTTGTAATGATCTTTTTTATGGTCATGCCTATTATGATTGGA
GGCTTTGGAAATTGACTTATCCCCCTCATGATCGGAGCACCCGACATGGCCTTTCCTC
GAATGAACAACATGAGCTTCTGACTCCTTCCCCCTTCCTTCCTACTGTTACTTGCCTCT
TCTGGTGTAGAAGCAGGAGCAGGAACCGGATGAACTGTTTATCCCCCTCTAGCGGGG
AATCTTGCACACGCAGGTGCATCCGTTGACCTAACAATTTTCTCTCTCCACCTGGCCG
GGATTTCCTCAATCTTGGGGGCAATCAACTTCATTACAACCATCATCAATATGAAACCA
CCTGCCATCTCCCAATACCAAACTCCCCTGTTTGTATGAGCTGTCCTAATTACCGCCGT
ACTTCTTCTCCTCTCACTTCCTGTTCTTGCTGCAGGAATCACAATGCTACTCACAGATC
GAAATCTGAACACTACTTTCTTCGACCCTGCAGGCGGAGGAGACCCAATTCTTTATCA
ACATCTATTT

线粒体DNA 12S片段序列：

CACCGCGGTTATACGAAAGGCCCAAGTTGAAAAACATTCGGCGTAAAGGGTGGCTAAGGAC
TATTTTATACTAGAGCTGAATTTCTTCAAAGCTGTTATACGCTCATGAAAACCGGAAAATCAA
CCACGAAAGTGGCTCTAATTACACCTGACACCACGAAAGCTATGACA

刺鹦嘴鱼
Scarus spinus

中 文 名： 刺鹦嘴鱼
学　　名： *Scarus spinus*（Kner，1868）
英 文 名： Yellow-barred parrotfish
别　　名： 鹦哥，青衫，蚝鱼
分　　类： 鹦嘴鱼科Scaridae，鹦嘴鱼属*Scarus*
鉴定依据： 中国海洋鱼类，中卷，p1532；台湾鱼类资料库

形态特征：体延长，略侧扁。头部轮廓稍突，呈平滑的圆形。后鼻孔略大于前鼻孔。齿板的外表面平滑，上齿板几乎被上唇覆盖；齿板具1～2颗犬齿；每一上咽骨具1列臼齿状的咽头齿。背鳍前中线鳞数为3～5（多为4）；颊鳞3列，下列有1～2枚鳞。胸鳍具鳍条13～14。初期阶段鱼的尾鳍为圆到截形，终期阶段则为深截形。初期的体色为深褐色，腹侧为红褐色；体侧通常具4～5条、1～2枚鳞宽的不明显淡色横斑（横斑里的中央鳞片为白色）。终期的体色为绿色；鳞片外缘为紫粉红色；吻部前端为黄绿色至绿色；颏部蓝绿色而掺杂橙红色斑纹；颊部具黄色宽区；各鳍蓝绿色，具蓝色外缘，中央具紫粉红色斑纹。

分布范围：中国南海、台湾海域；琉球群岛海域、澳大利亚海域、印度—太平洋暖水域。

生态习性：栖息于珊瑚礁海区。主要栖息于潟湖与临海礁石区水深至少10m处。独居性。

线粒体DNA COI片段序列：

CCTCTACCTTGTATTTGGTGCCTGAGCCGGAATAGTAGGCACTGCCTTAAGCCTTCTCATCCGAGCT
GAACTAAGCCAACCCGGGGCCCTCCTTGGGGATGATCAAATTTATAATGTTATCGTCACGGCTCACG
CATTTGTAATGATCTTTTTTATGGTCATACCCATCATAATTGGAGGCTTTGGAAATTGACTTATCCCAC
TCATGATCGGGGCACCTGACATGGCCTTCCCTCGAATAAATAACATAAGCTTCTGACTTCTCCCACC
CTCCTTTCTACTGTTACTCGCCTCCTCTGGCGTAGAAGCAGGGGCAGGAACCGGGTGGACCGTCTA
CCCCCCTCTGGCAGGGAATCTTGCACACGCAGGAGCATCCGTCGACCTAACAATCTTCTCTCTCCA
CCTGGCCGGAATTTCCTCAATCCTAGGGGCAATCAACTTTATTACAACTATCATTAACATGAAACCG
CCCGCCATCTCTCAGTACCAGACCCCACTATTCGTGTGGGCTGTTTTAATCACTGCCGTGCTTCTCC
TCCTCTCACTCCCTGTTCTCGCTGCAGGGATCACAATGCTACTCACAGATCGAAATCTAAACACCAC
CTTCTTCGACCCTGCAGGTGGGGGAGACCCAATTCTTTATCAACACCTATTT

线粒体DNA 12S片段序列：

CACCGCGGTTATACGAAAGGCCCAAGTTGAAAAACATTCGGCGTAAAGGGTGGCTAAGGAC
TCATCTCAAACTAGGGCTGAATTTCTTCAAAGCTGTTATACGCTCATGAAAACCAGAAAGCC
AACCACGAAAGTGGCCCTAATCACTCCTGACACCACGAAAGCTATGGCA

绿唇鹦嘴鱼
Scarus forsteni

中 文 名：绿唇鹦嘴鱼
学　　名：*Scarus forsteni*（Bleeker，1861）
英 文 名：Forsten’s parrotfish
别　　名：红鹦哥，青鹦哥仔，青衣
分　　类：鹦嘴鱼科Scaridae，鹦嘴鱼属*Scarus*
鉴定依据：中国海洋鱼类，中卷，p1528；台湾鱼类资料库

形态特征：体延长，略侧扁。头部轮廓呈平滑的弧形。后鼻孔略大于前鼻孔。齿板外表面平滑，上齿板几乎被上唇覆盖；大成鱼的上齿板具1 ～ 2颗犬齿；每一上咽骨具1列臼齿状的咽头齿。背鳍前中线鳞数为5 ～ 7；颊鳞3列，上列为5 ～ 6枚鳞，中列为6 ～ 7枚鳞，下列为1 ～ 3枚鳞。胸鳍具鳍条14 ～ 15；尾鳍为微凹或半月形。稚鱼（8cm以内）体呈黑褐色，体侧有数条白色纵纹。初期阶段的雌鱼体色有诸多变异，但大多为背侧红褐色，体侧暗紫红色至黑褐色，腹侧则为鲜红色至黄色。终期阶段的雄鱼体色为蓝绿色，鳞片具橙红色缘，而背部鳞片会转为绿色，并延伸至尾柄部；胸部及其前方均为蓝绿色；从胸鳍基部至尾柄有一绿色条纹纵走其间；头部上侧为橄榄色，下侧有1道蓝绿色线条由上唇向后达鳃盖边缘；上唇具橙色及蓝绿色带各一，下唇则仅具一蓝绿色带；背鳍、臀鳍均为黄色，并且于外缘及基部都有翠绿色带分布；胸鳍上部为蓝绿色，下部为橙红色；腹鳍为黄色，硬棘为蓝绿色；尾鳍为蓝绿色，外缘为黄色，基部为橄榄色。

分布范围：中国南海、台湾海域；日本高知以南海域、东印度—太平洋暖水域。

生态习性：主要栖息于裸露的潟湖外部与临海礁石区，通常在珊瑚丰富的栖息地。通常独居性，喜单独于离岸较远的礁湖及珊瑚礁海域活动。雄鱼在交配季节时头顶会变为紫色。

线粒体DNA COI片段序列：

CCTTTACCTTGTATTTGGTGCCTGAGCCGGAATAGTAGGCACTGCCTTAAGCCTCCTCATCCGAG
CTGAATTAAGTCAACCCGGGGCCCTTCTCGGAGACGACCAGATCTATAATGTTATCGTTACAGCT
CATGCATTTGTAATAATCTTTTTTATGGTCATGCCTATCATGATTGGAGGCTTCGGAAACTGACTCA
TCCCGCTCATGATCGGAGCACCCGACATGGCCTTCCCTCGAATGAACAATATGAGCTTCTGACTT
CTCCCTCCCTCCTTTCTCCTATTGCTCGCCTCCTCTGGCGTAGAAGCAGGAGCAGGTACCGGATG
AACCGTTTACCCCCCTCTAGCAGGAAATCTTGCACACGCAGGTGCATCCGTCGACCTAACAATTT
TCTCTCTTCACCTGGCAGGAATTTCTTCCATCCTGGGAGCAATTAACTTTATCACAACCATCATTA
ACATGAAACCGCCTGCCATCTCCCAATACCAAACCCCCCTATTCGTTTGAGCAGTATTAATTACTG
CCGTTCTTCTTCTCCTCTCACTTCCTGTCCTTGCTGCAGGAATCACAATGCTTCTTACAGATCGAA
ATCTAAACACTACTTTCTTTGACCCCGCAGGTGGAGGAGACCCAATTCTTTATCAACACCTGTTC

线粒体DNA 12S片段序列：

CACCGCGGTTATACGAAAGGCCCAAGTTGAAAAACATTCGGCGTAAAGGGTGGCTAAGGAC
CTATTTTAAACTAGAGCTGAATTTCTTCAAAGCTGTTATACGCTCATGAAAACTAGAAAATCA
ACCACGAAAGTGGCTCTAACCTCTCCTGACACCACGAAAGCTATGACA

青点鹦嘴鱼
Scarus ghobban

中 文 名： 青点鹦嘴鱼
学　　名： *Scarus ghobban* Forsskål，1775
英 文 名： Yellowscale parrotfish
别　　名： 鹦哥，黄衣鱼，青衫
分　　类： 鹦嘴鱼科 Scaridae，鹦嘴鱼属 *Scarus*
鉴定依据： 台湾鱼类资料库；中国海洋鱼类，中卷，p1535

形态特征： 体呈椭圆形，侧扁。头部轮廓呈平滑的弧形。后鼻孔略大于前鼻孔。齿板外表面平滑，上齿板几乎被上唇覆盖；雌鱼和雄鱼的齿色皆为淡黄色；齿板上有0～1颗不健全的犬齿；每一上咽骨具1列臼齿状的咽头齿。背鳍前中线鳞数为6～7；颊鳞3列，上列为5～6枚鳞，中列为5～6枚鳞，下列为0～2枚鳞。胸鳍具鳍条15～16。尾鳍于幼鱼为截形，成鱼微凹、双截形或半月形。初期阶段的雌鱼体色为黄褐色，鳞片外缘为蓝色，构成5条不规则的蓝色纵带，其中4条在躯干部，另1条在尾柄部；另有2道较短的条纹分布于眼上方及下唇与眼下方之间；背鳍及臀鳍与体色相仿，外缘及基部为蓝色；胸鳍及腹鳍为淡黄色，前端为蓝色；尾鳍为黄色，外缘为蓝色。终期阶段的雄鱼体色，头背侧及体部为绿色，鳞片外缘为橙红色或橙色，体色于腹部渐趋为粉红色，颊部及鳃盖为浅橙色；颌部及颊部为蓝绿色；背鳍及臀鳍为黄色，外缘及基部有蓝绿色纵带；胸鳍为蓝色；腹鳍为淡黄色，硬棘末稍呈蓝色；尾鳍为蓝绿色，内缘及外缘均为黄色。

分布范围： 中国南海、台湾海域；日本伊豆半岛以南海域、澳大利亚海域、印度—太平洋暖水域。

生态习性： 主要栖息于潟湖与临海礁石区的斜坡与峭壁旁。成鱼大部分独游于接近珊瑚礁旁的沙地；雄性也常见于环礁，主要生活于障碍礁石的周围内部与外缘，深度约10m；雌性则偏爱更深的栖息地；稚鱼则在沿海的藻类栖息地。常被发现进入淤泥或黝暗的环境。啃食珊瑚，以珊瑚的共生藻为食。

线粒体DNA COI片段序列：

CCTTTACCTTGTATTTGGTGCCTGAGCCGGAATAGTAGGCACTGCCTTAAGCCTCCTCATCCG
AGCTGAACTAAGTCAACCCGGGGCCCTTCTCGGAGACGACCAGATTTATAATGTTATCGTTAC
AGCTCATGCATTTGTAATGATCTTTTTTATAGTCATGCCTATCATGATTGGAGGCTTCGGGAAC
TGACTCATCCCACTCATGATTGGAGCACCTGACATAGCCTTCCCTCGAATGAACAATATGAGC
TTCTGACTCCTTCCTCCTTCCTTCCTCCTATTGCTCGCCTCCTCTGGCGTAGAAGCAGGAGCA
GGTACCGGATGGACCGTTTACCCCCCTCTAGCAGGGAATCTTGCACACGCAGGGGCATCCGT
TGACCTAACAATTTTCTCTCTTCACCTAGCAGGGATTTCATCTATTCTAGGCGCAATCAACTTT
ATCACAACCATCATTAACATGAAACCGCCTGCCATCTCCCAATACCAAACGCCCCTATTCGTA
TGAGCTGTTTTAATTACTGCCGTGCTTCTTCTCCTCTCGCTCCCTGTCCTTGCTGCAGGAATC
ACAATGCTTCTCACAGATCGAAATCTAAACACTACCTTCTTTGACCCTGCAGGCGGAGGAGA
CCCGATTCTCTATCAACACCTCTTC

线粒体DNA 12S片段序列：

CACCGCGGTTATACGAAAGGCCCAAGTTGAAAAACATTCGGCGTAAAGGGTGGCTAAGGGC
CTATTTTAAACTAGAGCTGAATTTCTTCAAAGCTGTTATACGCTCATGAAAACTAGAAAATCA
ACCACGAAAGTGGCTCTAATCTCTCCTGACACCACGAAAGCTATGACA

蓝头绿鹦嘴鱼
Chlorurus sordidus

中 文 名：蓝头绿鹦嘴鱼
学　　名：*Chlorurus sordidus*（Forsskål，1775）
英 文 名：Green parrotfish
别　　名：青尾鹦哥，蓝鹦哥，青衫
分　　类：鹦嘴鱼科 Scaridae，绿鹦嘴鱼属 *Chlorurus*
鉴定依据：中国海洋鱼类，中卷，p1523；台湾鱼类资料库

形态特征： 体延长，略侧扁。头部轮廓呈平滑的弧形。后鼻孔略大于前鼻孔。齿板外表面平滑，上齿板不完全被上唇覆盖；每一上咽骨具1列臼齿状的咽头齿。背鳍前中线鳞数为3 ～ 4；颊鳞2列，上列为4枚鳞，下列为4 ～ 5枚鳞。胸鳍具鳍条14 ～ 16；尾鳍于幼鱼时圆形，成体为稍圆形到截形。稚鱼体呈黑褐色，体侧有数条白色纵纹。初期阶段的雌鱼体色多变异，体色一致为暗棕色到淡棕色；体侧鳞片具暗色缘，尤其在体前半部的鳞片更显著；尾柄部有或没有淡色区域；尾鳍基部具一大暗斑点；胸鳍暗色，但后半部透明。终期阶段的雄鱼体色也多变异，体蓝绿色，腹面具1 ～ 3条蓝或绿色纵纹；各鳞片具橘黄色缘；有时颊部及体后部分具黄色大斑；背鳍及臀鳍蓝绿色，具1条宽的橘黄色纵带；尾鳍蓝绿色，具较淡色的辐射状斑纹。

分布范围： 中国南海、台湾海域；日本高知以南海域、东印度—太平洋暖水域。

生态习性： 主要栖息于裸露的潟湖外部与临海礁石区，通常在珊瑚丰富的栖息地。通常独居性，喜单独于离岸较远的珊瑚礁海域活动。雄鱼在交配季节时头顶会变为紫色。

线粒体DNA COI片段序列：

CCTCTACCTTGTATTTGGTGCCTGAGCCGGAATAGTAGGCACTGCTTTAAGCCTCCTAATCCG
AGCTGAATTAAGCCAACCCGGGGCCCTTCTCGGCGACGATCAGATTTATAATGTTATCGTTAC
AGCCCATGCATTTGTAATGATCTTTTTTATAGTCATGCCCATCATGATTGGAGGTTTCGGAAAT
TGACTCATCCCACTTATGATCGGAGCACCCGACATGGCCTTCCCCCGAATGAACAATATAAGC
TTCTGACTTCTCCCGCCTTCCTTCCTCCTTCTACTCGCCTCCTCTGGCGTAGAAGCAGGGGCA
GGAACCGGATGAACTGTTTACCCCCCACTAGCCGGAAATCTTGCACACGCGGGTGCATCCGT
TGATCTAACAATTTTCTCCCTTCACTTAGCAGGAATCTCTTCGATCCTAGGGGCAATTAACTTT
ATCACAACTATCATCAACATGAAACCCCCTGCCATCTCCCAATACCAGACCCCCCTCTTCGTG
TGAGCTGTTTTAATCACTGCCGTACTGCTTCTTCTCTCACTTCCTGTTCTCGCTGCAGGAATC
ACAATGCTATTAACAGATCGAAATCTAAACACTACCTTCTTCGATCCTGCAGGCGGAGGAGA
CCCCATCCTTTATCAACACCTATTC

线粒体DNA 12S片段序列：

CACCGCGGTTATACGAAAGGCCCAAGTTGAAAAACATTCGGCGTAAAGGGTGGCTAAGGAC
CTATTTCAAACTAGAGCTAAATTTCTTCAAAGCTGTTATACGCTCATGAAAACCAGAAAATCA
ACCACGAAAGTGGCTCTAATTACTCCTGACACCACGAAAGCTATGGCA

伸口鱼
Epibulus insidiator

中 文 名： 伸口鱼
学　　名： *Epibulus insidiator*（Pallas，1770）
英 文 名： Slingjaw
别　　名： 阔嘴郎
分　　类： 隆头鱼科Labridae，伸口鱼属*Epibulus*
鉴定依据： 中国海洋鱼类，中卷，p1495；台湾鱼类资料库

形态特征：体延长，中高。头尖；背鳍前方的头部背面圆突，眼前与眼上方稍凹。上、下颌可伸缩；下颌骨向后超越鳃盖膜；上、下颌齿各1列，前方各有1对犬齿。鳞片大型，颊鳞2列，下颌无鳞；侧线间断。成鱼尾鳍上下缘延长为丝状。体色多变异，且易随栖息地而改变体色深浅，一般头、体一致为黄色、暗黄褐色、黑褐色或橄榄绿等；鳞片具深色斑，形成点状列；背鳍第一与第二棘间有一暗色斑，向后形成暗色纵带；各鳍与体同色。幼鱼体褐色，3条白色细横带，眼具放射状细白纹。

分布范围：中国南海、台湾海域；日本奄美大岛以南海域、印度—太平洋暖水海域。

生态习性：主要栖息于珊瑚礁处或礁湖区，水深1～42m。以甲壳类、贝类等为食。独居性。具有模拟落叶的习性。

线粒体DNA COI片段序列：

CCTCTACCTTGTATTTGGTGCCTGGGCCGGAATAGTGGGCACTGCTCTGAGCCTGCTCATTCG
GGCAGAGCTCAGCCAGCCGGGCGCTCTTCTTGGGGATGACCAGATCTACAACGTCATCGTCA

CGGCTCATGCCTTCGTTATAATCTTCTTTATAGTAATACCAATTATGATTGGTGGTTTCGGAAACTGACTCATCCCGCTTATGATCGGAGCCCCAGACATGGCCTTCCCTCGTATAAATAACATAAGCTTCTGACTCCTTCCTCCCTCCTTCCTTCTTCTCCTTGCCTCTTCTGGAGTAGAAGCAGGAGCCGGAACCGGGTGGACAGTCTACCCCCCGCTGGCTGGTAACCTAGCCCACGCAGGCGCGTCCGTAGATCTGACTATCTTCTCCCTCCACTTGGCCGGAATTTCATCCATTCTTGGTGCAATTAATTTTATCACAACTATTATTAATATAAAACCCCCAGCCATTACTCAATACCAGACACCTTTATTTGTCTGGGCCGTCTTAATTACAGCAGTCCTACTTCTCCTGTCACTTCCCGTCCTTGCCGCTGGCATTACAATGCTTCTAACAGACCGAAATCTAAATACCACATTCTTTGACCCAGCGGGAGGAGGGGACCCGATCCTCTACCAACACTTATTC

线粒体DNA 12S片段序列：

ACCGCGGTTATACGAGAGGCCCAAGTTGATAGACTCCGGCATAAAGTGTGGTTAAGGATTAAATTTACTAAAGCCGAAGACTTTCAAAGCTGTTATACGCGAATGAAAGATTGAAGCCCAACCACGAAAGTGGCTTTAATTACCCTGACGCCACGGAAGCTACGGGA

摩鹿加拟凿牙鱼
Pseudodax moluccanus

中 文 名：摩鹿加拟凿牙鱼
学　　名：*Pseudodax moluccanus*（Valenciennes，1840）
英 文 名：Chiseltooth wrasse
别　　名：拟岩鳝，凿子齿鲷
分　　类：隆头鱼科Labridae，拟凿牙鱼属*Pseudodax*
鉴定依据：中国海洋鱼类，中卷，p1428

形态特征：背鳍XI—12～13；臀鳍Ⅱ～Ⅲ—11～14；胸鳍鳍条数14。侧线鳞数31～33。体呈长椭圆形，侧扁。头圆锥状。口中等大，两颌前部各具1对大的门齿状齿。眼间隔处有缺刻。体被大鳞，颊部、鳃盖被鳞。前鳃盖骨缘光滑。侧线连续。胸鳍扇状，腹鳍第一、第二鳍条成丝状，达肛门前；尾鳍圆形。体褐色；体各鳞片中央较深，鳞缘较淡。背鳍白色具黑褐色网纹；臀鳍褐色具2条黑褐色纵带；胸鳍灰色，基部黑色；腹鳍与尾鳍黑褐色。

分布范围：中国台湾海域；日本高知以南海域、印度—西太平洋暖水域。

生态习性：为珊瑚礁鱼类。主要栖息于珊瑚礁区的向海面及水道，一般在水深3～60m的礁岩区，常静止不动，停歇在五颜六色的珊瑚礁及海藻附着的岩石上，其灰褐的体色几乎无法与环境区分。幼鱼具有似“鱼医生”的行为，专挑寄生在其他鱼身上的虫儿吃；成鱼则以海藻及小型无脊椎动物为食。

线粒体DNA COI片段序列：

CCTTTACCTAGTTTTTGGTGCTTGAGCCGGCATAGTTGGGACAGCCCTAAGCCTACTTATTCGGGCGGAGCTAAGCCAACCAGGCGCTCTCCTCGGAGACGACCAAATTTACAATGTAATCGTTACCGCACACGCGTTTGTGATAATTTTCTTTATAGTAATACCAATCATGATTGGAGGCTTCGGGAACTGACTTATCCCTTTAATGATTGGAGCGCCTGACATGGCTTTCCCTCGAATGAATAACATAAGCTTCTGACTCCTTCCTCCCTCATTCCTGCTTCTCCTTGCCTCTTCAGGGGTCGAAGCCGGGGCCGGGACTGGATGGACAGTATACCCCCCACTAGCAGGGAATCTAGCTCACGCTGGTGCTTCCGTTGACCTAACTATCTTCTCCCTCCACCTGGCAGGTATTTCGTCCATCCTAGGAGCAATCAACTTCATTACAACCATTATTAATATGAAACCTCCTGCTATTTCTCAGTACCAGACACCTTTATTTGTCTGAGCTGTTTTGATCACGGCCGTCCTTCTTCTCCTCTCGCTACCAGTTCTGGCTGCTGGCATCACGATGCTTCTAACAGACCGTAATCTCAATACCACATTCTTCGACCCTGCCGGAGGGGGGGACCCTATTCTGTATCAACACTTATTC

线粒体DNA 12S片段序列：

CACCGCGGTTATACGAGAGGCCCAAGTTGATAAGCACCGGCGTAAAGAGTGGTTATGGACGCCCCTTGAACTAAAGCCAAATGCTCTCAAGGCTGTTATACGCATCCGAGAGCCAGAAGTTCGACCACGAAAGTGGCTTTAAACTACCTGAACCCACGAAAGCTATGGAA

黑鳍厚唇鱼

Hemigymnus melapterus

中 文 名：黑鳍厚唇鱼

学　　名：*Hemigymnus melapterus*（Bloch，1791）

英 文 名：Half-and-half thicklip

别　　名：黑白龙，垂口倍良，阔嘴郎

分　　类：隆头鱼科Labridae，粗唇鱼属*Hemigymnus*

鉴定依据：中国海洋鱼类，中卷，p1448；台湾鱼类资料库

形态特征： 背鳍Ⅸ—10 ~ 11；臀鳍Ⅲ—11；胸鳍鳍条数14。侧线鳞数27 ~ 28。体长约80cm。体长椭圆形，侧扁；头中大；眼中大。吻长，突出；唇厚，上唇内侧具皱褶，下唇中央具沟，分成两叶；上、下颌各具1列锥状齿，前端具1对犬齿。前鳃盖骨缘平滑；左右鳃盖膜愈合，与喉峡部相连。体被大圆鳞，颈部与胸部被较小鳞；侧线完全。背鳍连续；腹鳍第一棘延长；尾鳍稍圆形或截形。体前部为淡色，而自背鳍起点至臀鳍起点连线的后部为黑色，且每一鳞片具一蓝色或蓝绿色条纹；头浅灰黄色，眼周围具辐射状黑红带，眼后具一黑斑。幼鱼自背鳍前方至腹部前方有一白色带；头与体前部浅灰色；尾鳍与尾柄浅黄色。

分布范围： 中国南海、台湾海域；日本奄美大岛以南海域、印度—太平洋暖水域。

生态习性： 为暖水性中下层鱼类。主要栖息于水深1 ~ 30m的珊瑚礁区，特别是亚潮带的珊瑚平台、被珊瑚礁包围的礁湖及向海礁坡上的珊瑚或岩石块与沙地的混合区，这些区域茂盛的珊瑚提供了隐秘的躲藏所及丰富的食物。它们利用肥厚的嘴唇撞开沙泥质底地，以小虾、软体动物、海星以及多毛类蠕虫等为食。

线粒体DNA COI片段序列：

CCTCTACCTGGTATTCGGCGCCTGAGCTGGGATAGTAGGCACAGCCCTGAGCCTACTAATTCG
AGCTGAACTGAGCCAACCCGGCGCTCTCCTTGGAGACGATCAGATTTATAATGTGATTGTTAC
AGCCCACGCGTTCGTAATAATTTTCTTTATAGTAATACCAATTATGATTGGAGGCTTTGGAAAC
TGATTAATCCCTTTAATGATTGGAGCCCCCGACATAGCTTTCCCTCGAATAAACAACATGAGC
TTCTGACTTCTACCTCCCTCCTTCCTACTCCTTCTTGCATCCTCTGGCGTCGAAGCAGGCGCC
GGGACTGGTTGAACAGTCTACCCGCCCCTAGCAGGAAACCTAGCCCATGCCGGCGCATCCGT
TGATTTAACCATTTTCTCTCTGCACCTGGCTGGGATTTCGTCCATCCTCGGCGCTATCAACTTT
ATTACAACTATTATCAACATGAAGCCACCCGCTATCTCCCAATATCAAACGCCTCTGTTCGTCT
GAGCTGTACTAATCACGGCGGTACTTCTTCTTCTTTCCCTACCCGTCCTTGCCGCTGGTATTAC
AATACTCCTGACGGACCGAAACCTGAATACCACTTTCTTTGACCCCGCTGGCGGAGGAGATC
CAATCCTATATCAACACTTATTC

线粒体DNA 12S片段序列：

CACCGCGGTTATACGAGAGACCCAAGTCGATGGCCCTCGGCGTAAAGAGTGGTTAAGATATACCCAAAACTAAAGCCAAATGACTTCAAAGCTGTTATACGCGCATGAAAGTACGAAGCCCAATCACGAAAGTGGCTTTAAGCCCCTGACTCCACGAAAGCTATGACA

横带唇鱼
Cheilinus fasciatus

中 文 名： 横带唇鱼
学　　名： *Cheilinus fasciatus*（Bloch，1791）
英 文 名： Barred wrasse，Redbreasted wrasse，Scarlet-breasted maori wrasse
别　　名： 斑节龙，假藩王，横带龙，三齿仔
分　　类： 隆头鱼科Labridae，唇鱼属*Cheilinus*
鉴定依据： 中国海洋鱼类，中卷，p1502；南海海洋鱼类原色图谱（一），p275

形态特征： 体延长，呈长卵圆形；体高约等或稍长于头长；头部背面轮廓圆突。口中大，前位，略可向前伸出。鼻孔每侧2个。吻长，突出；下颌较上颌突出，成鱼下颌尤明显；上、下颌各具锥形齿1列，前端各有1对大犬齿。前鳃盖骨边缘具锯齿；左右鳃盖膜愈合，不与喉峡部相连。体被大形圆鳞；体背部侧线与背缘平行而略弯，后段在背鳍鳍条基部后下方中断。背鳍连续；幼鱼尾鳍圆形，成鱼的上、下缘呈丝状；成鱼腹鳍第一鳍条不延长，向后达肛门。体白色或粉红色，头部橙红色，吻及头背部黑褐色。体侧具7条宽的黑色横带，各鳞片具黑横纹。各鳍白色或粉红色，体侧横带延伸至背鳍、臀鳍中央，中尾鳍中央具一黑横带，鳍缘黑色。

分布范围： 中国东海和南海；印度—太平洋区。

生态习性： 主要栖息于沿岸珊瑚礁海域或礁石旁的沙地上，栖息水深5 ~ 60m，具性转变。以底栖性硬壳的无脊椎动物，包括软体动物、甲壳类和海胆等为食。

线粒体DNA COI片段序列：

CCTCTACCTTGTATTTGGTGCCTGAGCCGGAATGGTGGGCACTGCTTTGAGCCTGCTCATTCGAG
CAGAACTCAGCCAGCCAGGCGCTCTTCTTGGGGATGACCAGATCTACAACGTCATCGTCACGGC
CCACGCTTTCGTTATGATTTTCTTTATAGTAATACCAATTATGATTGGTGGCTTCGGAAACTGGCTA
ATCCCCCTTATGATTGGTGCCCCCGACATAGCCTTTCCTCGTATAAACAACATAAGCTTCTGACTT
CTCCCTCCCTCCTTCCTACTTCTCCTTGCTTCTTCCGGGGTTGAAGCAGGGGCCGGCACCGGATG
GACAGTCTACCCCCCGCTGGCTGGAAACTTAGCCCATGCAGGTGCATCTGTAGATTTAACAATCT
TTTCCCTTCATCTGGCCGGAATTTCCTCTATTTTAGGGGCAATTAATTTTATTACAACTATCATTAAT
ATGAAACCCCCCGCTATCACCCAATATCAGACACCCCTGTTCGTATGAGCGGTTCTGATTACAGC
AGTTCTACTTCTTCTCTCCCTCCCCGTTCTCGCCGCCGGCATTACAATGCTTCTAACAGATCGAAA
CCTAAACACCACTTTCTTTGACCCGGCAGGCGGAGGAGACCCAATCCTCTACCAACACCTGTTC

线粒体DNA 12S片段序列：

CGCCGCGGTTATACGAGAGGCCCAAGTTAACAGGTTCCGGCATAAAGTGTGGTTAAGGATTA
GACTTAACTAAAGCCGAAGGCTTTCAGAGCTGTTATACGCAAATGAAAAGCTGAAGCCCAA
CCACGAAAGTGGCTTTAATAACCCTGACGCCACGAAAGCTACGGAA

双线尖唇鱼

Oxycheilinus digramma

中 文 名：双线尖唇鱼
学　　名：*Oxycheilinus digramma* (Lacepède，1801)
英 文 名：Cheeklined wrasse
别　　名：双线龙，汕散仔，阔嘴郎，双线鹦鲷
分　　类：隆头鱼科 Labridae，尖唇鱼属 *Oxycheilinus*
鉴定依据：台湾鱼类资料库；中国海洋鱼类，中卷，p1502

形态特征： 体延长，呈长卵圆形；头部眼上方轮廓稍凹，然后稍凸。口中大，前位，略可向前伸出；吻长，突出；鼻孔每侧2个；上、下颌各具锥形齿1列，前端各有1对大犬齿；前鳃盖骨边缘具锯齿，左右鳃盖膜愈合，不与喉峡部相连；体被大形圆鳞。背鳍Ⅸ—10；臀鳍Ⅲ—8；胸鳍鳍条数12；侧线鳞数（14～16）+（7～9）；鳃耙数（5～7）+（9～10）。腹鳍短；尾鳍稍圆至截形或稍双凹形。幼鱼体色淡茶色，体侧有2条白色纵带，两纵带所夹区域或呈褐色。成鱼体色多变，由橙红色至橄榄绿色；头部具许多红色的点及平行线，平行线方向在眼上、下缘与头背缘方向相同，眼下方平行线则斜下至鳃盖后下缘，眼后2条明显的平行纵线仅至鳃盖前端；体腹部色稍淡，鳞具短横线，尾柄无白横带；各鳍颜色与体色相同，但尾鳍鳍条绿色，鳍膜黄绿色。

分布范围： 中国台湾海域与南海；印度—太平洋区，由红海到马绍尔群岛及萨摩亚，北至日本。

生态习性： 主要栖息于温暖的珊瑚礁海域，由潮间带到亚潮带50m水深处，特别喜欢在礁湖及隐秘而茂盛的向海珊瑚丛中。具有与须鲷类鱼种同游的习性，可依须鲷体色的不同而转换自己的体色；当须鲷用它们敏锐的触须探索到藏身泥地的小猎物后，偷懒而机警的双线尖唇鱼立刻投机地急游出须鲷群去掠夺猎物；通常小鱼是它们的主食。

线粒体DNA COI片段序列：

CCTCTACCTTGTTTTTGGTGCCTGAGCTGGGATAGTGGGCACAGCCCTAAGCTTGCTTATTCGAG
CAGAACTCAGTCAACCAGGAGCTCTTCTTGGTGACGACCAGATCTATAATGTAATCGTTACCGCC
CATGCCTTCGTTATGATTTTCTTTATAGTAATGCCAATCATAATTGGAGGCTTTGGGAACTGACTTA
TTCCGTTAATGGTAGGAGCCCCCGATATAGCCTTCCCTCGGATAAACAATATGAGTTTCTGACTTC
TACCCCCATCTTTCCTTCTCCTACTTGCCTCTTCTGGGGTAGAAGCAGGTGCCGGTACTGGATGA
ACAGTTTACCCCCCACTAGCGGGGAACTTAGCCCACGCCGGTGCGTCCGTAGACCTTACAATTT
TCTCCCTGCACTTAGCAGGGATCTCCTCAATTCTCGGCGCCATCAATTTCATTACTACTATTATCAA
TATGAAACCCCCCGCCATCACTCAGTACCAGACACCTCTGTTCGTATGAGCAGTCCTAATTACTG
CAGTCCTCCTTCTCCTTTCTCTCCCTGTTTTGGCCGCTGGGATTACAATGCTCTTAACAGACCGCA
ACCTAAATACTACTTTCTTCGACCCGGCCGGTGGCGGGGACCCAATCCTCTACCAACATCTATTC

线粒体DNA 12S片段序列：

CACCGCGGTTATACGAGAGGCCCAAGTTGATAGACCTCGGCATAAAGTGTGGTTAAGGGTTA
ACTCAAACTAAAGTCGAAGACTTTCAGAGCTGTTATACGCAAATGAAAGATTGAAGCCCAA
CTACGAAAGTAGCTTTAAATTACCCTGACGCCACGGAAGCTACGAAA

西里伯斯尖唇鱼
Oxycheilinus celebicus

中 文 名： 西里伯斯尖唇鱼
学　　名： *Oxycheilinus celebicus*（Bleeker，1853）
英 文 名： Slender maori wrasse
别　　名： 汕散仔，阔嘴郎
分　　类： 隆头鱼科Labridae，尖唇鱼属*Oxycheilinus*
鉴定依据： 台湾鱼类资料库；中国海洋鱼类，中卷，p1501

形态特征：体延长；头背面平直。吻颊长，突出；鼻孔每侧2个；口中大，前位，略可向前伸出；上、下颌各具锥形齿1列，前端各有1对大犬齿；前鳃盖骨边缘具锯齿，左右鳃盖膜愈合，不与喉峡部相连；体被大圆鳞。背鳍Ⅸ—10；臀鳍Ⅲ—8；胸鳍12；侧线鳞数（14 ~ 15）+8。腹鳍短；尾鳍圆形，成鱼尾鳍上叶上端鳍条延长。体色多变，由粉红色至橄榄绿色，并掺杂多色斑纹或斑点；眼周围具放射纹，眼前缘至吻端或具一宽纵纹；鳃盖后缘具一白斑；体侧中央散布一列大小不一的暗色斑驳，尾柄处最为明显；背鳍第一棘膜具一黑褐色斑点；尾柄末端白色。

分布范围：中国南海、台湾海域；日本田边湾海域、奄美大岛以南海域，西太平洋暖水域。

生态习性：主要栖息于珊瑚繁生的礁区海域，特别是软珊瑚、易碎珊瑚或其他无脊椎动物繁生的水域，栖息水深3 ~ 40m。主要以甲壳类、小鱼以及小虾等为食。

线粒体DNA COI片段序列：

CCTCTACCTAATTTTTGGTGCCTGAGCTGGGATAGTAGGCACAGCCCTAAGCCTTCTTATTCGAGCAGAGCTCAGCCAACCGGGAGCCCTTCTTGGGGACGACCAAATCTATAATGTCATTGTTACGGCTCACGCCTTTGTTATGATCTTCTTTATAGTAATGCCAATTATGATTGGCGGGTTTGGAAATTGACTGATCCCGCTCATGATTGGAGCCCCCGACATAGCCTTCCCTCGAATAAATAACATGAGCTTCTGACTCCTCCCTCCTTCTTTCCTTCTACTCCTCGCTTCTTCAGGTGTTGAAGCAGGGGCCGGGACCGGATGAACAGTTTACCCCCCCTTAGCAGGGAACTTAGCTCATGCCGGAGCATCCGTAGACTTAACAATTTTTTCCCTTCACTTGGCAGGGATCTCTTCTATCCTTGGAGCCATTAACTTCATTACCACAATCATCAACATAAAACCCCCAGCCATCACCCAGTACCAAACACCCCTGTTTGTATGGGCAGTCCTAATTACTGCTGTTCTCCTACTCCTGTCCCTCCCTGTCCTAGCCGCTGGAATTACAATGCTCCTAACAGACCGTAATCTTAATACCACCTTTTTTGACCCAGCCGGAGGAGGAGACCCTATTCTCTACCAACACCTATTC

线粒体DNA 12S片段序列：

ACCGCGGTTATACGAGAGGCCCAAGTTGATAGACCACGGCATAAAGTGTGGTTAAGGGTTAAATTTAACTAAAGCCGAAGACTTTCAGAGCTGTTATAAGCAAATGAAAGATTGAAGCCCAACCACGAAAGTGGCTTTAAGCCCCCTGACGCCACGGAAGCTACGGAA

断纹紫胸鱼
Stethojulis terina

中 文 名：断纹紫胸鱼
学　　名：*Stethojulis terina* Jordan & Snyder，1902
英 文 名：Cutribbon wrasse
别　　名：断纹龙，柳冷仔，汕冷仔，断纹鹦鲷
分　　类：隆头鱼科 Labridae，紫胸鱼属 *Stethojulis*
鉴定依据：台湾鱼类资料库

形态特征：体长形；头圆锥状；鳃盖膜与喉峡部相连。吻中长；唇厚；口小；上、下颌有1列门齿，前端无犬齿。体被大鳞，头部无鳞；颊部裸出；腹鳍无鞘鳞；侧线为“乙”字状连续。背鳍Ⅸ—11；臀鳍Ⅲ—11；胸鳍12 ~ 13；侧线鳞数25；鳃耙数19 ~ 23。雌性体侧上半部灰褐色，下半部乳白色，两者之间有淡蓝色纵纹；下侧依鳞片排列有6纵列褐色小点；雄鱼体上半部蓝褐色，下半部色淡绿，中间具1条紫蓝色纵线；胸鳍基部上缘具黑斑，前缘及下缘另具红斑；背鳍基部稍下具1蓝纹延伸至头部；头部眼上、下缘各具1条平行紫蓝色纵线，从上颌延伸至鳃盖缘，下面1条与体纵线相接。

分布范围：中国台湾海域；西北太平洋区，由日本至中国台湾之间的海域。

生态习性：主要栖息于岩砾或珊瑚礁外围的沙地水域。以甲壳类及多毛类为食。

线粒体DNA COI片段序列：

CCTGTATTTAGTATTTGGTGCTTGGGCTGGGATGGTCGGCACTGCTTTAAGCCTACTGATTCG
AGCCGAACTCAGTCAACCCGGAGCCCTTCTTGGGGATGATCAAATCTATAATGTAATTGTTAC
AGCACATGCATTCGTAATGATTTTCTTTATAGTAATACCAATTATGATTGGTGGATTCGGAAAC
TGGCTAATTCCACTAATGATCGGAGCACCCGACATGGCTTTTCCTCGAATGAACAACATAAGC

TTTTGACTCCTCCCTCCCTCCTTCCTTCTCCTGCTTGCCTCTTCCGGTGTAGAGGCGGGGGCT
GGTACCGGATGAACGGTGTACCCTCCCCTATCAGGAAATCTTGCCCACGCAGGAGCATCCGT
TGATTTAACTATCTTCTCCCTCCATCTGGCAGGAATTTCCTCAATTCTAGGAGCAATTAACTTC
ATCACAACCATTATTAACATAAAACCGCCTGCAATCTCTCAATATCAAACGCCTCTGTTTGTCT
GAGCTGTTCTAATTACAGCCGTACTACTTCTGCTGTCCCTACCTGTACTCGCTGCAGGAATTA
CAATGCTTCTAACAGACCGAAATCTTAATACCACTTTCTTTGACCCTGCCGGAGGGGGGGAC
CCAATTCTTTATCAACACTTATTT

线粒体DNA 12S片段序列：
CACCGCGGTTATACGAGGAACCCAAGTAGATGGCCTCCGGCGTAAAGCGTGGTTAAAATGCT
AGAAAAACTAAAGCCAAATATCCTCATAACTGTTATACGTTCATGAGAGCAAGAAGCCCAAC
CACGAAAGTGGCTTTACACATTTGACCCCACGAAAGCTAGGGCA

云斑海猪鱼
Halichoeres nigrescens

中 文 名：云斑海猪鱼
学　　名：*Halichoeres nigrescens*（Bloch & Schneider，1801）
英 文 名：Bubblefin wrasse，Dussumier's wrasse
别　　名：柳冷仔，黑带儒艮鲷，黑带海猪鱼，杜氏海猪鱼，黑海猪鱼
分　　类：隆头鱼科 Labridae，海猪鱼属 *Halichoeres*
鉴定依据：台湾鱼类资料库；南海海洋鱼类原色图谱（二），p300；中国海洋鱼类，中卷，p1476

形态特征：体延长，侧扁。吻较长，尖突。前鼻孔具短管。口小；上颌有犬齿4枚，外侧2枚向后方弯曲。前鳃盖后缘具锯齿；鳃盖膜常与喉峡部相连。体被中大圆鳞，胸部鳞片小于体

侧，颊部无鳞；背鳍与臀鳍无鞘鳞；侧线完全，在尾柄前方急剧向下降。背鳍第二至第五棘间膜稍高于或约等于其他部位。体绿褐色，背侧较深，腹侧淡白，体侧背部有4～5个暗色宽垂直斑，或扩散成4～5对窄垂直斑或消失；由眼至吻端及眼至上颌，各有1条深色纹；眼后至鳃盖有若干深色斑点；幼鱼及雌鱼的背鳍第四至第六棘间膜上有黑眼斑，雄鱼则小型或消失，鳍条部上有1列至数列约与瞳孔等大的白色圆斑；胸鳍基底上方有1个三角形黑斑；尾鳍具弧状斑，上、下尾叶色淡。

分布范围：中国南海和东海；印度—西太平洋区。

生态习性：主要栖息于浅水区域藻类繁生的珊瑚礁及岩岸地带。主要以底栖性甲壳类、软体动物、多毛类、有孔类、小鱼及鱼卵等为食。具性转变的行为，属于先雌后雄型。

线粒体DNA COI片段序列：

CCTCTATTTAGTATTTGGGGCCTGAGCCGGAATGGTAGGCACAGCCTTGAGCTTGCTTATTCG
AGCTGAACTTAGCCAGCCCGGCGCCCTCCTTGGAGATGACCAAATTTATAACGTAATCGTTAC
CGCTCATGCTTTCGTAATAATTTTCTTTATAGTTATGCCAATTATAATTGGGGGGTTCGGAAAC
TGATTAATTCCCCTAATGATTGGCGCCCCCGATATGGCCTTCCCTCGAATAAACAACATAAGCT
TCTGGCTTCTGCCCCCCTCCTTTTTATTACTTCTTGCCTCTTCAGGAGTAGAAGCAGGTGCAG
GAACTGGCTGAACAGTCTATCCACCCCTCGCAGGTAATTTAGCCCATGCAGGGGCCTCTGTA
GACCTAACCATCTTCTCCCTCCACTTAGCCGGAATTTCATCGATTTTAGGAGCTATTAACTTCA
TCACCACAATTATTAATATAAAACCCCCCGCTATTTCACAGTACCAAACCCCTTTATTTGTTTG
AGCTGTTTTAATTACTGCCGTCTTACTCCTTCTCTCTCTCCCTGTATTAGCTGCTGGTATTACAA
TATTACTTACAGACCGAAATCTAAATACCACTTTCTTTGATCCCGCAGGAGGGGGGGACCCTA
TTCTTTACCAACACCTGTTC

线粒体DNA 12S片段序列：

CACCGCGGTTATACGAGAGACCCAAGTCGATGGTCTTCGGCGTAAAGAGTGGTTAGGAAATA
ACTAAAACTAAAGGTGAATATTCTCAGAGCTGTTGAACGCTAATGAGAAGATGAAAATCAAC
TACGAAAGTGACTTTAAACCCCTGACCCCACGAAAGCTAAGGTA

洛神连鳍唇鱼

Xyrichtys dea

中 文 名：洛神连鳍唇鱼

学　　名：*Xyrichtys dea* Temminck & Schlegel，1845

英 文 名：Faint-barred rzaorfish

别　　名：扁砾仔，红姑娘仔，红新娘

分　　类：隆头鱼科Labridae，连鳍唇鱼属*Xyrichtys*

鉴定依据：台湾鱼类资料库；中国海洋鱼类，下卷，p1505

形态特征：体极侧扁；背缘锐脊状，高陡隆起；头部眼上方圆，往下至吻部几乎垂直。吻钝；口中大，前位，略可向前伸出；由口角至颊部有一明显凹沟；上、下颌各具锥形牙1行，前端各具弯形犬齿1对。前鳃盖边缘具锯齿。体被中大圆鳞；颊部通常无鳞，眼眶后下缘下方具1～2列小鳞片，上列约有9枚鳞。背鳍Ⅸ—11～13；臀鳍Ⅲ—11～12；胸鳍11～12；侧线鳞数（18～20）+（4～5）；鳃耙数（6～7）+（8～11）；背鳍前两棘特别延长，与后方诸鳍棘远离，但仍以低鳍膜相连。体橙红色，头部腹面较浅；体侧有3条不明显宽横带；背鳍有暗色纵纹；臀鳍中央有1条淡纵带；侧线下方鳞片常具淡褐色斑点；雌鱼第五至第六侧线鳞上方通常具有一黑斑。

分布范围：印度—西太平洋区，由印度海域到澳大利亚西北部海域，北到日本南部海域及中国海域等。

生态习性：主要栖息于温暖珊瑚礁海域，包括沿岸的潮间带到海面下40m的珊瑚礁周围沙泥地。白天捕食小型甲壳类，晚上则钻入沙地里休息。当受到惊吓时，立即钻到沙泥底躲藏。

线粒体DNA COI片段序列：

CCTTTATTTAATTTTCGGTGCTTGGGCCGGGATAGTAGGCACAGCCCTGAGTTTACTCA
TTCGGGCAGAACTAAGCCAGCCTGGAGCCCTCCTTGGAGACGACCAAATTTACAATGT
AATCGTCACTGCACACGCATTTGTAATAATTTTCTTTATAGTAATGCCGATTATGATCGG
CGGATTCGGAAACTGACTCATCCCCCTAATAATCGGCGCCCCAGACATGGCCTTCCCTC
GGATAAACAATATGAGCTTCTGACTTCTGCCCCCGTCTTTCCTACTCCTCCTAGCCTCG
TCTGCCGTAGAAGCCGGAGCCGGAACAGGTTGAACAGTATACCCCCCATTAGCTGGGA
ACCTCGCTCACGCAGGCGCATCCGTTGACTTAACAATTTTTTCTCTCCACTTGGCAGG
TATCTCCTCAATCCTCGGGGCAATTAATTTTATTACAACAATTATTAATATGAAGCCCCC

CGCTATTTCCCAATACCAGACACCCCTGTTTGTGTGAGCCGTTCTCATCACAGCGGTCC
TACTCCTCCTCTCACTCCCTGTCCTTGCCGCGGGCATTACAATGCTCCTAACAGATCGA
AATCTAAACACAACCTTCTTTGATCCTGCCGGGGGAGGGGACCCTATCCTCTACCAGC
ACTTATTC

线粒体DNA 12S片段序列：
CACCGCGGTTATACGAGGGGCCCAAGTTGACAGCCGCCGGCGTAAAGAGTGGTTAAGACAA
ACCCCTTCTAAAGTCGAACAATTTTGAAGCTGTCATACGCCCATGAAAACATGAAGCCCGAC
TACGAAAGTGACTTTAACATCTTCTGATCCCACGAAAGCTAGGGCA

彩虹连鳍唇鱼
Xyrichtys twistii

中 文 名：彩虹连鳍唇鱼
学　　名：*Xyrichtys twistii*（Bleeker，1856）
英 文 名：Yellowspotted razorfish
别　　名：扁砾仔，红姑娘仔，假红新娘仔
分　　类：隆头鱼科Labridae，连鳍唇鱼属*Xyrichtys*
鉴定依据：台湾鱼类资料库；中国海洋鱼类，下卷，p1507

形态特征：体极侧扁；背缘锐脊状，高陡隆起；头部眼上方圆，往下至吻部几乎垂直。吻钝；口中大，前位，略可向前伸出；上、下颌各具锥形牙1行，前端各具弯形犬齿各1对。前鳃盖边缘具锯齿。体被中大圆鳞；颊部被鳞片，自眼下方延伸至口缘下方；鳃盖背面被鳞。背鳍

Ⅸ—12；臀鳍Ⅲ—12；胸鳍12；侧线鳞数20+5；鳃耙数6+12；背鳍前两棘与其后的背棘以膜相连，其间膜具深缺刻；腹鳍第一鳍条延长，但未达肛门。体淡橄榄绿色，腹面淡白色；体侧胸鳍后方具一大红斑；各鳍淡水蓝色。

分布范围：中国台湾南部、东部、东北部及澎湖海域；西太平洋区，由印度尼西亚至日本海域等。

生态习性：主要栖息于温暖珊瑚礁海域，包括沿岸的潮间带到海面下20m的珊瑚礁周围沙泥地。白天捕食小型甲壳类，晚上则钻入沙地里休息。当受到惊吓时，立即钻到沙泥底躲藏。

线粒体DNA COI片段序列：

CCTTTATTTAATCTTCGGTGCTTGGGCCGGGATAGTAGGCACAGCCCTGAGTCTACTCA
TTCGGGCAGAACTAAGCCAGCCTGGCGCTCTTCTCGGAGACGATCAAATTTACAATGT
AATCGTCACAGCACACGCATTTGTTATAATTTTCTTTATAGTAATACCAATTATGATTGGC
GGATTCGGAAACTGACTTATCCCCCTAATAATCGGCGCCCCAGACATGGCCTTCCCTCG
AATAAACAACATGAGCTTTTGGCTTCTCCCCCCCTCTTTCCTGCTTCTCCTCGCCTCCT
CAGGAGTAGAGGCCGGTGCCGGAACAGGCTGAACAGTATACCCCCCACTAGCGGGGA
ACCTCGCCCACGCAGGTGCATCCGTTGACTTGACAATTTTCTCCCTCCACCTGGCAGG
AATTTCCTCAATCCTTGGGGCAATTAATTTTATTACAACAATTATTAATATGAAGCCCCC
TGCTATCTCCCAGTACCAGACTCCTCTGTTTGTGTGAGCTGTTCTTATCACGGCTGTTC
TACTTCTCCTCTCGCTTCCCGTCCTTGCCGCAGGCATTACAATGCTTTTAACAGACCGG
AATCTGAATACCACCTTCTTCGATCCCGCTGGAGGAGGAGACCCCATTCTCTACCAGC
ACTTATTC

线粒体DNA 12S片段序列：

CACCGCGGTTATACGAGGGGCCCAAGTTGACAGCCGCCGGCGTAAAGAGTGGTTAAGACGA
ATTCAGCCTAAAGTCGAACAATTTTAAAGCTGTCATACGCCCATGAAAAAAGGAAGCCCGAC
TACGAAAGTGACTTTAACATATTCTGATCCCACGAAAGCTAGGGCA

孔雀项鳍鱼
Iniistius pavo

中 文 名：孔雀项鳍鱼
学　　名：*Iniistius pavo*（Valenciennes，1840）
英 文 名：Peacock wrasse，Peacock razorfish
别　　名：扁砾仔，红姑娘仔，红新娘
分　　类：隆头鱼科 Labridae，项鳍鱼属 *Iniistius*
鉴定依据：台湾鱼类资料库；南海海洋鱼类原色图谱（二），p302

形态特征： 体极侧扁；背缘锐脊状，高陡隆起；头部眼上方圆，往下至吻部几乎垂直。吻钝；口中大，前位，略可向前伸出；上、下颌各具锥形牙1行，前端各具弯形犬齿各1对。前鳃盖边缘具锯齿。体被中大圆鳞；颊部被鳞片，但仅眼后至眼下方处具1或2列鳞片，鳃盖背面具1或2列鳞片。背鳍Ⅸ—12～13；臀鳍Ⅲ—12～13；胸鳍12；侧线鳞数（20～22）+（5～6）；鳃耙数（7～8）+（12～13）。背鳍起点在眼后上方，延长且具弹性，背鳍第二棘与第三棘分离；尾鳍小，为圆形。幼鱼体呈黄褐色；体侧鳞片各具小黑点；眼部具放射纹；各鳍暗色，背鳍具大小各一的眼斑；臀鳍第一至第二鳍条上方体侧或有另一眼斑。成鱼体灰白色；体侧中部有黄白色斑块，体侧另有3条暗色宽带，尾鳍基部或另具一暗色带；头部前端、眼下及鳃盖均具暗色宽斑纹；侧线上方与背鳍第六棘基部间具一镶蓝色边的黑斑，雄成鱼臀鳍第一至第二鳍条上方的体侧会出现第二个镶蓝色边的黑斑。

分布范围： 中国台湾海域与南海；印度—太平洋区。

生态习性： 主要栖息于珊瑚礁区或杂有暗礁的石砾质、沙泥海底。游泳能力弱，运动缓慢；以捕食甲壳类、鱼及乌贼为生。当受到惊吓时，立即钻到沙泥底躲藏。稚鱼头顶高耸的背棘会往头前延伸，将自己伪装成漂浮的落叶。

线粒体DNA COI片段序列：

CCTTTATTTAATTTTCGGTGCTTGGGCCGGGATAGTAGGCACAGCCCTGAGTTTACTCATTCG
GGCAGAACTAAGCCAACCCGGAGCTCTCCTTGGAGACGATCAAATTTATAATGTAATCGTCA
CAGCACACGCATTTGTAATAATTTTCTTTATAGTAATACCAATTATGATCGGCGGATTTGGAAA
CTGACTCATCCCCTTAATGATCGGGGCCCCAGACATGGCCTTCCCCCGAATGAATAATATGAG
CTTCTGACTCCTTCCACCCTCCTTCCTGCTTCTCTTAGCCTCCTCTGGGGTAGAAGCTGGTGC
CGGAACCGGTTGAACAGTATACCCCCCACTAGCCGGGAACCTCGCCCACGCAGGTGCATCC
GTTGACTTAACGATTTTCTCGCTCCACTTGGCGGGAATTTCCTCAATCCTTGGCGCAATTAAT
TTCATCACAACAATTATTAATATGAAACCCCCCGCCATCTCCCAGTATCAAACCCCCCTATTTG
TGTGAGCCGTTCTCATTACAGCTGTCCTTCTTCTCCTCTCCCTTCCCGTCCTTGCCGCAGGTAT

TACTATACTCTTAACAGACCGAAATTTAAACACAACCTTCTTTGACCCTGCGGGAGGGGGGG
ACCCGATCCTCTACCAACACTTATTC

线粒体DNA 12S片段序列：

CACCGCGGTTATACGAGGGGCCCAAGTTGACAGCCGCCGGCGTAAAGAGTGGTTAAGACAA
ACCTTATCTAAAGTCGAACAATTTTAAAGCTGTCATACGCCCATGAAAACATGAAGCCCGACT
ACGAAAGTGACTTTAATATATTCTGATCCCACGAAAGCTAGGGCA

细长苏彝士隆头鱼
Suezichthys gracilis

中 文 名： 细长苏彝士隆头鱼
学　　名： *Suezichthys gracilis*（Steindachner & Döderlein，1887）
英 文 名： Slender wrasse
别　　名： 红柳冷仔，细鳞拟鹦鲷
分　　类： 隆头鱼科Labridae，苏彝士隆头鱼属*Suezichthys*
鉴定依据： 台湾鱼类资料库；中国海洋鱼类，中卷，p1456

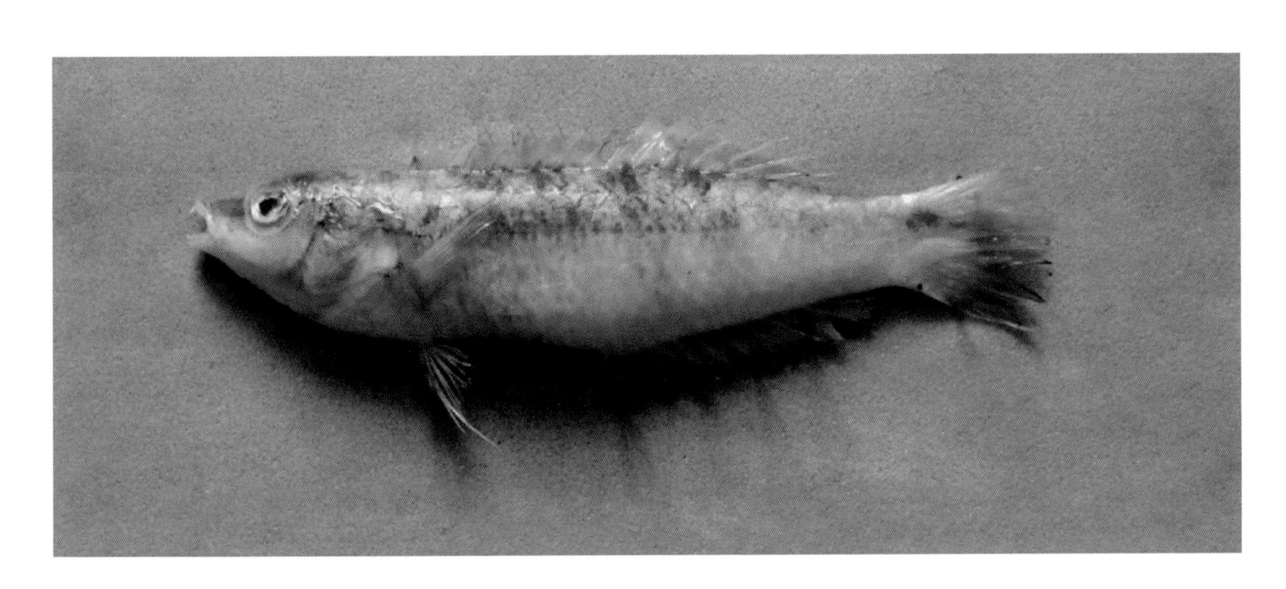

形态特征： 体延长，侧扁；背缘与腹缘较平直。头较小；吻尖突；唇中等肥厚，下唇中裂，形成小型肉垂。上、下颌约等长；上、下颌各具1列锥状齿，上颌前端具1对犬齿，下颌具2对犬齿。前鳃盖骨后缘平滑；鳃盖膜不与喉峡部相连；鳃耙短尖。体被中大圆鳞，颊鳞3列；鳃盖骨无鳞。侧线鳞数23。背鳍Ⅸ—11；臀鳍Ⅲ—10；胸鳍13 ~ 14。腹鳍胸位；尾鳍后缘圆形。体背红褐色，腹粉红色；幼鱼由吻端经眼至尾鳍基部有一暗褐色纵带；成鱼背鳍黑色，鳍基及鳍缘白色；臀鳍黄色，鳍缘黑色；成鱼尾鳍具一黄色的矢状斑。体长约12cm。

分布范围： 中国东海、南海、台湾海域；日本南部海域、澳大利亚海域、西北太平洋暖水域。

生态习性： 主要栖息于岩砾或珊瑚礁外围的沙地水域，以甲壳类及多毛类为食。

线粒体DNA COI片段序列：

CCTCTATCTTGTATTCGGTGCCTGAGCCGGAATAGTGGGAACAGCTCTAAGCCTACTCATCCGAGCA
GAACTAAGCCAGCCTGGCGCCCTTCTTGGGGATGATCAGATTTATAACGTTATCGTTACGGCCCACG
CCTTCGTTATAATTTTCTTTATAGTAATGCCAATTATGATCGGCGGTTTTGGAAACTGACTTATCCCCC
TAATGATTGGTGCCCCCGATATAGCTTTCCCTCGAATGAACAACATGAGCTTCTGACTTCTCCCCCC
CTCCTTCCTTCTTCTCCTTGCCTCTTCTGGCGTAGAAGCAGGGGCCGGGACTGGCTGGACCGTTTA
CCCCCCTCTAGCAGGAAACCTAGCACACGCAGGGGCATCCGTTGATCTAACGATCTTTTCACTTCA
TCTTGCAGGTGTTTCCTCAATTCTTGGGGCAATTAATTTTATTACCACAATTATTAATATGAAACCTCC
GGCCATTTCCCAATACCAGACACCTTTATTTGTTTGAGCAGTCCTAATTACCGCAGTCCTTCTACTTC
TTTCCCTGCCGGTCTTGGCTGCTGGAATTACAATGCTTCTGACAGACCGAAATCTTAACACTACTTT
CTTCGACCCTGCGGGCGGAGGAGATCCTATTCTTTATCAACACCTGTTC

线粒体DNA 12S片段序列：

CACCGCGGTTATACGAGAGACCCAAGTTGACAGCTCTCGGCGTAAAGAGTGGTTAAGATAAT
TAAACGGACTAAAGCCAAATGACTTCAAAGCTGTTATACGCGCATGAACGTACGAAGCTCAA
TCACGAAAGTAGCTTTACCTTACCTGACCCCACGAAAGCTAGGACA

邵氏猪齿鱼
Choerodon schoenleinii

中 文 名：邵氏猪齿鱼
学　　名：*Choerodon schoenleinii*（Valenciennes，1839）
英 文 名：Blackspot tuskfish
别　　名：石老，四齿仔，西齿，石老
分　　类：隆头鱼科Labridae，猪齿鱼属*Choerodon*
鉴定依据：台湾鱼类资料库；中国海洋鱼类，中卷，p1433

形态特征： 体延长，侧扁，呈长卵圆形，头部背面轮廓圆突。眼小，高位。上颌较短，向后不达眼前缘；上、下缘各具4犬齿。背鳍XII～XIII—7～8；臀鳍III—9～10；胸鳍15～18。侧线鳞26～29。鳃耙数（6～7）+（9～10）。头部及体侧上部蓝灰色，腹部硫黄色；眼眶前后有数条蓝纹；背鳍第十一棘至第一鳍条基部的鳞鞘黑色，背鳍鳍条部前端下方及尾柄上方各有一蓝斑；下颌腭齿绿色。

分布范围： 中国南海、台湾海域；印度—西太平洋区，由马尔代夫及印度尼西亚到菲律宾，北至琉球与中国台湾，南至澳大利亚海域等。

生态习性： 主要栖息于珊瑚礁处或礁湖区，水深3～60m。此鱼常用头部推动或翻滚海底岩块，让躲藏在岩块下方的甲壳类、贝类无所遁形，再用犬齿咬破它们的厚壳摄食。

线粒体DNA COI片段序列：

CCTCTATTTAGTATTCGGTGCCTGAGCCGGCATAGTCGGCACGGCCCTGAGCTTGCTTATCCG
GGCAGAACTAAGCCAACCCGGCGCTCTCCTCGGAGACGACCAGATTTATAATGTTATCGTTA
CAGCACATGCGTTCGTAATGATCTTCTTTATAGTAATACCAATTATGATTGGAGGCTTCGGCAA
TTGACTCATCCCACTAATGATTGGTGCACCTGACATAGCCTTCCCTCGAATGAACAACATAAG
CTTTTGGCTCCTCCCACCCTCCTTCCTCCTTCTACTAGCCTCGTCTGGCGTGGAGGCCGGGGC
AGGTACAGGATGAACGGTTTACCCGCCCCTGGCAGGAAATCTGGCCCATGCGGGAGCATCC
GTTGATCTAACTATCTTCTCCCTCCACCTCGCAGGTGTCTCTTCCATTCTTGGGGCTATCAACT
TTATTACAACAATTATTAACATGAAACCCCCTGCCATCTCCCAATACCAAACCCCGCTATTCGT
CTGAGCTGTATTAATTACGGCAGTTCTCCTTCTTCTCTCCCTACCCGTCCTCGCAGCAGGCATT
ACAATGCTTCTTACGGACCGAAACCTAAACACCACCTTCTTTGACCCAGCAGGAGGAGGAG
ACCCCATCCTCTATCAGCACCTATTC

线粒体DNA 12S片段序列：

CACCGCGGTTATACGAGAGGTCCAAGTTGACAAACGCCGGCGTAAAGCGTGGTTATGATTCC
TACAAAACTAAAGCCAAATGCCCACAAAGCTGTTATACGCTCTCGAGGGCCAGAAACCCAC
CAACGAAAGTGGCTTTACACACCTGAACCCACGAAAGCTATGAAA

库拉索凹牙豆娘鱼
Amblyglyphidodon curacao

中 文 名： 库拉索凹牙豆娘鱼
学　　名： *Amblyglyphidodon curacao*（Bloch，1787）
英 文 名： Clouded damselfish，Staghorn damselfish
别　　名： 橘钝宽刻齿雀鲷，厚壳仔，黄背雀鲷
分　　类： 雀鲷科 Pomacentridae，凹牙豆娘鱼属 *Amblyglyphidodon*
鉴定依据： 中国海洋鱼类，中卷，p1396；台湾鱼类资料库

形态特征：体呈卵圆形，侧扁，体长为体高的1.6 ~ 1.7倍。吻短而略尖。眼中大，上侧位。口小，上颌骨末端不及眼前缘；齿单列，齿端扁平，具缺刻。眶下骨被鳞，后缘平滑；前鳃盖骨后缘也平滑。体被大栉鳞；侧线上有孔鳞片15 ~ 18。背鳍单一，鳍条部延长，呈尖形，硬棘13、鳍条11 ~ 14；臀鳍硬棘2、鳍条13 ~ 15；胸鳍鳍条16 ~ 17；尾鳍叉形，末端呈尖形，上、下叶外侧鳍条不延长呈丝状。体呈黄绿色至褐色，体侧具数条暗色宽带。除胸鳍及腹鳍淡色外，各鳍色深；胸鳍基底上方无小黑点。

分布范围：中国台湾海域与南海；印度—西太平洋区，由马来西亚至萨摩亚，北至琉球群岛，南至澳大利亚大堡礁。

生态习性：为珊瑚礁鱼类。栖息于珊瑚礁海区，水深1 ~ 15m。主要栖息于潟湖、沿岸港湾、外海珊瑚礁区等较浅而有枝状珊瑚的盘礁上活动。幼鱼紧邻珊瑚丛的枝丫，成鱼则稍高些，遇惊吓或入夜后则躲入礁枝内栖息，垂直分布的范围很窄。以浮游动物及丝状藻类等为食。

线粒体DNA COI片段序列：

CCTCTATCTAGTATTTGGTGCTTGAGCTGGAATAGTAGGCACGGCTTTAAGCCTCCTC
ATTCGAGCAGAACTAAGCCAACCAGGCGCACTCTTAGGAGACGACCAAATTTATAA
CGTCATTGTTACCGCACATGCCTTTGTAATAATTTTCTTTATAGTAATGCCAATCCTGA
TCGGAGGATTTGGAAACTGGTTAGTCCCACTCATGCTTGGCGCCCCCGACATGGCAT
TCCCCCGAATAAATAACATAAGCTTCTGGCTACTACCTCCGTCATTCCTTCTACTTCTT
GCCTCTTCTGGAGTTGAAGCCGGGGCCGGGACAGGTTGAACTGTGTACCCTCCACT
ATCCGGAAACCTAGCCCACGCAGGGGCATCAGTAGACCTAACCATTTTCTCCCTTCA
CCTAGCAGGTGTTTCATCAATTCTGGGAGCAATTAACTTTATTACCACTATTATTAACA
TGAAACCTCCTGCCATTTCACAATATCAAACCCCCCTGTTTGTTTGAGCCGTGTTAAT

TACCGCCGTCCTGCTTCTCTTATCTCTCCCCGTTCTGGCAGCTGGTATTACCATGCTAT
TAACAGACCGAAATCTAAACACCACCTTCTTTGACCCAGCAGGAGGAGGAGACCCG
ATTCTTTACCAGCACCTCTTC

线粒体DNA 12S片段序列：

CACCGCGGTTATACGAGAGGCTCAAGTTGATAGACAACGGCGTAAAGAGTGGTTAAGGAGA
ACTTTCAAACTAAAGCCGAACGTCCTCAAAGCTGTTTAACGCTTCCGAGTTAAGAAGCCCCA
CTACGAAAGTAGCTTTACCTCACCTGACCCCACGAAAGCTGTGAAA

白背双锯鱼
Amphiprion sandaracinos

中 文 名：白背双锯鱼
学　　名：*Amphiprion sandaracinos* Allen，1972
英 文 名：Yellow clownfish
别　　名：小丑鱼
分　　类：雀鲷科Pomacentridae，双锯鱼属*Amphiprion*
鉴定依据：台湾鱼类资料库；中国海洋鱼类，中卷，p1416

形态特征： 体呈椭圆形，侧扁，体长为体高的1.8 ~ 2.1倍。吻短而钝；眼中大，上侧位。口小，上颌骨末端不及眼前缘；齿单列，圆锥状。眶下骨及眶前骨具放射性锯齿；各鳃盖骨后缘皆具锯齿。体被细鳞；侧线上有孔鳞片32 ~ 37。背鳍单一，鳍条部不延长，略呈圆形，硬棘8 ~ 10、鳍条16 ~ 18；臀鳍硬棘2、鳍条12；胸鳍鳍条16 ~ 18；雄、雌鱼尾鳍皆呈圆形。体一致呈橘红色，各鳍淡橘黄色。体背由吻部沿背鳍基底延伸至尾柄有一白窄带。

分布范围：中国台湾海域；琉球以南海域、澳大利亚海域、西太平洋暖水域。

生态习性：主要栖息于潟湖及独立礁区，栖息水深约可达20m。与海葵具共生行为，体表的黏液可保护自己不被海葵伤害。行“一夫一妻”制，成对或成一小群生活。杂食性，以藻类和浮游生物为食。

线粒体DNA COI片段序列：

CCTTTATCTAATTTTCGGTGCTTGAGCTGGAATAGTAGGCACGGCCTTAAGCCTTCTTA
TTCGAGCAGAATTAAGCCAACCAGGCGCACTTTTAGGAGATGATCAGATTTATAACGT
TATTGTTACCGCACATGCCTTCGTAATAATTTTCTTTATAGTAATACCAATTCTAATTGGA
GGATTTGGAAACTGACTAGTACCCCTTATGCTTGGCGCCCCCGATATAGCATTTCCTCG
CATAAACAACATAAGCTTCTGACTTCTCCCTCCCTCCTTCCTTCTTCTGCTTGCCTCCT
CAGGGGTTGAAGCCGGGGCTGGAACAGGCTGAACTGTATACCCACCACTGTCTGGAA
ACCTAGCCCATGCAGGAGCATCAGTAGACTTAACTATCTTTTCCCTCCACCTGGCAGG
TGTTTCATCAATCCTGGGAGCAATCAACTTTATTACTACCATTATTAACATGAAACCCCC
TGCCATCACACAGTATCAAACCCCTCTATTTGTTTGAGCTGTCCTAATTACTGCTGTTC
TTCTCCTCCTCTCTCTCCCAGTTTTAGCTGCCGGTATTACTATGCTCTTAACGGACCGA
AACCTAAATACTACCTTCTTTGACCCAGCAGGAGGAGGAGATCCAATTCTTTACCAAC
ACCTTTTC

线粒体DNA 12S片段序列：

CACCGCGGTTATACGAGAGGCCCAAGTTGACAGACTACGGCGTAAAGAGTGGTTA
GGGAAACTTTTAGACTAAAGCCGAACGTCCTCAAAGCTGTTTAACGCTTCCGAGT
TAAGAAGATCCATTACGAAAGTAGCTTTACCCAACCTGACCCCACGAAAGCTGTG
AAA

眼斑双锯鱼
Amphiprion ocellaris

中 文 名：眼斑双锯鱼
学　　名：*Amphiprion ocellaris* Cuvier，1830
英 文 名：Clownfish
别　　名：小丑鱼
分　　类：雀鲷科Pomacentridae，双锯鱼属*Amphiprion*
鉴定依据：台湾鱼类资料库；中国海洋鱼类，中卷，p1417

形态特征： 体呈椭圆形，侧扁，体长为体高的1.8～2.2倍。吻短而钝；眼中大，上侧位。口小，上颌骨末端不及眼前缘；齿单列，圆锥状。眶下骨及眶前骨具放射性锯齿；各鳃盖骨后缘皆具锯齿。体被细鳞；侧线上有孔鳞片34～48。背鳍单一，鳍条部不延长，略呈圆形，硬棘10～11、鳍条13～17；臀鳍硬棘2、鳍条11～13；胸鳍鳍条15～18；雄、雌鱼尾鳍皆呈圆形。体一致呈橘红色，体侧具3条白色宽带，分别为眼后白带，呈半圆弧形；背鳍下方的白带，呈三角形；尾柄上为垂直白带，幼鱼无此带。各鳍具黑色缘。

分布范围： 中国南海与台湾海域；琉球群岛海域、马来西亚海域、澳大利亚海域、印度—西太平洋暖水域。

生态习性： 主要栖息于潟湖及珊瑚礁区。与海葵具共生行为，体表黏液可保护自己不被海葵伤害。行群聚生活，雌、雄鱼均具有护巢护卵行为，通常由一条体型最大的雌鱼带领一条体型第二大且具生殖能力的雄鱼，其他成员包括无生殖能力的中成鱼和一群稚鱼。当失去最大雌鱼后，则第二大的雄鱼顺位变性成雌鱼递补。以藻类、鱼卵和浮游生物为食。

线粒体DNA COI片段序列：

CCTCTATCTAGTATTCGGTGCTTGAGCTGGAATAGTAGGCACAGCTTTAAGCCTTCTTA
TTCGGGCAGAACTAAGCCAACCAGGCGCACTTCTAGGAGACGACCAAATTTATAACG
TTATTGTTACCGCACATGCCTTCGTAATAATTTTCTTTATAGTAATACCAATTATAATCGG
AGGGTTTGGAAACTGACTGGTCCCCCTTATGCTTGGCGCCCCCGACATAGCATTCCCT
CGTATAAACAACATAAGCTTCTGATTACTTCCTCCCTCTTTCCTTCTTCTACTCGCCTCC
TCAGGAGTTGAAGCAGGTGCCGGAACAGGCTGAACTGTTTACCCTCCACTATCTGGA
AACCTAGCCCATGCAGGAGCATCAGTAGACTTAACTATCTTCTCCCTCCATCTGGCAG

GTGTTTCATCAATTCTTGGAGCAATTAACTTTATTACCACCATTATTAACATGAAACCCC
CCGCCATCACACAGTATCAAACCCCCCTATTCGTGTGAGCTGTTCTGATTACTGCTGTT
CTCCTTCTCCTTTCTCTACCAGTCTTAGCTGCCGGCATTACCATGCTCCTAACTGACCG
AAATCTAAATACTACTTTCTTTGACCCCGCAGGGGGAGGAGACCCTATTCTTTACCAAC
ACCTTTTC

线粒体DNA 12S片段序列：

CACCGCGGTTATACGAGAGGCTCAAGTTGACAGACAACGGCGTAAAGAGTGGTTAGGGAAA
TTTTAAACTAAAGCCAAACGTCCTCAAAGCTGTTTAACGCTCCCGAGTTAAGAAGATCCATT
ACGAAAGTAGCTTTACCCATCCTGACCCCACGAAAGCTGTGACA

克氏双锯鱼
Amphiprion clarkii

中 文 名：克氏双锯鱼
学　　名：*Amphiprion clarkii*（Bennett，1830）
英 文 名：Black clown，Brown anemonefish，Chocolate clownfish
别　　名：小丑鱼，贪吃公，克氏海葵鱼
分　　类：雀鲷科 Pomacentridae，双锯鱼属 *Amphiprion*
鉴定依据：中国海洋鱼类，中卷，p1418；台湾鱼类资料库

形态特征： 体呈椭圆形，侧扁，体长为体高的1.7 ~ 2.0倍；吻短而钝；眼中大，上侧位。口小，上颌骨末端不及眼前缘；齿单列，圆锥状。眶下骨及眶前骨具放射性锯齿；各鳃盖骨后缘皆具锯齿。体被细鳞；侧线上有孔鳞片34 ~ 35。背鳍单一，鳍条部不延长，呈圆形，硬棘10 ~ 11、鳍条15 ~ 17；臀鳍硬棘2、鳍条12 ~ 15；胸鳍鳍条18 ~ 21；雄鱼尾鳍截形，末端呈尖形，雌鱼呈叉形，末端呈角形。体一般呈黄褐色至黑色，体侧具3条白色宽带；胸鳍及尾鳍淡色，其余鳍色不定，或暗色，或黄色，或淡色。

分布范围： 中国南海、台湾海域；日本千叶以南海域、印度—西太平洋暖水域。

生态习性： 为珊瑚礁鱼类。主要栖息于潟湖及外礁斜坡处，栖息水深约可达60m，但一般皆生活于浅水域。与海葵具共生行为，体表的黏液可保护自己不被海葵伤害。行群聚生活，雌、雄鱼均具有护巢护卵的行为，攻击性强，通常由一条体型最大的雌鱼带领一条体型第二大且具生殖能力的雄鱼，其他成员包括无生殖能力的中成鱼和一群稚鱼。当失去最大雌鱼后，则第二大的雄鱼顺位变性成雌鱼递补。以藻类和浮游生物为食。

线粒体DNA COI片段序列：

CCTTTATCTAGTTTTCGGTGCTTGAGCTGGGATAGTAGGCACGGCCTTAAGCCTTCTTATTCG
AGCAGAATTAAGCCAACCAGGCGCACTTTTAGGAGATGATCAGATTTATAACGTCATTGTTAC
CGCACATGCCTTCGTGATAATTTTCTTTATAGTAATACCAATTATGATTGGAGGATTTGGAAAC
TGACTAGTACCCCTTATGCTTGGCGCCCCCGATATAGCATTCCCTCGCATAAACAACATAAGC
TTCTGGCTCCTCCCTCCCTCTTTCCTTCTTCTGCTTGCTTCCTCAGGAGTTGAAGCCGGGGCC
GGAACAGGCTGAACTGTATATCCCCCACTGTCTGGAAACCTAGCCCATGCAGGAGCATCCGT
GGACTTAACTATTTTCTCCCTCCACCTGGCAGGTGTTTCATCAATCCTGGGAGCAATCAACTT
TATTACTACCATTATTAACATAAAACCCCCTGCCATCACACAGTATCAGACCCCTCTATTTGTT
TGAGCTGTCCTAATTACTGCTGTTCTTCTTCTCCTATCTCTCCCAGTACTAGCTGCCGGTATTA
CTATGCTCTTAACGGACCGAAATCTAAATACTACCTTCTTTGATCCAGCAGGGGGAGGAGATC
CAATTCTCTACCAACACCTTTTC

线粒体DNA 12S片段序列：

CACCGCGGTTATACGAGAGGCTCAAGTTGACAGACTACGGCGTAAAGAGTGGTTAGGGAAA
TTTTTAGACTAAAGCCGAACGTCCTCAAAGCTGTTTAACGCTTCCGAGTTAAGAAGATCCATT
ACGAAAGTAGCTTTACCCAACCTGACCCCACGAAAGCTGTGAAA

三斑宅泥鱼
Dascyllus trimaculatus

中 文 名： 三斑宅泥鱼
学　　名： *Dascyllus trimaculatus*（Rüppell，1829）
英 文 名： Threespot dascyllus，Threespot damselfish
别　　名： 三点白，厚壳仔，黑婆
分　　类： 雀鲷科Pomacentridae，宅泥鱼属*Dascyllus*
鉴定依据： 中国海洋鱼类，中卷，p1414

形态特征： 体呈圆形，侧扁，体长为体高的1.4 ~ 1.6倍。吻短而钝圆。口中型；两颌齿小，呈圆锥状，靠外缘的齿列渐大且齿端背侧有不规则的绒毛带。眶前骨具鳞，眶下骨具鳞，下缘具锯齿；前鳃盖骨后缘微呈锯齿状。体被栉鳞；侧线上有孔鳞片17 ~ 20。鳃耙数23 ~ 25。背鳍单一，鳍条部不延长，呈角形，硬棘12、鳍条14 ~ 16；臀鳍硬棘2、鳍条13 ~ 15；胸鳍鳍条18 ~ 21；尾鳍内凹形，上、下叶末端略呈圆形。体色呈暗褐色到黑色；体侧中央两侧具一淡色斑点，头背上另有一淡色斑点。幼鱼时体色暗，斑点泛白；随着成长，体色渐淡，斑点也变淡，甚至消失。

分布范围： 中国南海、台湾海域；日本南部海域、澳大利亚海域、印度—太平洋暖水域。

生态习性： 主要栖息于岩礁及珊瑚礁区，栖息水深1 ~ 55m。幼鱼常与小丑鱼一起与海葵、海胆共生或在珊珊丛中栖息，成长后以珊瑚礁为主要栖息场所。领域性极强，在警戒或交配时，体色会转变成灰白色。主要以小虾、小蟹、藻类及浮游动物为食。

线粒体DNA COI片段序列：

CCTCTATCTAGTATTTGGTGCCTGAGCCGGGATAGTAGGTACAGCCCTAAGCCTGCTTATCCG
AGCAGAGCTAAGCCAACCAGGCGCTCTTCTAGGGGACGACCAGATTTATAATGTTATCGTCA
CAGCGCACGCCTTTGTAATAATTTTCTTTATAGTAATGCCAATTATGATTGGAGGGTTTGGAAA
CTGGCTGATTCCTCTCATGATCGGAGCCCCTGACATAGCATTCCCTCGGATGAATAATATAAGT
TTCTGACTTTTACCCCCTTCATTCCTTCTTCTGCTGGCCTCTTCTGGCGTCGAAGCAGGTGCA
GGCACAGGATGAACCGTATACCCTCCCCTATCAGGAAACCTGGCCCATGCAGGAGCTTCCGT
AGATCTGACCATTTTCTCGCTCCATCTGGCAGGAATTTCCTCGATCCTTGGAGCAATCAACTT
TATTACAACCATCATTAACATAAAACCTCCCGCTATCACCCAATACCAAACTCCTCTTTTCGTG

TGAGCTGTCCTTATTACTGCTGTTCTTCTCCTTCTCTCCCTTCCAGTCCTAGCCGCTGGAATTA
CCATGCTCTTAACTGATCGTAACTTAAATACTACATTTTTTGACCCAGCAGGAGGAGGGGACC
CAATCCTCTATCAACATTTATTC

线粒体DNA 12S片段序列：
CACCGCGGTTATACGAGAGGCTCAAGTTGACAGACACCGGCGTAAAGAGTGGTTAAGGAAA
TTTTTAGATTAAAGCCGAACGCCTACAAGACTGTCATACGTTCTTCGAAGGTATGAAGCCCC
ACCACGAAAGTGGCTTTATCCCCCCTGACCCCACGAAAGCTGAGAAA

金鳊
Cirrhitichthys aureus

中 文 名：金鳊
学　　名：*Cirrhitichthys aureus*（Temminck & Schlegel，1842）
英 文 名：Golden hawkfish，Yellow hawkfish
别　　名：深水格，格仔，金狮
分　　类：鳊科Cirrhitidae，金鳊属*Cirrhitichthys*
鉴定依据：台湾鱼类资料库；中国海洋鱼类，中卷，p1344

形态特征：体长为体高的2.4～2.6倍、为头长的2.8～2.9倍。头长为吻长的3.0～3.6倍、为眼径的4.1～4.9倍。体长椭圆形，侧扁，背面较窄，腹面圆凸；背缘弧形隆起较大，体在背鳍起点处最高，由此向吻端倾斜。头较小，前端钝尖，两侧平坦。吻稍钝。眼中大，上侧位，近背缘，眼窝上缘隆起。眼间隔窄，小于眼径，低于隆起部。鼻孔每侧2个，紧接于眼前上方；前鼻孔后缘具一分支鼻瓣，后鼻孔长椭圆形，无鼻瓣。口小，前位。上、下颌约等长，两颌牙细小，前端多行，排列成牙丛，下颌外行牙较大，两侧各具3～4枚犬牙；犁骨及腭骨均具细牙。鳃孔大。前鳃盖骨边缘具强锯齿，鳃盖骨退化。假鳃发达。鳃耙短钝。鳃耙数（3～4）+（8～9）。体被圆鳞。鳃盖部、胸部及各鳍基底均被小圆鳞。侧线完全，位稍高。背鳍Ⅹ—12；臀鳍Ⅲ—6；胸鳍14；腹鳍1～5；尾鳍17。背鳍鳍棘部和鳍条部之间连续，无缺刻，起点在胸鳍基底上方稍前，鳍棘部除第一和第二鳍棘较短外，其余各棘约等长，各鳍棘间的鳍膜具深缺刻，上端有小穗状分支；第一鳍条丝状延长。臀鳍起点在背鳍第二鳍条的下方，第二鳍棘最长，约为第一鳍棘的2.5倍。胸鳍宽大，下侧位，下部具6条肉质肥厚、不分支、微延长的鳍条，最长的为上部分支鳍条的1.5倍，后端超过肛门，伸达臀鳍基底。腹鳍较小，胸位。尾鳍稍内凹。体橘黄色，腹缘较淡；各鳍金黄色，边缘黄绿色。全体无斑点。液浸标本体赤黄色，各鳍灰白色或白色。

分布范围：中国东海、南海、台湾海域；日本相模湾以南海域、印度—西太平洋温暖水域。

生态习性：为珊瑚礁鱼类。主要栖息于较深的岩礁及珊瑚礁区域。通常喜欢停栖于礁盘上，伺机捕食猎物。以甲壳类或小型鱼类为食。

线粒体DNA COI片段序列：

CCTCTATCTTGTATTTGGTGCTTGAGCTGGAATAGTCGGTACTGCCTTAAGCCTTCTAATTCGAGC
TGAACTTAGCCAACCAGGGGCCCTCCTGGGAGATGACCAAATTTATAATGTAATCGTTACAGCC
CATGCCTTCGTAATGATTTTTTTTATGGTTATACCAATTATGATTGGAGGCTTTGGAAACTGACTA
ATCCCCCTGATAATTGGGGCCCCTGACATGGCCTTCCCCCGAATAAATAATATAAGCTTCTGGCTT
CTCCCCCCTTCCTTCCTACTACTCCTAGCCTCTTCTGGGGTTGAAGCAGGGGCAGGCACAGGCT
GAACAGTCTATCCTCCCCTAGCAGGTAACCTTGCCCATGCAGGAGCATCTGTAGATTTAACTATC
TTTTCCCTTCATCTAGCAGGGATTTCTTCAATTTTAGGGGCTATTAATTTTATTACAACTATTATTA
ACATGAAACCCCCTTCTATTTCACAGTATCAAACCCCCCTATTTGTTTGAGCTGTCCTAATTACAG
CAGTGCTTCTTCTTCTGTCCCTCCCAGTTCTTGCTGCCGGCATTACTATGTTACTTACTGACCGAA
ATTTAAATACAACTTTCTTTGACCCCGCAGGGGGAGGTGACCCAATTCTTTACCAACACCTATTC

线粒体DNA 12S片段序列：

CACCGCGGTTATACGGGTTAGCCCAAGTTGACAGCCTGCGGCGTAAAGCGTGGTTAGGGGC
ACTTAAAGACTAAAGCCGAATTATCCTTCAGCTGTTGCACGCTAACAGGATAGAGAAGTTCA
ACTACGAAAGTGACTTTACTAAATTTCCCTGAACCCACGAAAGTTTTGATA

日本美尾鲔

Calliurichthys japonicus

中 文 名：日本美尾鲔
学　　名：*Calliurichthys japonicus*（Houttuyn，1782）
英 文 名：Japanese longtail dragonet，Dragonet
别　　名：老鼠，狗圻
分　　类：鲔科Callionymidae，美尾鲔属*Calliurchthys*
鉴定依据：南沙群岛至华南沿岸的鱼类（一），p149；台湾鱼类资料库；中国海洋鱼类，下卷，p1663

形态特征：体延长，纵扁。枕骨区具两个高骨质突起，通常在突起间另具一骨质棱脊。鳃孔背位。前鳃盖骨强棘为头长的0.23～0.45倍，强棘末端平直或稍下弯曲，腹缘平滑且直，基部具一强倒棘，背缘具6～13个锯齿状小倒棘。侧线从眼延伸至尾鳍第三或第四分支鳍条的末端，具1条眼下分支及1条分叉的颌、前鳃盖骨分支，枕骨区具1条横向侧线，尾柄背部具2条横向侧线，连接体侧两侧线。雄鱼第一背鳍高，第一及第二棘延长成丝状，约等长，雌鱼第一背鳍低，背棘不延长成丝状；雌、雄鱼第二背鳍鳍缘平直，背鳍与臀鳍除最后一鳍条外，其余鳍条均不分叉；胸鳍延伸至臀鳍第二鳍条基部；雌、雄鱼尾鳍均延长，矛状尾，雌鱼尾鳍稍短。保存标本体呈棕色，背部具白斑及深棕色底，腹部白色，体侧具1列深棕斑及黑点；雄鱼喉部具一棕斑或黑斑，且无线纹围绕，雌鱼喉部稍白；眼深灰或深蓝色；雌、雄鱼第一背鳍色淡，均具不规则的棕斑及棕线，但数目及分布位置多变，第三棘膜具一白底黑斑，此黑斑延伸至第二棘膜，第二棘膜也具白纹；雌、雄鱼第二背鳍透明，鳍条具棕点，鳍膜具水平的短棕色纹及棕色点；臀鳍鳍缘2/3处黑色，鳍条尖端白色，鳍基白色；尾鳍具6～12列排成垂列的深棕斑，下叶缘黑或深棕色。

分布范围：中国东海、南海、台湾海域；日本南部海域、澳大利亚海域、西太平洋暖水域。

生态习性：为暖水性底层鱼类。主要栖息于浅水区到深水域的沙泥底上。栖息水深20～200m。以片脚类、多毛类、双壳纲、腹足类与阳燧足类动物等为食。

线粒体DNA COI片段序列：

TCTCTACTTGGTGTTCGGTGCATGAGCCGGCATAGTAGGGACTGCTTTAAGCCTACTTATTCG
AGCTGAACTAAACCAACCAGGAGCCCTTCTTGGCGACGACCAAATTTATAATGTCATTGTGA
CAGCACATGCATTTGTAATAATTTTTTTTATAGTTATACCAATTATGATCGGGGGCTTTGGCAA
CTGACTAGTTCCTATAATAATCGGGGCGCCGGACATGGCCTTCCCTCGAATAAATAACATAAG
TTTTTGACTCTTGCCCCCCTCTTTTCTCCTGTTACTAGCCTCTTCTGGTGTCGAGGCTGGAGC
TGGGACGGGATGAACTGTTTACCCGCCACTATCTAGCAACCTTGCCCACGCCGGAGCCTCTG
TTGATTTGACCATTTTCTCCCTGCACTTAGCAGGAATTTCTTCTATTCTAGGGGCTATTAATTTC
ATTACAACTATTACAAACATGAAACCCCCTGCCCTCACCCAATACCAGACCCCCCTATTCGTT
TGGGCAGTGTTAATTACCGCTGTACTACTACTCCTCTCACTTCCAGTCCTGGCTGCCGGAATT
ACAATACTACTAACGGACCGCAACCTTAACACCACCTTCTTTGACCCTGCCGGCGGCGGAGA
CCCTATTTTATACCAACACCTTTTT

线粒体DNA 12S片段序列：

CACCGCGGTTATACGAGAGACCCAAATTGACAGGTAACGGCGTAAAGGGTGGTTAAATGTTA
TTAAAATAGGGCCGAACTCAACCCCGACTGTTATACGTTACGGTAGGAAGAAGCCCATAAGC
GAAAGTAGCCCTAAACAATTGAACCCACGAAAGCTAGGAAA

短蛇鲭
Rexea prometheoides

中 文 名：短蛇鲭
学　　名：*Rexea prometheoides* Bleeker，1856
英 文 名：Royal escolar，Silver gemfish，Southern kingfish
别　　名：短梭
分　　类：蛇鲭科Gempylidae，短蛇鲭属*Rexea*
鉴定依据：中国海洋鱼类，下卷，p1899；台湾鱼类资料库；台湾鱼类志，p552

形态特征：体延长，略侧扁，背、腹轮廓呈弧形，尾柄无棱脊；体长为体高的5 ~ 6倍。头中大，尖长。吻尖突。口裂大，平直；下颌突出于上颌；上、下颌具尖锐的犬齿，具锄骨齿。侧线2条，上侧线沿背缘延伸至第二背鳍下方，下侧线与上侧线连接于第四至第五棘下方，陡降后略直行于体侧中部。第一背鳍略高，具棘18 ~ 19；第二背鳍硬棘1、鳍条14 ~ 17，离鳍2；臀鳍硬棘1、鳍条12 ~ 15，离鳍2；腹鳍退化，具棘1，成长后消失；尾鳍深叉。体灰绿色，略带银光；背鳍第一至第三硬棘间具黑斑；尾鳍黑褐色；余鳍淡灰黑或淡色。

分布范围：中国东海、台湾海域；日本南部海域，印度—西太平洋温带和热带水域。

生态习性：近海大洋性中底层洄游鱼种。一般栖息于水深135 ~ 540m的大陆棚陡坡。独游性。具有于夜间迁移至中层水域的习性。以甲壳类、头足类及鱼类等为食。

线粒体DNA COI片段序列：

CTTATATCTCGTATTCGGTGCATGGGCCGGGATAGTGGGAACGGCCTTAAGCCTGCTTATTCG
GGCTGAGCTCAGCCAGCCCGGATCCCTGCTTGGGGACGATCAGATCTATAACGTAATCGTTA

CGGCGCACGCCTTCGTAATAATTTTCTTTATAGTAATGCCGATTATAATTGGCGGGTTTGGAAA
CTGACTTATCCCCCTAATAATTGGAGCCCCTGACATGGCATTCCCCCGAATAAATAACATAAG
CTTTTGACTTCTGCCACCCTCCTTTCTCCTTCTACTGGCCTCCTCCGGAGTTGAAGCCGGGGC
TGGGACAGGGTGAACAGTTTATCCTCCTCTGTCAGCTAACCTCGCCCATGCAGGAGCATCAG
TTGACCTAACTATTTTTTCTTTACACTTAGCAGGAATCTCCTCAATCTTAGGGGCCATTAATTT
CATCACAACAATCCTAAATATAAAACCTGTTGCTATTTCACAGTACCAAACCCCCTTATTTGTT
TGGGCTGTCCTAATTACGGCTGTGCTTCTACTCCTTTCCCTCCCAGTTCTTGCTGCGGGGATT
ACTATGCTTCTAACAGACCGAAACCTTAACACAACCTTCTTTGACCCTGCAGGAGGGGGAG
ACCCAATTCTATATCAACATCTATTC

线粒体DNA 12S片段序列：

CACCGCGGTTATACGAGGGGCCCAAGTTGACAGAAAACGGCGTAAAGCGTGGTTAAGGAAA
AACTTAAACTAAAGCCGAATGACTTCAGAGCAGTTCAAAGCATCCGAAAACACGAAGCCCA
CCCACGAAAGTGGCTTTACTACCCCTGACTCCACGAAAGCTATGGCA

康氏马鲛
Scomberomorus commerson

中 文 名：康氏马鲛
学　　名：*Scomberomorus commerson*（Lacepède，1800）
英 文 名：Barred mackerel，Barred seer fish
别　　名：土魠，马友，马鲛
分　　类：鲭科Scombridae，马鲛属*Scomberomorus*
鉴定依据：中国海洋鱼类，下卷，p1887；台湾鱼类资料库

形态特征：体呈长纺锤形。尾柄细，两侧在尾鳍基处各具3条隆起脊，中央脊长而高，其余两脊短而低。头中大，稍侧扁。吻尖突，大于眼径。眼较小，位近背缘。口中大，端位，斜裂；上、下颌等长，上、下颌齿各具齿1列；齿强大，侧扁，三角形，12 ~ 16枚，排列稀疏；腭骨

及锄骨也具齿，舌上无齿。第一鳃弓上的鳃耙数为（0 ~ 2）+（1 ~ 8）。体被细小圆鳞，易脱落，侧线鳞较大，腹部大部分裸露无鳞；侧线完全，无分支，沿背侧延伸至第二背鳍后方急降至腹侧，再呈波浪状伸达尾鳍基。第一背鳍具硬棘15 ~ 18，与第二背鳍起点距离近，其后具离鳍8 ~ 11；臀鳍与第二背鳍同形；尾鳍新月形。体侧灰绿色，腹部银白色，成鱼体侧有50 ~ 60条波形黑色横带，幼鱼则呈点状。

分布范围：中国东海、南海、台湾海域；日本南部海域、澳大利亚海域、印度海域、西太平洋暖水域。

生态习性：近海暖水性中上层鱼类。主要栖息于浅的大陆棚区，有时会出现于岩岸陡坡或潟湖区，甚至河口。游泳敏捷，性凶猛，成小群游动。主要捕食小型群游鱼类和甲壳类。

线粒体DNA COI片段序列：

CCTCTATCTAGTATTTGGTGCATGAGCTGGAATAGTTGGCACAGCCCTAAGCCTGCTTATCCGAGCTGAACTAAGCCAACCAGGTGCCCTTCTTGGGGACGACCAGATCTATAATGTAATCGTTACAGCCCATGCCTTCGTCATGATTTTCTTTATAGTAATGCCAATCATGATCGGCGGATTTGGAAACTGACTTATCCCCTTAATAATTGGAGCCCCTGACATAGCATTCCCACGAATGAATAACATGAGCTTCTGACTTCTTCCTCCCTCTTTCCTCCTACTCCTTGCCTCCTCTGGAGTTGAGGCTGGGGCCGGAACTGGTTGAACAGTCTATCCGCCCCTTGCCGGTAATCTGGCCCATGCTGGAGCATCCGTTGATTTAACTATTTTCTCCCTTCATCTGGCCGGGATTTCTTCAATCCTCGGGGCAATCAACTTCATTACAACAATCATTAACATGAAACCCCCTGCCATTTCCCAATATCAGACACCACTGTTTGTATGAGCCGTCCTTATCACAGCTGTCCTTCTTCTATTATCCCTTCCAGTTCTTGCTGCCGGCATTACAATGCTCCTTACAGACCGAAACCTAAATACAACCTTCTTTGACCCAGCAGGAGGAGGAGACCCCATCCTTTACCAACACTTATTC

线粒体DNA 12S片段序列：

CACCGCGGTTATACGAGAGGCCCAAGTTGACAGCCCCCGGCGTAAAGCGTGGTTAAGGCATACTTTAAAACTAAAGCCGAATATCTTCAGAGCAGTTATACGCATCCGAAGACACGAAGCCCCACCACGAAAGTGGCTTTATGGCACCTGATCCCACGAAAGCTAGGACA

蓝点马鲛
Scomberomorus niphonius

中 文 名：蓝点马鲛
学　　名：*Scomberomorus niphonius*（Cuvier，1832）
英 文 名：Japanese seerfish，Japanese Spanish mackerel，
别　　名：正马加，马加箭，尖头马加，马友
分　　类：鲭科 Scombridae，马鲛属 *Scomberomorus*
鉴定依据：台湾鱼类资料库；中国海洋鱼类，下卷，p1888

形态特征：体延长，侧扁；尾柄细，两侧在尾鳍基处各具3条隆起脊，中央脊长而高，其余两脊短而低。头中大，稍侧扁。吻长而尖突，远大于眼径。眼较小，位近背缘。口中大，端位，斜裂；上、下颌等长，上、下颌齿各具齿1列；齿强大，侧扁，三角形，14 ~ 20枚，排列稀疏；腭骨及锄骨也具齿，舌上无齿。第一鳃弓上的鳃耙数为（3 ~ 4）+（9 ~ 10）。体被细小圆鳞，易脱落，侧线鳞较大，腹部大部分裸露无鳞；侧线完全，无分支，沿背侧呈波浪状伸达尾鳍基。鳃耙数11 ~ 15。背鳍XIX ~ XXI，（15 ~ 19）+（7 ~ 9）；臀鳍（16 ~ 20）+（6 ~ 9）；胸鳍21 ~ 23；腹鳍Ⅰ—5。第一背鳍与第二背鳍起点距离近；臀鳍与第二背鳍同形；尾鳍新月形。体背蓝绿色，腹部银白色，体侧有8 ~ 9列暗点。第一背鳍黑色；余鳍灰黑色或灰色。体长可达1.6m。

分布范围：中国渤海、黄海、东海、台湾海域；日本北海道以南海域、朝鲜半岛海域、西北太平洋暖温水域。

生态习性：近海暖温性中上层洄游性鱼类。主要栖息于浅的大陆棚区，有时会出现于岩岸陡坡或潟湖区，甚至河口。性凶猛，行动敏捷，成群捕食小型鱼如鳀类。

线粒体DNA COI片段序列：

CCTCTATCTAGTATTCGGTGCATGAGCTGGAATAGTTGGCACAGCCCTAAGCCTGCTTATCCGAGCT
GAACTAAGCCAACCAGGTGCCCTTCTTGGAGACGACCAGATTTATAACGTAATCGTTACAGCCCAT
GCCTTCGTCATGATTTTCTTTATAGTAATACCAATCATGATTGGAGGTTTTGGAAACTGACTTATCCC
CCTAATGATCGGAGCCCCCGACATAGCATTCCCTCGAATGAATAACATAAGCTTTTGACTTCTACCC
CCTTCCTTCCTCCTACTCCTCGCCTCTTCCGGCGTTGAAGCCGGGGCTGGGACTGGTTGAACAGTC
TATCCTCCCCTTGCCGGCAATCTGGCTCACGCTGGAGCATCCGTCGACTTAACTATTTTCTCTCTTCA
CCTGGCAGGGATTTCTTCAATCCTTGGGGCAATCAACTTCATTACGACAATCATTAATATGAAACCC
CCAGCTATCTCCCAATACCAAACACCCTTATTTGTGTGGGCTGTCCTAATTACAGCTGTCCTTCTTCT
ATTATCACTTCCAGTTCTTGCCGCTGGTATTACAATACTTCTTACAGACCGTAACCTAAATACAACCT
TCTTCGACCCGGCAGGCGGAGGAGACCCAATCCTTTACCAACACTTATTC

线粒体DNA 12S片段序列：

CACCGCGGTTATACGAGAGGCCCAAGTTGACAACCACCGGCGTAAAGCGTGGTTAAGATATA
ATCAAAACTAAAGCCGAATGTCTTCAAGGCAGTCATACGCTTCCGAAGACACGAAGCCCCA
CCACGAAAGTGGCTTTAACAATCCCTGAACCCACGAAAGCTAGGACA

鲔

Euthynnus affinis

中 文 名：鲔
学　　名：*Euthynnus affinis*（Cantor，1849）
英 文 名：Bonito，Black skipjack
别　　名：三点仔，烟仔，倒串
分　　类：鲭科Scombridae，鲔属*Euthynnus*
鉴定依据：中国海洋鱼类，下卷，p1882；台湾鱼类资料库；南沙群岛至华南沿岸的鱼类（一），p161

形态特征：体纺锤形，横切面近圆形，背缘和腹缘弧形隆起；尾柄细短，平扁，两侧各具一发达的中央隆起脊，尾鳍基部两侧另具2条小的侧隆起脊。头中大，稍侧扁。吻尖，大于眼径。眼较小，位近背缘。口中大，端位，斜裂；上、下颌等长，上、下颌齿绒毛状；锄骨和腭骨也具细齿1列，舌上则无齿。第一鳃弓上的鳃耙数为29 ~ 34。体在胸甲部及侧线前部被圆鳞，其余皆裸露无鳞；左右腹鳍间具二大鳞瓣；侧线完全，沿背侧延伸，稍呈波形弯曲，伸达尾鳍基。第一背鳍具硬棘11 ~ 15，与第二背鳍起点距离近，其后具离鳍8 ~ 10；臀鳍与第二背鳍同形；尾鳍新月形。体背深蓝色，有十余条暗色斜带；胸部无鳞区常具3 ~ 4个黑色暗斑。

分布范围：中国南海、台湾海域；日本南部海域、印度尼西亚海域、澳大利亚海域、印度—西太平洋暖水域。

生态习性：近海大洋性上层洄游鱼类。常成大群游动，泳速快。主要摄食鱼类、甲壳类、乌贼等。

线粒体DNA COI片段序列：

CCTTTATCTAGTATTCGGTGCATGAGCTGGTATAGTTGGCACGGCCTTAAGCTTGCTCATCCG
GGCTGAACTAAGCCAACCAGGTGCCCTTCTTGGGGACGACCAGATCTACAATGTAATCGTTA
CGGCCCATGCCTTCGTAATGATTTTCTTTATAGTAATGCCAATTATGATTGGAGGGTTTGGAAA
CTGACTCATCCCTCTTATGATTGGGGCTCCAGACATAGCATTCCCTCGAATAAATAACATGAG
CTTCTGACTTCTTCCCCCATCTTTCCTTCTACTCCTAGCTTCTTCAGGAGTTGAGGCTGGTGC
CGGGACTGGTTGAACAGTTTACCCTCCTCTTGCCGGGAATCTGGCCCACGCCGGAGCATCCG
TTGACTTAACTATTTTCTCCCTCCATCTAGCGGGTGTTTCCTCAATTCTTGGGGCAATTAATTT
CATTACGACAATTATCAACATGAAGCCTGCCGCTATCTCTCAATATCAGACCCCTCTGTTCGTA
TGGGCTGTTCTAATTACAGCCGTTCTTCTTCTACTATCCCTCCCAGTCCTTGCCGCTGGCATTA
CAATGCTCCTGACAGACCGAAACCTAAATACAACCTTCTTCGACCCTGCAGGAGGGGGAGA
CCCAATCCTTTACCAGCACCTATTCTGATTCTTTGGCCA

线粒体DNA 12S片段序列：

CACCGCGGTTATACGAGAGGCCCAAGTTGACAGACACCGGCGTAAAGCGTGGTTAAGGTAA
ACTAAAACTAAAGCCGAATACCTTCAGGGCAGTTATACGCATCCGAAGGCACGAAGCCCCAC
CACGAAAGTGGCTTTATGACCCCTGACCCCACGAAAGCTATGACA

东方狐鲣
Sarda orientalis

中 文 名：东方狐鲣
学　　名：*Sarda orientalis*（Temminck & Schlegel，1844）
英 文 名：Bonito，Mexican bonito，Striped bonito
别　　名：梳齿，西齿，疏齿
分　　类：鲭科Scombridae，狐鲣属*Sarda*
鉴定依据：台湾鱼类资料库；中国海洋鱼类，下卷，p1883

形态特征：体呈纺锤形，横切面近圆形，背鳍基底及颊部均具纵沟；尾柄细短，平扁，两侧各具一发达的中央隆起脊，尾鳍基部两侧另具2条小的侧隆起脊。头中大，稍侧扁。吻尖突，大于眼径。眼较小，位近背缘。口中大，端位，斜裂；上、下颌等长，上、下颌齿具强大而尖锐齿1列，犁骨无齿，腭骨具1列尖齿；锄骨和舌上均具齿。第一鳃弓上的鳃耙数为11～14。体除侧线及胸甲外，均裸露无鳞；左右腹鳍间具1个大鳞瓣；侧线完全，沿背侧延伸至第二背鳍起点而缓降，再以波浪状伸达尾鳍基部。第一背鳍具硬棘17～19、鳍条（14～17）+（7～9），与第二背鳍起点距离近，其后具离鳍6～7；臀鳍（14～16）+（6～7），与第二背鳍同形；尾鳍新月形。体背蓝灰色，并且有许多暗色纵纹，腹部银白色；第一背鳍尖端暗色，余鳍灰色。

分布范围：中国东海、南海、台湾海域；印度—太平洋的热带及亚热带海域，西起红海、非洲东岸，东经夏威夷到美国加利福尼亚一带，北至日本九州岛北方，南至澳大利亚西南部。

生态习性：大洋性中表层洄游鱼种。群游性，游泳速度很快。以鲱、鳀等小鱼、头足类及十足类等为食。

线粒体DNA COI片段序列：

CCTTTATCTAGTATTTGGTGCATGAGCTGGAATAGTTGGCACAGCCCTAAGCTTACTTATTCGA
GCTGAGCTAAGCCAACCCGGTGCCCTTCTTGGGGACGACCAGATCTACAATGTAATCGTTAC
GGCCCATGCCTTCGTAATGATTTTCTTTATAGTAATACCAATTATGATTGGAGGATTTGGAAAC
TGACTCATCCCCCTAATGATCGGGGCCCCTGACATAGCATTCCCTCGAATGAACAACATGAGC
TTTTGACTCCTTCCCCCTTCTTTCCTTCTTCTCCTTGCCTCTTCTGGAGTCGAAGCCGGTGCC
GGAACCGGTTGAACAGTCTACCCGCCCCTTGCTGGTAACCTAGCTCACGCCGGAGCATCAGT
TGACTTAACTATTTTCTCCCTACATTTGGCAGGTGTTTCCTCAATTCTTGGGGCAATTAACTTC
ATCACAACAATTATTAACATAAAACCCGCAGCTATCTCCCAATATCAAACACCTTTATTTGTGT
GGGCTGTCCTAATTACAGCCGTCCTCCTCTTACTATCACTGCCAGTCCTTGCCGCTGGCATTA
CCATGCTACTGACGGACCGAAACCTAAATACAACCTTTTTCGACCCGGCAGGCGGAGGTGA
CCCTATCCTTTACCAACACTTATTC

线粒体DNA 12S片段序列：

CACCGCGGTTATACGAGAGGCCCAAGTTGACAGACACCGGCGTAAAGCGTGGTTAAGGTAA
ATTGAAACTAAAGCCGAACACCTTCAGGGCAGTTATACGCATCCGAAGGCACGAAGCTCCA
CCACGAAAGTGGCTTTATGATTCCTGACTCCACGAAAGCTATGATA

中华乌塘鳢

Bostrychus sinensis

中 文 名：中华乌塘鳢
学　　名：*Bostrychus sinensis* Lacépède，1801
英 文 名：Four-eyed sleeper
别　　名：文鱼，笋壳鱼，土鱼，蟹虎
分　　类：塘鳢科 Eleotridae，乌塘鳢属 *Bostrychus*
鉴定依据：中国海洋鱼类，下卷，p1690；福建鱼类志，p326

形态特征：体延长，前部圆筒形，后部侧扁，尾柄长而高。头颇宽，略平扁，头宽稍短于头长。眼小，上侧位，位于头的前半部。眼间隔颇宽，平坦或微圆凸。鼻孔每侧2个；前鼻孔具细长的鼻管，紧邻上唇，且悬垂于上唇上；后鼻孔具短而粗的鼻管，紧位于眼前缘上方。吻宽圆，背面稍圆凸，吻端约在眼中部水平线的前方。口宽大，前位，倾斜。上、下颌约等长，或下颌稍向前突出；上颌骨颇长，后端伸达眼后缘下方。两颌牙细小，尖锐，多行，排列呈宽牙带，无犬牙；犁骨具小型锥状牙，排列呈半卵圆形。唇颇宽厚。舌宽，前端略圆。鳃孔大，侧位。前鳃盖骨边缘光滑，无棘。喉峡部宽。鳃盖膜发达。鳃耙尖短，侧扁；内侧缘具细刺突。肛门位于第二背鳍起点下方。体及头部均被小圆鳞，无侧线。背鳍2个，分离，相距颇远，第一背鳍具6个弱棘，较低，起点在胸鳍基部后上方；第二背鳍大于第一背鳍，基底较长，前部鳍条较短，其余鳍条向后依次渐长，后部鳍条最长，约为头长的1/2，平放时不伸达尾鳍基底。臀鳍与第二背鳍同形，较小，起点在背鳍第五鳍条的下方。胸鳍宽圆，中侧位，为头长的5/8 ~ 5/7，后端超越腹鳍。腹鳍较短，左、右腹鳍靠近，不愈合成吸盘，后端不伸达肛门。尾鳍圆形。液浸标本体灰褐色。腹面浅色。尾鳍基底上端具一带有白边的大型黑色眼状斑。第一背鳍褐色，中央具一淡色纵带；第二背鳍具6 ~ 7条暗褐色纵带。尾鳍具暗色横带纹。体长一般为20cm。

分布范围：中国黄海、东海、南海、台湾海域；日本南部海域、印度—西太平洋暖水域。

生态习性：为近内海性小型鱼类。大多栖息于近内海滩涂的洞穴中，也栖息于河口或淡水内。捕食虾类、小鱼和蟹类。生殖期4—5月。雌鱼和雄鱼同栖于洞穴中，产卵后离去。

线粒体DNA COI片段序列：

CCTTTATCTTGTATTTGGTGCTTGGGCCGGAATAGTAGGCACAGCCTTAAGCTTGCTCATCCG
GGCAGAACTAAGTCAGCCAGGAGCTCTTCTTGGGGATGACCAAATTTACAACGTTATCGTTA
CAGCACACGCTTTTGTAATAATCTTCTTTATAGTAATACCAATTATGATTGGAGGCTTTGGCAA
CTGATTAGTCCCCCTAATGATCGGGGCCCCCGACATAGCCTTCCCTCGAATAAACAACATAAG
CTTCTGACTTCTCCCTCCCTCTTTCCTTCTCCTCCTAGCTTCTTCAGGCGTTGAAGCAGGGGC
CGGAACCGGATGAACGGTCTACCCCCCTTTAGCAGGTAACCTGGCCCATGCTGGGGCATCTG
TAGACCTCACCATCTTTTCACTGCACTTAGCAGGAGTCTCCTCAATTTTAGGGGCAATCAACT
TCATCACAACAATCCTTAACATGAAACCTCCAGCCATCTCGCAATACCAAACGCCTCTCTTTG

TATGGGCTGTCCTCATCACAGCGGTCCTTCTTCTCCTCTCCCTCCCAGTCCTTGCCGCCGGCA
TTACAATGCTTCTAACAGACCGAAACCTCAACACAACATTCTTTGACCCAGCAGGGGGAGG
GGACCCAATCCTGTACCAACACCTTTTC

线粒体DNA 12S片段序列：

CACCGCGGTTATACGAGAGGCCCAAGTTGATAGCCACCGGCGTAAAGAGTGGTTAATAAACA
CCAAAACTAAAGCCGAACATCTTCAAGGCTGTTATACGCACCCGAAGACAGGAAGCCCTTC
CACGAAAGTGGCTTTAAACTTTATGACCCCACGAAAGCTAAGACA

锯脊塘鳢

Butis koilomatodon

中 文 名：锯脊塘鳢
学　　名：*Butis koilomatodon*（Bleeker，1849）
英 文 名：Marblecheek sleeper
别　　名：黑咕噜
分　　类：塘鳢科Eleotridae，脊塘鳢属*Butis*
鉴定依据：台湾鱼类资料库；中国海洋鱼类，下卷，p1692

形态特征：体延长，身体前部呈圆筒形，后部侧扁。背缘、腹缘微微隆起，尾柄较长且高。头中大，较短且圆；前端略为平扁，头后高而侧扁，其头宽小于头高。吻稍短而圆钝，吻背面圆凸，吻端稍低于眼睛下缘。吻长约等于或稍小于眼径。吻侧各具有2行骨质棘。眼中大，上位，稍突出，眼睛上缘邻近头缘。两眼间隔甚窄，中间微凹，间距稍小于眼径。眼睛的上缘和后缘具有半环形的锯齿状骨棘。鳃孔宽大，向前向下延伸至对应于眼位。前鳃盖骨后缘光滑无棘，鳃盖骨上方具有一横沟。鱼体具大型栉鳞。脸颊、鳃盖部位以及眼后背侧的栉鳞较小，胸部与腹部则披有圆鳞，而吻部和下唇面则无鳞片。第一背鳍Ⅵ，第二背鳍Ⅰ—8～9；臀鳍Ⅰ—7～8；胸鳍20～22；腹鳍Ⅰ—5；尾鳍15～16。第一背鳍起于胸鳍基部稍后上方，后端不延伸至第二背鳍；

第二背鳍较长，平放时不延伸至尾鳍基部。臀鳍起点与第二背鳍相对。胸鳍呈宽圆扇形，中侧位，胸鳍长约等于头长。左、右腹鳍靠近，但不相连、愈合，腹鳍末端不及肛门。尾鳍长圆形。头部及体侧为黄褐色，腹侧浅色。体侧有6条暗色横带，有时横带会不明显，眼下方及眼后下方常具有2～3条辐射状灰黑色的条纹。背鳍及臀鳍为灰黑色，具浅色条纹；腹鳍黑色；尾鳍深灰色。

分布范围：中国南海、东海、台湾海域；琉球群岛海域，印度—太平洋区海域。

生态习性：暖水性近岸小型底栖性鱼类。多半栖息于河口、红树林湿地或沙岸沿海的泥沙底质的栖息地中，也被发现于栖息于海滨礁石或退潮后残存的小水洼中。以摄食小鱼及甲壳类等为生。

线粒体DNA COI片段序列：

CCTTTATCTCGTATTTGGTGCCTGAGCCGGAATAGTGGGAACAGCCCTAAGCCTTTTA
ATTCGAGCCGAGCTAAGCCAGCCCGGCGCCCTATTAGGAGACGATCAAATTTATAAC
GTTATCGTTACGGCCCACGCCTTCGTAATAATCTTCTTTATAGTAATACCAATCATAATT
GGGGGGTTCGGTAATTGACTCATTCCCCTAATAATCGGCGCCCCAGACATAGCATTCC
CCCGAATAAATAACATAAGCTTCTGACTATTGCCCCCATCCTTTTTACTTCTATTAGCC
TCATCCGGAGTTGAAGCCGGGGCCGGAACAGGGTGAACAGTATACCCTCCCCTCGC
AGGAAATCTCGCCCACGCAGGAGCCTCCGTTGACTTAACAATTTTCTCCCTCCATTT
AGCAGGAATTTCCTCTATTTTAGGCGCAATTAACTTCATTACCACAATTCTTAATATGA
AGCCCCCAGCTATAACACAGTACCAAACACCTCTCTTTGTGTGAGCCGTACTAATTA
CAGCTGTGCTTCTACTCTTATCCCTCCCCGTACTTGCCGCTGGCATTACTATGCTCCTG
ACAGACCGAAACCTAAACACAACTTTCTTTGACCCTGCAGGGGGAGGAGACCCAAT
TCTGTACCAACATCTATTT

线粒体DNA 12S片段序列：

CACCGCGGTTATACGAGAGGCCCAAGTTGATAGCCACCGGCGTAAAGAGTGGTTAATAAACA
TAAATACTAAAGCCGAACATCTTCAGAGCTGTTATACGTAATTGAAGACAGGAAGACCCTCC
ACGAAAGTGGCTTTAAAATATATGACCCCACGAAAGCTAGGACC

大弹涂鱼
Boleophthalmus pectinirostris

中 文 名：大弹涂鱼
学　　名：*Boleophthalmus pectinirostris*（Linnaeus，1758）
英 文 名：Great blue spotted mudskipper
别　　名：花跳，花条，弹涂鱼，跳跳鱼
分　　类：虾虎鱼科Gobiidae，大弹涂鱼属*Boleophthalmus*
鉴定依据：台湾鱼类资料库库；中国海洋鱼类，下卷，p1824；南沙群岛至华南沿岸的鱼类（一），p163

形态特征：体延长，侧扁，背、腹缘平直，尾柄高而平直。眼小，位高，背侧位，互相靠近。吻圆钝，大于眼径。口大，近平直，上、下颌牙各1行。体及头部被圆鳞；前部鳞小，后部鳞稍大，无侧线。纵列鳞90～105，横列鳞20～22。背鳍Ⅴ，Ⅰ—23～25；臀鳍Ⅰ—23～25；胸鳍18～19；背鳍2个，分离。第一背鳍较高，基底较短，硬棘皆呈丝状延长，以第三棘为最长，第二背鳍基底长，最后面的鳍条平放时可达尾鳍基底；臀鳍与第二背鳍同形；胸鳍短而尖圆，基部具臂状肌柄；左右腹鳍愈合成一吸盘；尾鳍长，呈尖圆状。体背侧青褐色，腹侧浅色。第一背鳍深蓝色，具许多不规则白色小点；第二背鳍蓝色，具4列纵行小白斑；臀、胸及腹鳍皆为淡灰色；尾鳍灰青色，有时具白色小斑。

分布范围：中国东海、台湾海域以及南海；西北太平洋。

生态习性：主要栖息于河口区及红树林的半淡咸水域，以及沿岸海域的泥滩水域。多活动于潮间带，退潮时借胸鳍肌柄于泥滩爬行或跳动觅食；涨潮时则躲于洞穴中。皮肤可作为呼吸的辅助器官，所以只要保持身体的湿润，即可长期离开水面。其活动速度快，易受惊吓，会很快跳离，甚至躲入水中或洞穴里。领域性强，对于同类物种或其他物种（如招潮蟹）入侵其领域范围时，便张大口并展开背鳍及尾鳍，以便威吓及驱赶入侵者。雄鱼于求偶期间也会展开背鳍及尾鳍，并会跳动于泥滩中，展开一场华丽的求偶舞。杂食性，以有机质、底藻、浮游动物及其他无脊椎动物等为食。

线粒体DNA COI片段序列：

CCTGTATCTAGTATTTGGTGCCTGAGCCGGGATAGTGGGCACAGCTCTGAGCCTTTTAATCCG
TGCCGAACTTAGTCAACCAGGTGCTCTCCTGGGTGATGACCAGATCTACAATGTAATTGTTAC
AGCTCATGCCTTTGTAATAATTTTCTTTATAGTAATACCTGTCATGATTGGAGGATTTGGAAAC
TGACTAGTACCTCTAATGATTGGAGCCCCCGACATGGCCTTTCCTCGAATAAATAACATGAGC
TTTTGACTACTCCCTCCCTCATTCCTTCTTCTCCTTGCATCTTCAGGGGTAGAAGCTGGAGCA
GGAACTGGATGAACAGTATATCCCCCACTTGCAGGAAACCTAGCCCACGCAGGTGCTTCTGT
AGACCTCACTATTTTCTCCCTCCACTTAGCTGGAGTTTCTTCAATTCTTGGAGCCATCAACTTT
ATTACAACAATTTTAAACATAAAACCCCCTGCTATTTCACAATACCAAACTCCACTATTTGTAT
GAGCTGTCCTGATTACAGCTGTACTTCTACTTCTATCCTTACCAGTACTAGCTGCTGGCATTAC

AATGCTTTTAACAGACCGAAACTTAAACACGACCTTCTTTGATCCTGCAGGAGGAGGAGACC
CCATTCTCTACCAACACCTGTTC

线粒体DNA 12S片段序列：
CACCGCGGTTATACGAGAGGCCCAAGTTGACAAACCAACGGCGTAAAAAGTGGTTAGTAAA
ATACCCAACTAAAGCCAAACACCTTCAAAGTTGTCATATGCTATCGAAGGCAGGAAGAACCC
CCACGAAAGTGGCTTTAAACAATACAACTCCACGAAAGCCAGGAAA

青弹涂鱼
Scartelaos histophorus

中 文 名： 青弹涂鱼
学　　名： *Scartelaos histophorus* (Valenciennes 1837)
英 文 名： Walking goby
别　　名： 花跳
分　　类： 虾虎鱼科Gobiidae，青弹涂鱼属*Scartelaos*
鉴定依据： 中国海洋鱼类，下卷，p1826；台湾鱼类资料库；中国动物志，硬骨鱼纲，鲈形目，虾虎鱼亚目，p716

形态特征： 体延长，前部亚圆筒形，后部侧扁；背缘、腹缘几乎平直；尾柄短。头大，圆钝。吻颇短，稍大于眼径，前端圆突，向下倾斜。眼小，背侧位，位于头前部的1/3处；下眼睑发达，能将眼遮住；眼间隔小。鼻孔每侧2个，相距较远；前鼻孔具1三角形短管，接近于上唇；后鼻孔小，圆形，位于眼前方。口中大，亚前位，稍斜。上颌稍突出，后端向后伸达眼中部下方。第一背鳍具硬棘5，第二背鳍具硬棘1、鳍条25 ~ 27；臀鳍硬棘1、鳍条24 ~ 25；胸鳍具鳍条24 ~ 25。体被细小而退化的鳞片，后方的鳞片略大。第一背鳍高，以第三棘最长；第二背鳍及臀鳍膜均与尾鳍相连。胸鳍尖，基部宽大，具臂状肌柄。左、右腹鳍愈合成一吸盘，后缘完整。尾鳍尖长，下缘略呈斜截形。体呈青灰色或青褐色，腹面灰色或浅蓝灰色。背侧有不规则的细点。第二背鳍与尾鳍上有深黑色的小点或点纹；胸鳍也散布有黑色的小点；臀鳍与腹鳍呈浅灰色。体长7 ~ 11cm，最大18cm。

分布范围：中国南海与东海沿岸海域；印度洋北部沿岸，东至澳大利亚，北至日本。

生态习性：为暖水性小型鱼类。栖息于沿岸的河口区及红树林区的半咸、淡水域，也见于沿岸泥沙底质的滩涂、潮间带及低潮区水域。常依靠发达的胸鳍肌柄匍匐或跃于泥滩上，时常在滩涂上觅食。视觉和听觉灵敏，稍有惊动，就很快跳回水中或钻入洞穴。适温、适盐性广，洞穴定居。杂食性，摄食泥涂表层硅藻类、底栖小型无脊动物及有机碎屑。

线粒体DNA COI片段序列：

ATCGGCACCCTTTATCTAGTATTTGGTGCCTGAGCAGGGATAGTAGGTACAGCACTAAGCCTTCTAATTCGTGCCGAATTAAGTCAACCTGGGGCTCTCCTCGGGGATGACCAGATTTACAATGTAATTGTTACAGCTCATGCCTTTGTAATAATTTTCTTTATAGTAATACCTGTCATGATTGGAGGGTTCGGAAATTGACTTGTACCCCTAATGATTGGAGCCCCTGACATGGCCTTCCCCCGAATAAACAACATAAGCTTTTGACTCCTACCTCCCTCTTTCCTACTGCTTCTGGCATCCTCAGGGGTTGAAGCTGGGGCAGGAACTGGGTGAACAGTCTACCCCCCACTTGCAGGAAATCTAGCCCACGCAGGTGCATCTGTTGATCTAACCATCTTCTCCCTCCACCTAGCCGGAATTTCTTCAATCCTAGGAGCTATTAACTTTATCACTACAATTCTTAACATGAAACCCCCTGCTATTTCACAATATCAAACACCCCTCTTTGTATGAGCCGTTCTTATTACAGCTGTCCTTCTTCTTCTGTCACTTCCAGTCCTAGCAGCTGGCATTACCATGCTCCTCACAGACCGAAACCTAAATACAACCTTCTTTGACCCTGCAGGTGGTGGGGATCCCATTCTTTATCAACACCTGTTCTGATTCTTT

线粒体DNA 12S片段序列：

CACCGCGGTTATACGAGGGGCCCAAGTTGACAAACACCGGCGTAAAAAGTGGTTAGTATATAAATTAACTAAAGCCAAACACCTTCAAAGCTGTCATATGCTCTCGAAGAAAGGAAGCCCTCCCACGAAAGTGGCTTTAACTATTACAAACCCACGAAAGCTAGGAAA

䲟

Echeneis naucrates

中 文 名：䲟
学　　名：*Echeneis naucrates* Linnaeus，1758
英 文 名：Live shark-sucker，Live sharksucker
别　　名：长印仔鱼，长印鱼，吸盘鱼，粘船鱼
分　　类：䲟科Echeneidae，䲟属*Echeneis*
鉴定依据：台湾鱼类资料库；南海海洋鱼类原色图谱（二），p240；中国海洋鱼类，中卷，p1354

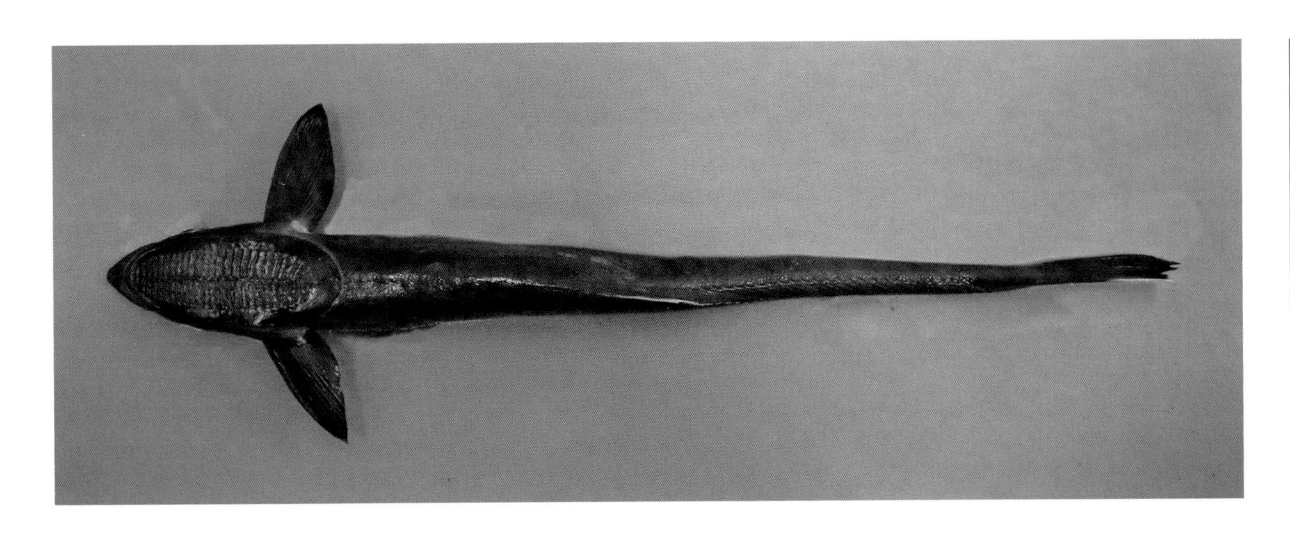

形态特征：体极为延长，头部扁平，向后渐成圆柱状，顶端有由第一背鳍变形而成的吸盘，其鳍条由盘中央向两侧裂生成为鳍瓣，鳍瓣有21 ~ 28个；尾柄细，前端圆柱状，后端渐侧扁，尾部长于吻端至肛门的距离。吻平扁，前端略尖。口大，口裂宽，不可伸缩，下颌前突；上、下颌，锄骨，腭骨及舌上均具齿。体被小圆鳞，除头部及吸盘无鳞外，全身均被鳞。背鳍2个，第一背鳍变形而成吸盘，第二背鳍和臀鳍相对；腹鳍胸位，小型；胸鳍尖圆；尾鳍尖长。体色棕黄或黑色，体侧经常有一暗色水平狭带，比眼径宽，由下颌端经眼达尾鳍基底。

分布范围：中国黄海、东海、南海、台湾海域；日本海域，太平洋、印度洋、大西洋暖水域。

生态习性：大洋性鱼种。通常单独活动于近海浅水处，也会吸附在大鱼或海龟等宿主身上。随着宿主四处游荡，宿主的变化很大，鲸、鲨、海龟、翻车鱼，甚至于小船都可能是寄宿的对象，或随潜水员活动。以大鱼的残余食物、体外寄生虫为食，或者自行捕捉浅海的无脊椎动物。

线粒体DNA COI片段序列：

CCTTTATTTAGTATTCGGGGCCTGAGCCGGAATAGTAGGAACCGCACTAAGCTTACTCATTCG
GGCAGAACTTAGTCAACCAGGCTCATTATTAGGTGATGATCAGATTTATAATGTTATCGTCAC
AGCACATGCCTTTGTAATAATTTTCTTTATAGTTATACCAGTAATAATTGGAGGTTTTGGTAATT
GATTAGTACCTCTTATAATTGGTGCACCAGACATAGCCTTCCCTCGAATAAATAATATAAGCTT
CTGACTACTGCCTCCTTCCTTCCTCCTACTGCTAACATCTTCAGGAGTAGAAGCAGGGGCAG
GAACTGGTTGAACTGTTTATCCTCCTTTAGCCGGAAACCTTGCCCATGCAGGAGCATCTGTTG
ACCTAACTATCTTTTCACTCCATCTGGCAGGAATTTCCTCAATTCTTGGAGCAATTAATTTTAT
TACAACAATCATTAATATGAAACCTGCAGCTGCTTCTATATATCAACTCCCATTATTTGTATGAG
CCGTATTAATTACAGCAGTTCTTCTTCTCCTATCCCTCCCTGTTCTAGCTGCTGGGATTACAAT
ACTACTAACAGACCGTAATCTTAATACCGCCTTCTTTGATCCTGCAGGAGGGGGAGATCCCAT
CCTTTATCAACACTTATTCT

线粒体DNA 12S片段序列：

CACCGCGGTTATACGAGAGGCCCGAGTTGACAGATAACGGCGTAAAGCGTGGTTAAGGGTG
TCCTAAACTAAAGCCGAATATCTCCAGGACTGTTATACGTTTCCGGAGAAACGAAGATCAAC
TACGAAAGTGGCTTTATAAAACCTGAATCCACGAAAGCTAAGAAA

稻氏天竺鲷
Apogon doederleini

中 文 名： 稻氏天竺鲷
学　　名： *Apogon doederleini* Jordan & Snyder，1901
英 文 名： Doederlein's cardinal fish
别　　名： 大面侧仔，大目侧仔，红三宝，大目丁
分　　类： 天竺鲷科 Apogonidae，天竺鲷属 *Apogon*
鉴定依据： 台湾鱼类资料库；中国海洋鱼类，中卷，p1044

形态特征： 体长圆，侧扁，尾柄长。背鳍Ⅶ，Ⅰ—9；臀鳍Ⅱ—8；胸鳍14 ~ 15。侧线鳞数28 ~ 29。鳃耙数（2 ~ 3）+1+10。头大。吻长，稍尖。眼大。体背淡褐色，腹侧银灰色。体侧有3条狭带，尾柄有一黑色圆点，3条狭带的宽度远小于两眼间隔距的1/2，而且上、下两条狭带的末端延伸不及尾柄处，中间狭带的末端不及黑色圆点。各鳍透明，略带红色，仅第一背鳍色较暗。体长约11cm。

分布范围： 中国南海、台湾海域；日本千叶以南海域、菲律宾海域、西太平洋暖水域。

生态习性： 主要栖息于近岸边的礁石区及珊瑚礁区。白天停留在岩礁下方或洞穴内，晚上则外出觅食多毛类以及其他小型底栖无脊椎动物。独居性，成对于繁殖期，雄性有口孵行为。

线粒体DNA COI片段序列：

CCTCTATCTAGTATTCGGTGCTTGGGCCGGAATAGTCGGGACAGCACTCAGCCTGCTCATTCG
AGCCGAGCTAAGTCAACCCGGGGCCCTTCTTGGCGACGACCAAATTTATAATGTAATCGTTA

CGGCACACGCATTCGTTATGATTTTCTTTATAGTAATGCCAATTATGATTGGAGGCTTCGGAAA
CTGGCTAATCCCTCTAATGATCGGTGCCCCCGACATGGCATTCCCCCGAATGAACAACATGAG
CTTCTGACTGCTTCCTCCCTCATTCCTTCTCCTGCTTGCCTCCTCCGGAGTAGAAGCTGGGGC
TGGAACCGGGTGAACCGTTTACCCCCCTCTTGCGGGCAACCTCGCCCACGCAGGGGCCTCC
GTTGACTTAACAATCTTCTCTCTCCATCTGGCAGGGGTTTCGTCAATTCTAGGGGCAATCAAC
TTTATTACTACAATTATCAATATGAAACCTCCCGCTATTACCCAGTATCAGACTCCCCTGTTTGT
ATGAGCAGTCCTAATCACAGCAGTTCTTCTTCTACTTTCTCTGCCCGTTCTAGCAGCTGGCAT
TACAATACTACTTACAGACCGAAACCTGAACACAACCTTCTTCGATCCAGCGGGAGGGGGA
GACCCAATCCTTTATCAACACTTATTC

线粒体DNA 12S片段序列：

CACCGCGGTTATACGAGAGGCCCAAGCTGACAATTGCCGGCGTAAAGAGTGGTTAATAACCC
CACGACACTAAAGCCGAACATCTCCAAAGTTGTACAACGCACTCGAAGACATGAAGACCAA
CCACGAAAGTGACTTTACACTCTTTGAACCCACGAAAGCTAGGGAA

斑柄天竺鲷
Apogon fleurieu

中 文 名：斑柄天竺鲷
学　　名：*Apogon fleurieu*（Lacepède，1802）
英 文 名：Ring-tailed cardinalfish
别　　名：大面侧仔，大目侧仔
分　　类：天竺鲷科 Apogonidae，天竺鲷属 *Apogon*

鉴定依据：台湾鱼类资料库；中国海洋鱼类，中卷，p1055

形态特征：体长圆，侧扁。头大。吻长。眼大。眼间隔小于眼径。两颌与犁骨、腭骨皆具绒毛状齿。前鳃盖骨后缘具锯齿。侧线较平直。背鳍Ⅶ，Ⅰ—9；臀鳍Ⅱ—8；胸鳍13～15。侧线鳞数24～25。鳃耙数（5～6）+（15～16）。头褐色，体背深褐色，体侧橘黄色，无横带，眼部贯穿暗色短纵带，尾柄具一大黑斑。体长约12cm。

分布范围：中国南海、台湾海域；印度—太平洋暖水域。

生态习性：为暖水性中下层鱼类。主要栖息于浅水域礁区，也发现于受潮水影响的海峡或河口。以多毛类以及其他小型底栖无脊椎动物为食。

线粒体DNA COI片段序列：

CCTTTATTTAGTATTTGGTGCTTGGGCCGGAATAGTCGGGACTGCACTTAGCCTCCTCATTCGAGCTGAGCTAAGTCAACCCGGGGCTCTCCTCGGCGATGACCAAATTTATAACGTAATCGTTACAGCGCACGCATTTGTAATAATCTTCTTTATAGTAATGCCAATTATGATTGGAGGCTTTGGGAATTGATTAATCCCCCTAATGATTGGAGCCCCCGATATGGCATTCCCACGAATAAACAATATGAGCTTCTGACTCCTCCCTCCCTCTTTCCTTCTTCTGCTTGCCTCCTCCGGCGTAGAGGCCGGAGCCGGGACAGGATGAACCGTGTACCCCCCTCTTGCAGGCAACCTTGCCCATGCAGGAGCTTCTGTTGACTTAACAATCTTTTCCCTGCATCTCGCTGGTGTGTCATCAATTTTGGGGGCAATTAATTTCATTACTACAATTATTAATATGAAACCCCCTGCTATTACTCAGTATCAGACACCACTATTTGTGTGAGCAGTCCTAATTACTGCAGTCCTTCTTCTCCTTTCTCTGCCTGTTCTAGCAGCTGGCATTACAATGCTTCTTACAGACCGAAACCTAAATACAACCTTCTTTGACCCAGCAGGTGGTGGGGACCCAATCCTTTATCAACACTTGTTC

线粒体DNA 12S片段序列：

CACCGCGGTTATACGAGAGGCCCAAGCTGACAATTGCCGGCGTAAAGAGTGGTTAATAGCCCCACCATACTAAAGCCGAACATCTCCAAAGTTGTACAACGCACTCGAAGACATGAAGACCTACCACGAAAGTGACTTTACATTCTTTGAACCCACGAAAGCTAGGGAA

眼镜鱼
Mene maculata

中 文 名：眼镜鱼
学　　名：*Mene maculata*（Bloch & Schneider，1801）
英 文 名：Moonfish
别　　名：皮刀，眼眶鱼，庖刀鱼，皮鞋刀
分　　类：眼镜鱼科Menidae，眼镜鱼属*Mene*
鉴定依据：台湾鱼类资料库；中国海洋鱼类，中卷，p1114

形态特征：体高，特别侧扁，近三角形，背部较平直，腹部弯度特别大，腹缘薄而锐利。上颌骨末端仅延伸至眼前下方。头小，枕骨区高。口裂小，近呈垂直，能伸缩，向上倾斜如管状。鳃裂大，鳃盖膜互不相连，且与喉峡部游离。头、胸鳍及尾鳍均在身体的上半部。体具极小的鳞片，肉眼不易看见；侧线不完全，止于背鳍基底后部下方。背鳍单一，背鳍鳍棘仅为痕迹，并随成长而消失，前方鳍条较长且不分叉；臀鳍也不具硬棘，且鳍条被包在皮下，仅外端外露；腹鳍长，位于腹缘，成鱼第一鳍条延长为丝状；尾鳍深分叉。体呈银白色，背部偏蓝色，上有许多蓝色点散布；各鳍色淡。背鳍Ⅲ～Ⅳ—40～45；臀鳍30～33；胸鳍15；腹鳍Ⅰ—5。鳃耙数（6～8）+（23～25）。

分布范围：中国东海、南海；日本南部海域、印度—太平洋暖水域。

生态习性：主要栖息于较深的水域，有时会游到沿岸水域觅食，甚至发现于河口区。属肉食性鱼类，以动物性浮游生物或底栖生物为食。有趋光性，喜追逐发亮的东西。

线粒体DNA COI片段序列：

CCTTTACCTTCTGTTTGGTGCCTGGGCCGGAATGGTGGGCACTGCCCTAAGTCTACTCA
TCCGAGCAGAACTTAACCAACCTGGCACTCTCCTGGGAGACGACCAAATCTATAATGT
AATTGTTACGGCACACGCCTTTGTAATAATTTTCTTTATAGTAATACCAATTATGATTGG
AGGCTTCGGAAACTGACTGATCCCCCTAATAGTTGGAGCCCCCGACATAGCATTCCCC
CGAATAAACAACATGAGCTTCTGACTTCTCCCTCCCTCGTTCCTTCTCCTACTGGCCTC
CTCAGGAGTAGAAGCCGGTGCCGGAACGGGATGAACCGTATACCCGCCTCTTGCCGG

GAATTTAGCCCACGCCGGAGCATCTGTTGACCTCACAATTTTCTCACTTCACTTAGCCG
GGGTCTCTTCAATTCTTGGGGCAATTAATTTTATTACTACGATTATCAACATGAAACCAC
CTACTGTCTCAATGTACCAAATTCCTTTATTTGTTTGAGCAGTCCTAATTACAGCCGTCC
TTCTCCTCCTTTCCCTCCCGGTCCTAGCTGCCGGAATTACAATGCTGTTAACAGACCGA
AACCTGAACACCGCTTTCTTTGACCCTACTGGAGGAGGCGACCCTATTCTCTACCAAC
ACCTATTC

线粒体DNA 12S片段序列：

CACCGCGGTTATACGAGAGGCCCAAGTTGATAAACAGCGGCGTAAAGAGTGGTTAAGGAAC
ACTGACAAACTAAAGCCAAACACTTTCAGAGCTGTTATACGCACCTGAAAGCATGAAGCCC
AACCACGAAAGTGGCTTTATCACCCCTGAACCCACGAAAGCTAAGAAA

金钱鱼

Scatophagus argus

中 文 名： 金钱鱼
学　　名： *Scatophagus argus*（Linnaeus，1766）
英 文 名： Argus fish
别　　名： 变身苦，遍身苦，金鼓
分　　类： 金钱鱼科Scatophagidae，金钱鱼属*Scatophagus*
鉴定依据： 台湾鱼类资料库；中国海洋鱼类，中卷，p1340

形态特征：体高，侧扁；头背部高斜。口小。眼中大。吻中长，颇宽钝。上、下颌约等长；眶前骨覆盖住上颌骨后端；上、下颌齿刷毛状，呈带状排列；锄骨及腭骨无齿。鳃孔大，鳃盖膜稍连于喉峡部。前鳃盖骨后缘具细锯齿。体被小栉鳞，腹鳍具腋鳞；背鳍的鳍条部、胸与尾鳍均被鳞，侧线曲度与体背缘平行。侧线鳞数85～120。背鳍Ⅹ～Ⅺ—16～18；臀鳍Ⅳ—14～15；胸鳍17。背鳍有一向前倒棘，尾鳍后缘双凹形。体褐色，腹缘银白色；体侧具大小不一的椭圆形黑斑；背鳍、臀鳍及尾鳍具小斑点。幼鱼时体侧黑斑多而明显，幼鱼有头部被骨板的阶段。体长约35cm。

分布范围：中国东海、南海、台湾海域；印度—太平洋区，西起中东，东至萨摩亚群岛，北到日本南部，南至新喀里多尼亚。

生态习性：为暖水性中下层鱼类。栖息于港湾、天然内湾、汽水域的河口区、红树林区及河川下游，稚鱼尤多于半淡咸水域出现。杂食性，主要以蠕虫、甲壳类、水栖昆虫及藻类碎屑为食。背鳍棘尖锐且具毒性，刺到使人感到剧痛。

线粒体DNA COI片段序列：

CCTTTATCTAGTATTTGGTGCCTGAGCAGGGATAGTTGGGACCGCTTTAAGTCTCCTTATCCGT
GCTGAACTAAGCCAACCAGGGGCTCTCCTTGGAGACGACCAGATCTATAATGTAATCGTAAC
AGCACATGCCTTCGTAATAATTTTCTTTATAGTTATGCCAGTAATAATTGGAGGGTTTGGAAAT
TGACTAGTTCCCCTAATGATTGGGGCACCAGATATAGCATTCCCCCGAATAAATAATATAAGCT
TCTGACTTCTTCCCCCTTCTTTCCTTCTTCTTCTAGCTTCCTCTGGCGTAGAGGCCGGAGCTG
GGACAGGATGAACAGTATACCCTCCTCTTGCTGGTAACCTAGCACATGCAGGAGCCTCCGTA
GATCTAACCATCTTTTCACTTCACTTAGCAGGGATTTCTTCAATCCTTGGGGCTATTAACTTCA
TCACCACTATTATTAACATAAAATCTCCTGCTGCTTCTCAGTATCAAACTCCTCTATTCGTCTG
AGCAGTTCTAATCACTGCTGTCTTACTACTCCTTTCTCTACCTGTTCTTGCTGCTGGTATTACA
ATGCTCCTAACAGACCGAAACCTGAACACCTCTTTCTTTGACCCCGCAGGAGGAGGAGACC
CAATTCTTTACCAACATCTATTC

线粒体DNA 12S片段序列：

TACCGCGGTTATACGAGAGGCCCAAATTGTTAGCATATCGGCGTAAAGCGTGGTTAAGAAAA
CAAACTTTTACTAAAGCCGAACACCTTCAAAGCTGTCATACGCACATCGAAGGAAAGAAGA
CCAACTACGAAAGTGGCTTTATTACATCTGAACCCACGAAAGCTAGGAAA

杜氏棱鳀
Thryssa dussumieri

中 文 名：杜氏棱鳀
学　　名：*Thryssa dussumieri*（Valenciennes，1848）
英 文 名：Dussumier's thryssa
别　　名：顶斑棱鳀，杜氏剑鲦，突鼻仔，含西
分　　类：鳀科Engraulidae，棱鳀属*Thryssa*
鉴定依据：台湾鱼类资料库；中国海洋鱼类，上卷，P308

形态特征： 背鳍 I—13；臀鳍34 ~ 37；胸鳍11 ~ 12；腹鳍7。纵列鳞数38 ~ 42。鳃耙数14+16。体甚侧扁。体长为体高的3.58 ~ 3.89倍、为头长的4.04 ~ 4.51倍。头略小，侧扁。吻钝，吻长明显短于眼径。口大倾斜；上颌骨末端尖而略长，达胸鳍基部或略超出一些；第一鳃弓下支鳃耙数26 ~ 32。体被圆鳞，鳞中大，易脱落，无侧线；背鳍前方具1小棘，胸鳍、腹鳍具腋鳞。腹部在腹鳍前后均有1排锐利的棱鳞，腹鳍前15 ~ 16、腹鳍后6 ~ 9，共21 ~ 24。背鳍起始于体中部，臀鳍长，尾鳍叉形。体背部青灰色，具暗灰色带，侧面银白色；鳃盖上方的颈部有暗色鞍状斑。背鳍、胸鳍及尾鳍黄色或淡黄色；腹鳍及臀鳍淡色。最大体长14cm。

分布范围： 中国东海南部、南海、台湾海域；印度—西太平洋区。

生态习性： 近沿海表层鱼类。多于表层至20m深的海域活动，有时可发现于河口水域。以滤食浮游生物为生，具群游性。

线粒体DNA COI片段序列：

CCTTTACTTAGTGTTCGGTGCCTGGGCAGGGATAGTAGGAACAGCATTAAGCCTCTTGATCCG
AGCGGAATTAAGCCAACCAGGAGCACTTCTAGGGGACGATCAAATTTATAATGTAATCGTGA
CTGCTCATGCCTTCGTAATGATTTTCTTCATAGTAATGCCAATTCTAATTGGCGGCTTTGGAAA
CTGACTAGTGCCGCTTATATTAGGGGCACCTGACATAGCATTCCCACGAATAAACAACATAAG
TTTCTGACTCCTTCCCCCCTCATTCCTTTTATTACTTGCCTCATCAGGGGTTGAAGCAGGGGC
AGGAACCGGATGGACAGTGTACCCGCCCTTAGCAGGAAATTTAGCCCACGCAGGAGCATCA
GTGGACCTTACCATTTTTTCATTACACTTGGCAGGAATCTCGTCCATTCTAGGGGCTATTAATT
TTATTACTACAATTATTAACATGAAACCGCCTGCAATCTCACAATATCAGACACCCCTATTCGT
CTGAGCCGTACTAATCACAGCAGTACTCTTACTCCTATCCCTCCCAGTGCTAGCTGCCGGAAT
TACAATACTTCTTACAGATCGGAACCTTAACACCACCTTCTTTGACCCGGCAGGGGGGGGTG
ACCCAATCCTTTACCAGCACTTGTTC

线粒体DNA 12S片段序列：

TACCGCGGTTATACGAGAGGCCCCAGTTGATACACACGGCGTAAAGAGTGGTTATGGAACCC
TTACACTAAAGCCGAAAACCCCCTAGACTGTCATACGCACCCGGGAGTTAGAACCCCACTAC
ACGAAAGTAGCTTTATTAATGCCCACCAGAACCCACGACAGCTGAGACA

军曹鱼
Rachycentron canadum

中 文 名： 军曹鱼
学　　名： *Rachycentron canadum*（Linnaeus，1766）
英 文 名： Black kingfish，Black salmon
别　　名： 海丽仔，海龙鱼
分　　类： 军曹鱼科Rachycentridae，军曹鱼属*Rachycentron*
鉴定依据： 台湾鱼类资料库；中国海洋鱼类，中卷，p1075

形态特征： 背鳍Ⅵ～Ⅸ，Ⅰ—28～36；臀鳍Ⅱ～Ⅲ—20～28；胸鳍18～22；腹鳍Ⅰ—5。鳃耙数2+（8～10）。体延长，近于圆柱状。头部宽，平扁；口裂水平位，开于吻端。上、下颌有宽绒毛状齿带；锄骨、腭骨及舌面均具微细齿。眼小，有狭窄的脂眼睑。体被细鳞，埋于厚皮肤之下。侧线在前方略有弯曲；尾柄两侧无隆起棱脊。有拟鳃；鳃盖膜不相连，并在喉峡部游离；鳃耙短。背鳍硬棘短且分离，几乎可完全收藏于沟内；鳍条部前方鳍条高，略呈镰刀状。臀鳍与背鳍鳍条部相对，但略短。幼鱼尾后缘圆弧形，成鱼尾鳍后缘凹入。体背部深褐色，腹部淡，略带黄色；体侧具明显的2条银色纵带，幼鱼时，在此带之上方还有一淡色纵带，两带之间则为黑色。各鳍红褐色至深褐色；尾鳍具白缘。

分布范围： 中国黄海、东海、南海以及台湾海域；太平洋、印度洋、大西洋温热水域。

生态习性： 活动水域极广，栖息水域多样，沙泥底质、碎石底部、珊瑚礁区、外海的岩礁区、红树林区、有残木等漂浮物的沿海地区或是有漂流与静止目标的外海地区等皆可见其踪迹，甚至偶可见于河口区，除了大陆棚区外，在大洋中也可见其踪迹。幼鱼时，外形及姿态酷似鲫，会随着大型的鲨、魟等鱼种一同游动，以大型鱼吃剩的碎屑为食；随着成长，身上花纹会变淡，食性也渐转为掠食性，以大洋性的小型鱼类、乌贼及甲壳类等为食。

线粒体DNA COI片段序列：

CCTTTATCTAGTATTCGGTGTCTTAGCCGGAATAACAGGAACAGGCCTAAGTCTCCTCATTCGAG
CAGAATTAAGCCAACCTGGCTCCCTACTGGGAGACGACCAAACCTACAACGTAATCGTAACAGC

CCACGCCTTCGTAATAATCTTCTTTATAGTAATACCAATTATGATCGGAGGCTTTGGGAACTGACT
TATTCCTCTAATGCTAGGCGCCCCCGATATGGCTTTTCCCCGTATAAATAATATAAGTTTCTGACTA
CTTCCCCCATCATTCCTCCTGCTGCTAGCCTCTTCAGGTGTTGAAGCTGGAGCAGGGACTGGTTG
GACAGTTTACCCACCTCTGGCGGGCAACCTAGCACATGCAGGAGCCTCTGTTGACTTAACTATTT
TCTCCCTTCATCTTGCAGGGGTGTCTTCAATTCTCGGGGCTATTAATTTTATTACAACAATTATTAA
CATAAAACCACCAACTGTGACTATGTACCAAATTCCCCTCTTCGTATGGGCTGTCCTAATCACTG
CCGTCCTTCTCCTCCTCTCACTCCCAGTCCTGGCTGCTGGCATTACTATACTGCTTACAGACCGA
AATTTAAATACAGCCTTCTTTGACCCTGCAGGAGGGGGTGACCCAATTCTATATCAACACTTATTC

线粒体DNA 12S片段序列：

CACCGCGGTTAGACGAATGGCTCAAGTTGACAAAATACGGCGTAAAGAGTGGTTAGGGAAT
ACTAAAACTAAAGCTGAATACCTTCCAAGCTGTTATACGCTTATGAAGCGAATGAAGCCCAA
CTACGAAAGTGGCTTTATTACACCTGAACCCACGAAAGCTAAGAAA

鹿斑仰口鲾
Secutor ruconius

中 文 名： 鹿斑仰口鲾
学　　名： *Secutor ruconius*（Hamilton，1822）
英 文 名： Deepbody ponyfish，Pignose ponyfish，Silver belly
别　　名： 金钱仔，咪卯涨
分　　类： 鲾科 Leiognathidae，仰口鲾属 *Secutor*
鉴定依据： 台湾鱼类资料库；中国海洋鱼类，中卷，p1117

形态特征： 体卵圆形，侧扁，腹部轮廓比背部凸；体长为体高的1.71 ~ 1.99倍。眼上缘具2个鼻后棘。口极小，可向前上方伸出；上、下颌仅1列细小齿；下颌轮廓几乎垂直；吻尖突。眶间隔深凹入。头部不具鳞，除了颊部具鳞；体完全被圆鳞；腹鳍具腋鳞，背鳍及臀鳍具鞘鳞；侧线明显，但仅延伸至背鳍鳍条部中部的下方。体背灰色，体侧银白色。体背约具10条连续的暗色垂直横带，吻缘灰白，自眼前端至颏部具一黑纹。胸鳍基部下侧具黑色；背鳍第二至第五硬棘上部具黑色缘；其余各鳍色淡；尾鳍色淡到淡黄色。

分布范围： 中国东海、南海以及台湾海域；印度—西太平洋区，西起非洲东岸、红海，东至中国台湾、南海，南迄澳大利亚。

生态习性： 主要栖息于沙泥底质的沿海地区，也可生活于河口区，甚至河川下游。群游性，一般皆在底层活动，活动深度较浅。肉食性，以小型甲壳类为食。

线粒体DNA COI片段序列：

CCTTTATATAGTATTTGGTGCCTGAGCTGGCATAGTCGGAACCGCCCTAAGTTTACTCATCCGAGCA
GAATTAAGCCAACCCGGCGCTCTCCTAGGAGATGACCATATTTATAACGTTATTGTTACCGCACATG
CATTCGTAATAATTTTCTTTATAGTAATACCCATTATAATCGGAGGCTTCGGAAACTGACTTATTCCCC
TAATAATTGGAGCCCCAGACATAGCATTCCCACGAATAAACAACATAAGCTTCTGACTTCTTCCCCC
ATCATTTCTTCTATTACTAGCATCTTCAGGAATTGAAGCCGGTGCAGGAACAGGATGAACCGTGTAC
CCCCCTCTAGCAGGCAACCTTGCCCACGCAGGAGCCTCTGTTGACTTAACAATTTTCTCCCTTCAC
CTAGCAGGAATTTCCTCAATCCTGGGCGCTATTAATTTTATCACAACAATTATCAACATAAAACCCCC
AGCCATTTCACAATTCCAAACTCCCCTATTTGTGTGAGCTGTCTTAATTACGGCCGTACTCCTTCTCC
TTTCCCTACCAGTCCTTGCTGCCGGAATTACAATACTATTAACTGACCGAAATCTAAACACCACCTT
CTTTGACCCCGCAGGAGGAGGTGATCCAATCCTCTACCAACACTTATTC

线粒体DNA 12S片段序列：

CACCGCGGTTATACGAGAGACCCAAATTGATAGTACTCGGCATAAAGTGTGGTAAAGAAAAC
AAACAATAAAGCCGAACTCTTCCAAGGCTGTTATACGCAACCGAAAGAAAGAAGACCAACA
ACGAAAGTGACTTTACCTCATCTGAACCCACGAAAGCTAGGAAA

褐梅鲷

Caesio caerulaurea

中 文 名： 褐梅鲷

学　　名： *Caesio caerulaurea* Lacépède，1801

英 文 名： Blue-and-gold fusilier

别　　名： 乌尾冬仔，红尾冬，青冬，乌尾冬

分　　类： 梅鲷科Caesionidae，梅鲷属*Caesio*

鉴定依据： 台湾鱼类资料库；中国海洋鱼类，中卷，p1163

形态特征： 体呈长纺锤形，标准体长为体高的2.9～3.4倍。口小，端位；上颌骨具有伸缩性，且微被眶前骨遮盖；前上颌骨具1个指状突起；上、下颌前方具一带状细齿。鳃盖后缘具1枚小钝棘。体被中小型栉鳞；头背前鳞因左右不相连而留下一窄的裸露区域；侧线完全且近于平直，侧线鳞数65～70。背鳍硬棘10、鳍条15；臀鳍硬棘3、鳍条12；胸鳍鳍条20～22。背鳍、鳍基底具鳞鞘。体背蓝色，腹部银白或淡或带红色光泽。体侧具1条金黄色纵带。胸鳍基部具黑色斑块；尾鳍上下叶各具1条黑色纵带。

分布范围： 中国南海以及台湾海域；印度—西太平洋的热带海域，西起非洲东岸、红海，东至萨摩亚，北至日本，南迄新喀里多尼亚。

生态习性： 为暖水性中上层鱼类。主要栖息于沿岸较深的潟湖或礁石区陡坡外围海域，性喜大群洄游于中层水域，游泳速度快且时间持久。属日行性鱼类，昼间在水层间觅食浮游动物，夜间则于礁体间具有遮蔽性的地方休息。

线粒体DNA COI片段序列：

CCTTTATCTAGTATTTGGTGCTTGAGCTGGAATGGTAGGCACTGCATTAAGCCTACTCATTCG
AGCGGAACTCAGCCAACCAGGAGCTCTTCTTGGAGACGACCAAATTTACAATGTAATTGTTA
CAGCACATGCGTTTGTAATAATTTTCTTTATAGTAATGCCAATTATGATCGGAGGATTCGGGAA
CTGACTGATCCCGCTAATGATCGGAGCTCCCGATATAGCATTTCCCCGAATAAATAACATGAG
CTTTTGACTCCTCCCCCCATCATTCCTTCTCCTGCTTGCCTCCTCTGGAGTAGAGGCCGGAGC
CGGAACTGGGTGGACAGTATATCCCCCACTAGCAGGAAACCTAGCACACGCAGGAGCGTCT
GTTGACCTAACCATCTTCTCCCTCCACTTAGCAGGTGTTTCCTCAATTCTAGGGGCTATTAACT
TTATCACAACTATTATCAATATGAAACCCCCTGCAATTTCCCAATATCAGACACCCCTGTTTGT
TTGAGCCGTCCTCATTACTGCTGTTCTGCTCCTTCTTTCCCTCCCAGTTCTAGCAGCCGGAATT
ACAATGCTTCTTACAGACCGAAACCTAAACACCACCTTCTTCGACCCAGCGGGAGGAGGAG
ACCCCATCCTCTACCAACACCTCTTC

线粒体DNA 12S片段序列：

CACCGCGGTTATACGAGAGACCCGAGTTGATAGACACCGGCGTAAAGAGTGGTTAAGACTTTACTTAACACTAAAGCCGAACGCCCTCAGAGCTGTTATACGCATCCGAAGGTAAGAAGCCCAACCACGAAAGTGGCTTTATAACATCTGAATCCACGAAAGCTATGATA

寿鱼
Banjos banjos

中 文 名：寿鱼
学　　名：*Banjos banjos*（Richardson，1846）
英 文 名：Banjofish
别　　名：扁棘鲷，打铁婆
分　　类：寿鱼科Banjosidae，寿鱼属*Banjos*
鉴定依据：台湾鱼类资料库；中国海洋鱼类，中卷，p1004

形态特征：体甚高，显著侧扁；头背部轮廓倾斜。头中大。眼大。口中大；颌齿细小，锄骨具齿，腭骨无齿。前鳃盖具锯齿缘；主鳃盖无棘。眼间隔区有2条纵脊。鳃耙肥短。体被弱栉鳞，易脱落；背鳍及臀鳍鳍条部基部及尾鳍基部均被细鳞。背鳍单一，背鳍硬棘部及鳍条部相连，具深缺刻，硬棘10、鳍条12；臀鳍硬棘3、鳍条7；胸鳍长，镰刀形；腹鳍胸位；尾鳍微凹形。体色呈一致的灰褐色。背鳍及臀鳍鳍条部上具有一大黑斑；腹鳍黑色；尾鳍具多个黑斑；奇鳍均具一白色边缘。

分布范围：中国东海、南海、台湾海域；日本南部海域、西太平洋暖水域。

生态习性：主要栖息于泥沙底质海域。属肉食性鱼类，以甲壳类及其他种类的小鱼为食。

线粒体DNA COI片段序列：

CCTCTATCTAGTATTTGGTGCTTGAGCCGGAATAGTAGGCACCGCCTTAAGTCTGCTTATTCGGGCA
GAACTAAGTCAACCAGGCGCTCTCTTAGGGGACGACCAAATTTATAACGTAATTGTTACGGCACAT
GCATTTGTAATAATTTTCTTTATAGTAATGCCAATTATAATTGGAGGGTTTGGAAACTGACTTGTTCC
CCTAATGATCGGAGCCCCAGACATGGCATTCCCTCGAATAAATAACATAAGCTTTTGACTTCTCCCC
CCATCTTTCCTCCTCCTGCTTGCTTCCTCAGGGGTAGAAGCCGGTGCTGGTACTGGGTGAACAGTTT
ACCCTCCCCTAGCTGGCAATTTGGCCCATGCAGGAGCATCAGTTGACCTAACAATTTTTTCACTGCA
CTTAGCAGGTATTTCTTCAATCCTCGGGGCTATTAATTTCATTACAACTATCATTAATATGAAACCCCC
TGCTATTTCCCAATATCAGACCCCTCTCTTTGTATGAGCTGTACTAATTACTGCTGTCCTCCTCCTCCT
CTCCCTACCAGTTCTCGCCGCTGGCATTACAATACTCCTTACAGACCGAAACCTTAATACCACCTTC
TTTGACCCTGCAGGAGGAGGAGACCCTATCCTCTATCAACATTTATTC

线粒体DNA 12S片段序列：

CACCGCGGTTATACGAGAGACCCAAGTTGATAGACACCGGCGTAAAGAGTGGTTAAGATAAA
TTAAAAACTAAAGCCGAACACCCTCAGAGCTGTTATACGCACCCGAAGGTAAGAAAACCAA
TCACGAAAGTGGCTTTATAAACCCTGAACCCACGAAAGCTATGGAA

短吻鼻鱼
Naso brevirostris

中 文 名： 短吻鼻鱼
学　　名： *Naso brevirostris*（Cuvier，1829）
英 文 名： Spotted unicornfish
别　　名： 剥皮仔，打铁婆，独角倒吊
分　　类： 刺尾鱼科 Acanthuridae，鼻鱼属 *Naso*
鉴定依据： 台湾鱼类资料库；中国海洋鱼类，下卷，p1847

形态特征：体呈椭圆形，侧扁；尾柄部有2个盾状骨板，各有1个龙骨突。头小，随着成长，在眼前方的额部逐渐突出，形成长而钝圆的角状突起，角状突起与吻部几乎呈直角。口小，端位，上、下颌各具1列齿，齿稍侧扁且尖锐，两侧或有锯状齿。体被微小鳞，鳞上有栉状小突起。背鳍及臀鳍硬棘尖锐，分别具6硬棘及2硬棘，各鳍条皆不延长；尾鳍截平，上、下叶不延长。体呈橄榄色至暗褐色，鳃盖膜白色。亚成鱼的头部及体侧均散布许多暗色小点；成鱼时体侧会形成暗色垂直带，垂直带的上、下方散布暗色点，头部也具暗色点。尾鳍白色至淡蓝色，基部具1个暗色大斑。

分布范围：中国南海、台湾海域；日本纪伊半岛以南海域、印度—太平洋。

生态习性：为暖水性岩礁鱼类。主要栖息于潟湖和礁区外坡中水层的水域，一般栖息水深2～46m，最深可达120m。幼鱼及亚成鱼以底藻为食，成鱼则捕食浮游动物。通常聚集成小群活动，但在大洋中岛屿或是水流较强的礁区则会聚集成大群。繁殖季节时会成双成对出现。

线粒体DNA COI片段序列：

CCTTTATTTAGTATTCGGTGCTTGAGCTGGAATAGTAGGCACAGCCTTAAGTCTACTTATTCGG
GCAGAACTAAGCCAACCAGGCGCCCTCCTCGGAGATGACCAAATCTACAATGTAATTGTTAC
AGCACATGCTTTTGTAATAATTTTCTTTATAGTAATGCCAATCATAATTGGAGGGTTTGGAAAC
TGACTAATTCCACTAATAATTGGGGCCCCAGATATGGCATTCCCCCGAATAAATAACATGAGC
TTTTGACTGCTCCCTCCCTCCTTCCTCCTCCTCCTTGCATCATCTGGTGTTGAAGCCGGGGCC
GGAACCGGATGAACAGTCTACCCCCCTTTAGCCGGTAACCTGGCACATGCAGGAGCTTCCGT
TGATCTAACTATTTTCTCCCTTCATCTGGCAGGAATCTCCTCAATTCTAGGGGCAATTAACTTT
ATCACGACCATTATTAATATGAAACCCCCCGCTATTTCTCAATACCAAACTCCCCTATTCGTCT
GAGCTGTACTAATCACGGCAGTACTACTGCTTCTTTCTCTTCCAGTTCTTGCTGCTGGTATTAC
AATGCTCCTTACCGACCGAAACCTTAATACAACCTTCTTCGACCCTGCAGGGGGAGGGGACC
CAATTCTTTACCAACACCTCTTC

线粒体DNA 12S片段序列：

CACCGCGGTTATACGAGAGACCCAAGTTGTTAGACACCGGCGTAAAGAGTGGTTAGGAAAA
CTCATTCAACTAGAGCCGAACACCTTCAAAGCTGTTATACGCACCCGAAGGTAAGAAGTCCA
ACTACGAAAGTGGCTTTATGTTAACTGAACCCACGAAAGCTAGGACA

颊吻鼻鱼
Naso lituratus

中 文 名：颊吻鼻鱼
学　　名：*Naso lituratus*（Forster，1801）
英 文 名：Masked unicornfish
别　　名：天狗吊
分　　类：刺尾鱼科Acanthuridae，鼻鱼属*Naso*
鉴定依据：中国海洋鱼类，下卷，p1851

形态特征：背鳍Ⅵ～Ⅶ—27～30；臀鳍Ⅱ—28～30；胸鳍15～17；腹鳍Ⅰ—3。体侧面观呈椭圆形，侧扁。吻尖长。眼间隔宽平，眼前方具深的眶前沟。尾鳍新月形，上、下叶呈丝状延长。体紫绿色。眼前方具黄色线纹伸达吻端并弯向颊部，唇部、臀鳍、盾板基部均为橙黄色。背鳍鳍条部外缘有白带。体长约55cm。

分布范围：中国南海、台湾海域；日本骏河湾以南海域、印度—中西太平洋暖水域。

生态习性：为暖水性岩礁鱼类。栖息于浅水岩礁海区。

线粒体DNA COI片段序列：

CCTTTATTTAGTATTTGGTGCTTGAGCTGGAATAGTAGGCACAGCCTTAAGTCTACTTATTCGG
GCAGAACTAAGCCAACCAGGCGCCCTCCTCGGAGATGACCAAATCTATAATGTAATTGTTAC
AGCACATGCTTTCGTAATAATTTTCTTTATAGTAATGCCAATTATAATTGGAGGGTTTGGAAAC
TGACTAATCCCACTAATGATCGGGGCCCCGGATATGGCATTTCCCCGAATGAACAACATGAGC
TTCTGACTACTCCCTCCTTCTTTCCTTCTCCTTCTTGCATCATCTGGGGTTGAAGCTGGGGCC
GGAACCGGATGGACAGTCTATCCCCCTCTAGCTGGTAACCTAGCACACGCAGGGGCTTCCGT
TGATCTAACTATCTTCTCCCTTCATCTGGCAGGGATTTCCTCAATTCTAGGGGCAATTAATTTT
ATCACAACTATCATTAACATGAAACCTCCTGCTATTTCTCAGTACCAAACCCCTCTATTCGTCT
GAGCTGTATTAATCACGGCAGTACTGCTCCTTCTTTCTCTTCCAGTCCTTGCTGCTGGCATCA
CAATACTCCTCACCGACCGAAACCTGAACACAACCTTCTTCGACCCTGCAGGCGGAGGAGA
TCCGATTCTTTACCAACACCTCTTC

线粒体DNA 12S片段序列：

CACCGCGGTTATACGAGAGACCCAAGTTGTTAGACACCGGCGTAAAGAGTGGTTAGGAAAA
CTCATTCAACTAGAGCCGAACACCTTCAAAGCTGTTATACGCACCCGAAGGTAAGAAGCCCA
ACTACGAAAGTGGCTTTATGTTAACTGAACCCACGAAAGCTAGGATA

栉齿刺尾鱼
Ctenochaetus striatus

中 文 名： 栉齿刺尾鱼
学　　名： *Ctenochaetus striatus*（Quoy & Gaimard，1825）
英 文 名： Striped bristletooth
别　　名： 正吊，涟剥
分　　类： 刺尾鱼科Acanthuridae，栉齿刺尾鱼属*Ctenochaetus*
鉴定依据： 中国海洋鱼类，下卷，p1856；台湾鱼类资料库

形态特征： 体呈椭圆形，侧扁；尾柄部有一尖锐、尖头向前的矢状棘。头小，头背部轮廓并不特别凸出。口小，端位，上、下颌具刷毛状细长齿，齿可活动，齿端膨大呈扁平状。体被细栉鳞，沿背鳍及臀鳍基底有密集小鳞。背鳍及臀鳍硬棘尖锐，分别具8硬棘及3硬棘，各鳍条皆不延长；胸鳍近三角形；尾鳍内凹。体呈暗褐色，体侧有许多蓝色波状纵线，背鳍、臀鳍鳍膜约有5条纵线，头部及颈部散布橙黄色小点；眼前下方有“丫”字形白色斑纹。成鱼背鳍或臀鳍后端基部均无黑点；幼鱼背鳍后端基部则有黑点。

分布范围： 中国南海、台湾海域；日本南部海域、印度—太平洋暖水域。

生态习性： 栖息于珊瑚礁区或岩岸礁海域，栖息水深30m以内，常与同种或不同种鱼类共游。一般以蓝绿藻或硅藻等浮游生物为食。

线粒体DNA COI片段序列：

CCTTTATTTAGTATTTGGTGCTTGAGCTGGGATAGTGGGAACGGCTCTAAGCCTCCTAATCCG
AGCAGAATTAAGCCAACCAGGCGCCCTCCTAGGGGATGACCAGATTTATAACGTTATTGTTAC

AGCACATGCGTTCGTAATAATTTTCTTTATAGTAATACCAATTATGATTGGTGGATTTGGAAAC
TGATTAATTCCACTAATGATTGGAGCCCCTGATATAGCATTCCCACGAATGAATAACATGAGCT
TCTGACTTCTGCCCCCATCTTTCCTGCTTTTACTTGCATCTTCTGCAGTAGAATCTGGTGCTGG
AACAGGATGGACAGTTTATCCCCCTCTAGCCGGTAATCTAGCACATGCGGGGGCATCTGTAG
ACCTCACTATTTTCTCCCTACATCTCGCAGGGATTTCCTCAATTCTTGGGGCTATCAACTTTAT
TACAACAATTATTAACATGAAACCCCCAGCCATCTCCCAATACCAGACACCTCTATTCGTATG
AGCTGTGCTAATTACCGCCGTTCTACTCCTTCTCTCACTTCCTGTCCTTGCTGCCGGAATTAC
AATGCTACTTACAGATCGCAACCTAAACACCACCTTCTTCGACCCTGCAGGCGGAGGGGACC
CTATCCTGTATCAGCACCTGTTC

线粒体DNA 12S片段序列：

CACCGCGGTTATACGAGAGACCCAAGTTGACAGACAATCGGCGTAAAGAGTGGTTAAGTAC
AACATATCACTAAAGCCAAACACCTTCAAAGCTGTTATACGCACCCGAAGGTCAGAAGCCCA
ATCACGAAAGTGGCTTTAAACAAACTGAACCCACGAAAGCTAGGGCA

横带高鳍刺尾鱼

Zebrasoma velifer

中 文 名： 横带高鳍刺尾鱼
学　　名： *Zebrasoma velifer*（Bloch，1785）
英 文 名： Sailfin tang
别　　名： 粗皮鱼，高鳍刺尾鲷，老娘
分　　类： 刺尾鱼科 Acanthuridae，高鳍刺尾鱼属 *Zebrasoma*
鉴定依据： 中国海洋鱼类，下卷，p1853

形态特征：一般特征同属。体高，侧扁，侧面观呈卵圆形。吻长，突出。口小，两颌密布小齿。体被小长栉状突起鳞。背鳍Ⅳ—28～32；臀鳍Ⅲ—22～26；胸鳍15～17；腹鳍Ⅰ—5。背鳍、臀鳍甚大。尾柄两侧各有1枚可活动棘。体暗褐色，体侧有5条金黄色横带。背鳍、臀鳍有许多斜纹；尾柄褐色，尾柄棘及沟则为暗色。幼鱼体色为黄色，也具有横带。

分布范围：中国南海、台湾海域；日本相模湾以南海域、澳大利亚海域、印度—西太平洋暖水域。

生态习性：为暖水性岩礁鱼类。主要栖息于清澈而面海的潟湖及珊瑚礁区，栖息在浪拂区至水深30m左右；稚鱼通常被发现于水浅且有遮蔽的岩石或珊瑚礁区，有时会出现于水较混浊的礁区。独游性。以叶状大型藻类为食。

线粒体DNA COI片段序列：

CCTTTATTTAGTATTTGGTGCTTGAGCCGGAATAGTGGGAACAGCTCTAAGCCTACTCATCCG
AGCAGAACTCAGCCAACCGGGCGCTCTCCTTGGAGACGACCAGATCTACAATGTAATCGTTA
CAGCACATGCATTTGTAATGATTTTCTTTATAGTTATACCAATCATGATCGGGGGGTTCGGAAA
CTGGTTAATTCCACTAATGATTGGAGCTCCTGACATAGCATTCCCACGAATGAATAACATGAG
CTTTTGACTTCTCCCACCGTCCTTCCTCCTTCTCCTTGCCTCCTCAGGCGTTGAAGCCGGAGC
TGGCACAGGATGGACAGTATACCCCCCTCTGGCAGGCAATCTAGCGCATGCTGGAGCATCCG
TAGATTTAACTATCTTCTCCCTTCATCTCGCAGGGATTTCATCAATTCTAGGGGCTATTAATTTT
ATTACAACCATCATTAACATAAAACCCCCTGCTATTTCACAATACCAAACTCCCCTATTTGTGT
GGGCAGTCCTAATTACAGCTGTCTTACTTCTCCTCTCTCTCCCAGTTCTCGCTGCAGGGATTA
CAATGCTCCTTACAGACCGGAATTTAAATACTACCTTCTTCGACCCCGCAGGAGGAGGAGAT
CCTATTCTTTACCAACACCTATTC

线粒体DNA 12S片段序列：

CACCGCGGTTATACGAGAGACCCAAGTTGTTAGACACCGGCGTAAAGAGTGGTTAAGTACC
CTTACTTACTAAAGCCGAACACCTTCAAAGCTGTTATACGCACCTGAAGACAGGAAGTTCAA
TCACGAAAGTGGCTTTATACCAACTGAACCCACGAAAGCTAGGATA

黄尾刺尾鱼
Acanthurus thompsoni

中 文 名：黄尾刺尾鱼
学　　名：*Acanthurus thompsoni* Fowler，1923
英 文 名：Chocolate surgeonfish
别　　名：倒吊，粗皮仔
分　　类：刺尾鱼科 Acanthuridae，刺尾鱼属 *Acanthurus*
鉴定依据：中国海洋鱼类，下卷，p1858；台湾鱼类资料库

形态特征：体侧面观呈长卵圆形，侧扁。吻短，圆钝。口小。两颌具小型齿，下颌齿22枚以上。体被小栉鳞。背鳍IX—23～26；臀鳍III—23～26；胸鳍16～19；腹鳍I—5。尾柄侧棘尖锐，可纳入沟内。尾鳍深叉形，上、下叶延长为丝状。体暗褐色，胸鳍青色，腹鳍黄褐色，尾鳍黄色。

分布范围：中国南海、台湾海域；日本高知以南海域、印度—西太平洋暖水域。

生态习性：为暖水性岩礁鱼类。主要栖息于外礁陡坡区和珊瑚礁海域。群游性。以浮游动物，如甲壳类以及鱼卵等为食。

线粒体DNA COI片段序列：

CCTTTATTTAGTATTTGGTGCTTGAGCTGGGATAGTGGGAACGGCTCTAAGCCTCCTGATCCGAGCA
GAACTAAGCCAACCAGGCGCCCTCCTAGGGGATGACCAAATTTACAATGTAATTGTTACAGCACAT
GCCTTCGTAATAATTTTCTTTATAGTAATACCAATCATGATTGGTGGATTTGGAAACTGGTTAATTCCG
CTAATGATCGGAGCCCCAGACATGGCATTCCCACGAATGAACAACATGAGCTTCTGACTCCTTCCA
CCATCCTTCCTGCTCCTACTTGCATCCTCTGCAGTAGAATCCGGTGCTGGAACAGGATGAACAGTTT
ATCCCCCTCTAGCCGGCAATTTGGCACATGCAGGAGCATCTGTAGACCTAACTATTTTCTCCCTTCA
CCTCGCAGGAGTTTCTTCAATTCTAGGAGCTATTAACTTTATTACAACTATTATTAACATGAAACCCC
CTGCTATTTCTCAATATCAAACCCCTCTGTTTGTGTGAGCAGTGCTAATTACTGCCGTCCTGCTTCTT
CTTTCACTTCCTGTTCTTGCTGCTGGAATTACAATGTTACTTACAGATCGAAACCTAAATACCACCTT
CTTTGACCCGGCAGGCGGAGGAGATCCAATTCTATATCAGCACTTATTC

线粒体DNA 12S片段序列：

CACCGCGGTTATACGAGAGGCCCAAGTTGACAGATAATCGGCGTAAAGAGTGGTTAAGTACT
ACCCCCACTAAAGCCAAACACCTTCAAAGCTGTTATACGCACCCGAAGGTCAGAAGCCCAA
TCACGAAAGTGGCTTTAAACCAACTGAACCCACGAAAGCTAGGGCA

日本刺尾鱼
Acanthurus japonicus

中 文 名：日本刺尾鱼
学　　名：*Acanthurus japonicus*（Schmidt，1930）
英 文 名：Japan surgeonfish
别　　名：花倒吊，倒吊
分　　类：刺尾鱼科Acanthuridae，刺尾鱼属*Acanthurus*
鉴定依据：中国海洋鱼类，中卷，p1865；台湾鱼类资料库

形态特征：体呈椭圆形，侧扁。头小，头背部轮廓并不特别凸出。口小，端位，上、下颌各具1列扁平齿，齿固定不可动，齿缘具缺刻。背鳍及臀鳍硬棘尖锐，分别具11硬棘及3硬棘，各鳍条皆不延长；胸鳍近三角形；尾鳍近截形或内凹。体色一致为黑褐色，但越往后部体色越偏黄；眼睛下缘具一白色宽斜带，向下斜走至上颌；下颌另具半月形白环斑。背鳍及臀鳍为黑色，基底各具1条鲜黄色带纹，向后渐宽；背鳍鳍条部另具1条宽鲜橘色纹，奇鳍皆具蓝色缘；尾鳍淡灰白色，前端具白色宽横带，后接黄色窄横带，上、下叶缘为淡蓝色；胸鳍基部黄色，余为灰黑色；尾柄为黄褐色，棘沟缘为鲜黄色，尾柄棘也为鲜黄色。

分布范围：中国南海、台湾海域；日本奄美大岛以南海域、西太平洋暖水域。

生态习性：为暖水性岩礁鱼类。栖息于珊瑚礁海域，主要栖息于清澈而面海的潟湖及礁区，栖息水深一般小于15m，幼鱼则活动于水表层至水深3m处。以藻类为食。

线粒体DNA COI片段序列：

CCTTTATTTAGTATTTGGTGCTTGAGCTGGAATAGTAGGAACGGCCCTGAGCCTCCTAATCCGAG
CAGAATTAAGCCAACCAGGCGCCCTCCTCGGGGATGACCAAATTTATAATGTAATTGTTACAGC

ACACGCATTCGTAATAATTTTCTTTATAGTAATACCAATTATGATTGGTGGATTTGGAAATTGATTA
ATTCCACTAATGATCGGAGCTCCCGACATAGCATTCCCACGAATAAATAATATGAGCTTTTGGCTC
CTACCCCCATCCTTCCTGCTTCTACTAGCATCTTCTGCAGTAGAGTCTGGTGCTGGCACAGGGTG
AACAGTATACCCTCCTCTAGCCGGCAATTTAGCACATGCAGGAGCATCTGTAGACCTAACCATTT
TCTCCCTCCACCTCGCAGGTATTTCTTCAATTCTTGGAGCTATTAATTTTATTACAACAATTATTAA
TATGAAACCTCCTGCTATTTCTCAATATCAAACCCCCCTATTTGTATGAGCCGTACTAATTACTGC
TGTCCTACTCCTTCTCTCACTTCCCGTTCTCGCCGCCGGAATTACAATGCTACTAACAGACCGTA
ATCTAAACACTACTTTCTTTGATCCGGCAGGGGGAGGAGACCCCATCCTATACCAACATTTATTC

线粒体DNA 12S片段序列：

CACCGCGGTTATACGAGAGACCCAAGTTGACAGACAATCGGCGTAAAGAGTGGTTAAGTAC
TATATCTTACTAAAGCCAAACACCTTCAAAGCTGTTATACGCACCCGAAGGTTAGAAGCCCAA
TCACGAAAGTGGCTTTAAACTAACTGAACCCACGAAAGCTAGGGCA

刀镰鱼

Zanclus cornutus

中 文 名： 刀镰鱼
学　　名： *Zanclus cornutus*（Linnaeus，1758）
英 文 名： Moorish idol
别　　名： 角蝶，角蝶仔，吉哥
分　　类： 镰鱼科Zanclidae，镰鱼属*Zanclus*
鉴定依据： 中国海洋鱼类，下卷，p1845；南海海洋鱼类原色图谱（二），p312

形态特征：体极高，侧扁。口小；齿细长，呈刷毛状，多为厚唇覆盖。吻突出。成鱼眼前具一短棘。尾柄无棘。背鳍Ⅶ—40～43；胸鳍18～19；腹鳍Ⅰ—5；臀鳍Ⅲ—33～36。背鳍硬棘延长如丝状。体呈白至黄色；头部在眼前缘至胸鳍基部后具极宽的黑横带区；体后端另具1个黑横带区，其后具1条细白横带；吻上方具1个三角形且镶黑斑的黄斑；吻背部黑色；眼上方具2条白纹；胸鳍基部下方具1个环状白纹。腹鳍及尾鳍黑色，具白色缘。

分布范围：中国南海、台湾海域；印度—西太平洋区及东太平洋区。

生态习性：主要栖息于潟湖、礁台、清澈的珊瑚或岩礁区，栖息水深3～182m。经常被发现成小群游于礁区。主要以小型带壳的动物为食。

线粒体DNA COI片段序列：

CCTTTATCTAGTATTTGGTGCTTGAGCCGGAATAGTGGGGACTGCGCTAAGCCTTCTA
ATTCGGGCTGAACTCAGTCAACCGGGAGCCCTTCTAGGGGATGATCAAATCTATAAC
GTAATTGTAACTGCACATGCGTTTGTAATAATTTTCTTTATGGTAATGCCGATTATGAT
CGGAGGGTTCGGAAACTGACTAATCCCACTTATGATTGGGGCCCCTGATATGGCATT
CCCCCGTATAAATAATATGAGCTTTTGACTCCTGCCTCCTTCCTTCCTCCTCCTCCTGG
CTTCCTCTGGTGTTGAAGCAGGGGCCGGGACAGGGTGAACAGTCTACCCGCCTCTG
GCTGGCAACCTAGCACATGCGGGAGCCTCTGTTGATTTAACCATCTTTTCTCTGCACC
TCGCAGGTATTTCTTCAATTCTAGGGGCCATTAATTTTATCACAACCATTATCAACATG
AAACCTCCCGCTATTTCCCAATATCAGACCCCTTTATTTGTATGAGCAGTCTTAATCAC
TGCCGTCCTCCTTCTTCTCTCCCTCCCAGTGCTCGCCGCCGGTATTACTATGCTCCTC
ACAGACCGAAATCTAAATACTACTTTCTTTGACCCTGCAGGAGGAGGAGACCCCATC
CTCTACCAGCACCTGTTC

线粒体DNA 12S片段序列：

CACCGCGGTTATACGAGAGACCCAAGTTGTTAGATACCGGCGTAAAGAGTGGTTAAGATAAA
TTATAGACTAAAGCCGAACGCCCTCAGAACTGTTATACGTTTCCGAAGGTGAGAAGTCCGAT
CACGAAAGTGGCTTTACATTAACTGAACCCACGAAAGCTAGGGTA

鲉形目 | SCORPAENIFORMES

玫瑰毒鲉
Synanceia verrucosa

中 文 名：玫瑰毒鲉
学　　名：*Synanceia verrucosa* Bloch & Schneider，1801
英 文 名：Devilfish，Poison scorpion，Reef stonefish
别　　名：老虎鱼
分　　类：毒鲉科Synanceiidae，毒鲉属*Synanceia*
鉴定依据：中国海洋鱼类，中卷，p822；南海海洋鱼类原色图谱（一），p102

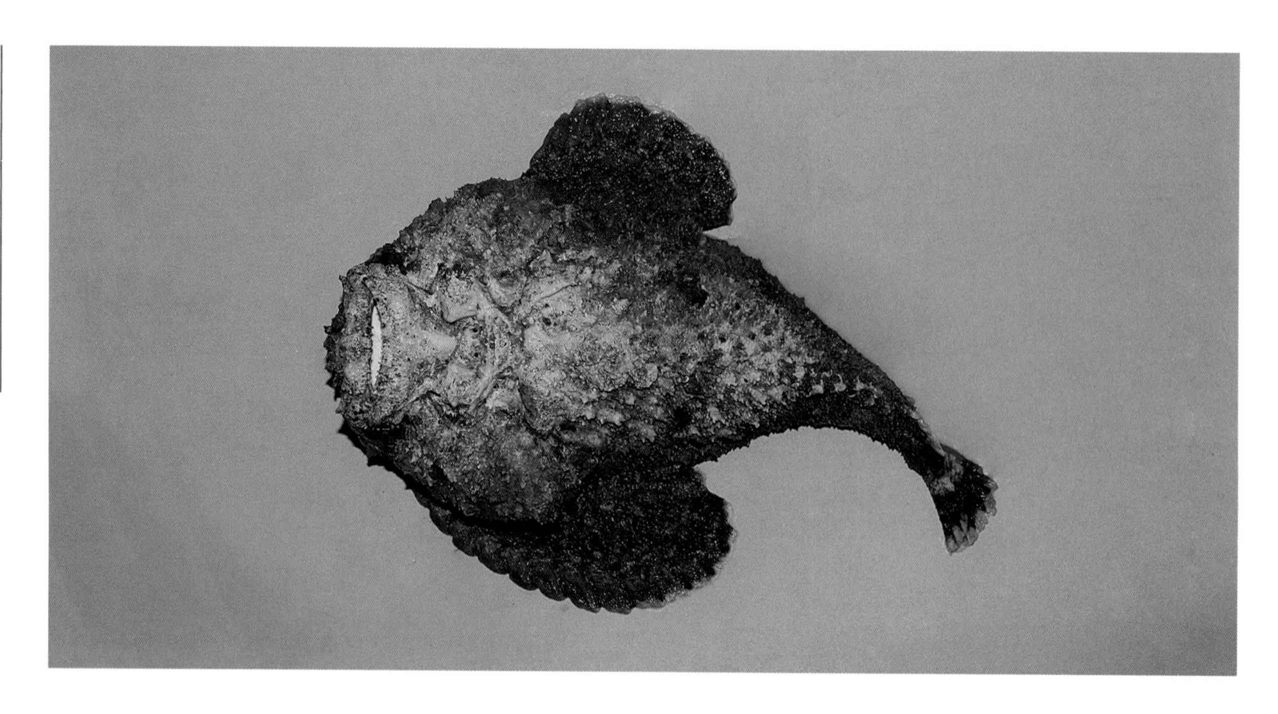

形态特征：体中长，体宽大于体高，尾部向后狭小。头宽大，扁平。眼小，上位，眼球稍突出于头背部。口中大，上位，嘴裂垂直，下颌上包覆上颌前方。上、下颌具细齿，锄骨及腭骨无齿。无鼻棘。泪骨下缘具2叉形棘，外侧具4棱，后上方具2短小叉状棱。眶下棱中部具一较大骨突。第二眶下骨宽大，向后延伸至前鳃盖骨前缘。前鳃盖骨具3棘，隐没于皮肤下方。鳃盖骨具2叉状棱，后端各具1棘，隐没于皮肤下方。下鳃盖骨及间鳃盖骨无棘。前颌骨高凸，吻背后方横凹；眼间距深凹；眼前下方具U形凹窝，眼后方各具一深窝，左右顶棱间微凹。口缘具穗状皮瓣；前鼻孔具管状皮突；吻部、头部腹侧、颊部与鳃盖散布肉瘤与皮瓣；眼上方具小皮突，下方皮突粗大；体及鳍上散布肉瘤与皮瓣。体无鳞，皮厚；侧线不明显。背鳍起始于鳃盖骨上棘前方，硬棘部与鳍条部有鳍膜相连，硬棘部的基底长于鳍条部的基底，硬棘大多被皮膜覆盖，尖端露出，具硬棘12～14、鳍条5～7；臀鳍起始于背鳍鳍条部前下方，长度较背鳍鳍条部短，具硬棘3、鳍条5～6个；胸鳍宽大，下侧位，无鳍条分离，未达臀鳍第一硬棘，具鳍条17～19；腹鳍胸位，具硬棘1、鳍条4～5；尾鳍圆截尾。体色多变，通常与周遭环境颜色相似。

分布范围：中国南海、台湾海域；日本奄美大岛以南海域、马来半岛海域、印度—西太平洋暖水域。

生态习性：为暖水性底层鱼类。栖息于近海底层潮间带、礁区平台或碎石区，通常独居或以小群体出现，常潜伏在鱼洞穴、礁隙、海藻丛或埋在沙中。体色与周围环境相似，利于隐蔽。肉食性，主要捕食鱼类、甲壳类。背鳍基部有毒腺，能分泌神经毒素，为毒性最强的刺毒鱼类之一。

线粒体DNA COI片段序列：

CCTTTATTTAGTGTTCGGTGCCTGAGCTGGGATAGTAGGCACAGCCTTAAGCCTTCTTATCCG
AGCAGAATTAAGCCAACCCGGAGCTCTCTTAGGAGACGACCAAATTTACAACGTAATCGTTA
CCGCACATGCTTTCGTTATAATTTTCTTTATGGTAATACCAATCATAATTGGAGGATTTGGAAA
CTGATTAGTCCCTTTAATAATTGGGGCACCTGACATAGCATTCCCTCGAATAAACAATATAAGC
TTTTGGCTTCTCCCTCCCTCATTCCTACTCCTTCTTGCATCTTCTGGCGTCGAAGCTGGAGCT

GGTACTGGATGAACAGTCTACCCCCCTTTAGCAGGTAATCTTGCCCACGCAGGAGCATCAGT
TGACCTAACAATTTTTTCCCTACATTTAGCAGGAATTTCTTCAATTCTAGGGGCAATTAATTTT
ATTACAACTATTATCAACATAAAACCCCCTGCTATTTCACAATACCAAACACCTCTTTTCGTAT
GGGCCGTACTAATTACAGCAGTCCTACTTCTTTTATCACTCCCTGTACTTGCTGCTGGCATTAC
TATACTTTTAACAGACCGTAATCTAAATACTACCTTCTTTGATCCAGCTGGAGGAGGAGACCC
AATTCTTTATCAACATCTATTT

线粒体DNA 12S片段序列：

CACCGCGGTTAAACGAGAGGCCCAAGTTGATAGAACTCGGCGTAAAGAGTGGTTAAAAGAT
AAATATACTAAGACTAAAGACTTTTAGTACTGTCATACGTATTCAAAAATAAGAAGCCCAACT
ACGAAAGTGGTCTTAAACAAACTCTGAATCCACGAAAGCTACGAAA

中华鬼鲉
Inimicus sinensis

中 文 名： 中华鬼鲉
学　　名： *Inimicus sinensis*（Valenciennes，1833）
英 文 名： Spotted ghoul
别　　名： 鬼虎鱼，猫鱼，鱼虎
分　　类： 毒鲉科Synanceiidae，鬼鲉属*Inimicus*
鉴定依据： 台湾鱼类资料库；中国海洋鱼类，中卷，p827

形态特征： 体延长，前部粗大，后部稍侧扁。颅骨平扁；前额骨甚长，侧面深凹。无鳔；幽门盲囊大型。体无鳞；侧线鳞数15～17。头、体、鳍上的皮须、皮瓣均较发达。口中大，口裂几乎垂直，下颌弧形上突；两颌具绒毛状齿，锄骨具齿，腭骨无齿。吻部长，吻长大于眼后区长。背鳍连续，具鳍棘17 ~ 18，前方三棘分离，第三棘与第四棘间距较大，自此向后的鳍膜皆深凹且近基底，鳍条5 ~ 8；臀鳍基底略长且低，具鳍棘2、鳍条10；胸鳍宽大，胸鳍第一与第二游离鳍条约等长；腹鳍大，具硬棘1、鳍条5，鳍膜与体壁相连；尾鳍圆形。体色高度变异；胸鳍暗褐色，有不明显的横斑，内面有20 ~ 30个大小不一的淡色斑点。

分布范围：中国南海以及台湾海域；印度—西太平洋海域，印度洋到中国台湾、菲律宾、印度尼西亚、阿拉弗拉海与澳大利亚西部。

生态习性：主要栖息于礁区附近沙泥或石砾底质的海域。具伪装能力，时常埋藏身体，不容易被发现，借以快速捕捉过往小鱼与甲壳动物为食。在求偶期，会开展胸鳍来展现婚姻色，或是其警告色来惊吓掠食者。背鳍鳍棘下具毒腺，是海中危险生物。

线粒体DNA COI片段序列：

GCTTTATTTAGTATTCGGTGCCTGAGCTGGGATAGTAGGTACAGCCTTAAGCCTCCTTATCCGAGCAGAACTTAGTCAACCCGGGGCCCTCTTAGGAGACGACCAAATTTACAATGTTATTGTTACTGCACATGCCTTCGTAATAATCTTCTTTATAGTAATACCAATTATGATCGGAGGTTTTGGCAATTGACTGATTCCTTTAATAATTGGAGCGCCAGATATAGCATTCCCTCGAATAAACAACATAAGCTTTTGACTCCTACCCCCTTCTTTTCTACTTCTACTTGCATCTTCAGGTGTTGAAGCTGGAGCAGGAACTGGATGAACTGTCTACCCCCCGCTAGCCGGTAATCTCGCCCATGCAGGAGCATCAGTAGATTTAACAATCTTCTCCCTACACTTAGCAGGGATCTCATCAATTTTAGGTGCTATTAATTTTATTACCACAATTATTAACATAAAACCCCCTGCTATTTCACAATATCAGACCCCTTTATTCGTATGAGCTGTACTAATTACAGCCGTACTACTTCTTCTCTCTCTCCCTGTCCTTGCTGCTGGCATCACAATACTTCTTACAGACCGTAATTTAAATACTACTTTCTTTGACCCCGCAGGAGGAGGAGACCCAATTCTTTATCAACACCTGTTT

线粒体DNA 12S片段序列：

CACCGCGGTTATACGAGAGACCCAAGTTGATAGACTTCGGCGTAAAGCGTGGTTATAGACAAACTAATACTAAGACCGAATACTTTTAGTACTGTTATACGTATTCAAAAGTTAGAAGCTCAACTACGAAGGTCGTCTTAACTAGACTTTGAAGCCACGAAAGCTACGAAA

斑鳍鲉
Scorpaena neglecta

中 文 名：斑鳍鲉

学　　名：*Scorpaena neglecta* Temminck & Schlegel，1843

英 文 名：Stonefish

别　　名：石狗公，石头鱼

分　　类：鲉科Scorpaenidae，鲉属*Scorpaena*

鉴定依据：台湾鱼类资料库；中国海洋鱼类，中卷，p775

形态特征： 体延长，侧扁。头中大，棘棱具明显的锯齿状。眼大，上侧位；眼球高达头背缘。口中大，端位，斜裂，上、下颌等长。鼻棘1个，小而尖，向后上，位于前鼻孔内侧。前鳃盖骨具5棘；鳃盖骨具2叉向棱，后端各具1棘。下鳃盖骨及间鳃盖骨无棘。眼间具1对额棱，无额棘。顶骨光滑，顶颈棱高凸，具顶棘与颈棘各1个。吻背后部横凹，眼间隔凹入，额棱间沟深凹，眼间隔后方具一方形顶枕窝。吻缘具2对皮瓣，内侧1对较小；前鼻孔后缘具一尖形羽状皮瓣；泪骨下缘具3～4皮瓣，后者宽薄；眼前棘皮瓣短小，眼上棘皮瓣长且大，边缘具小分支。鳞中大，栉鳞；胸部、胸鳍基部及腹鳍具小圆鳞；头大多部分无鳞，鳃盖下侧具少数小栉鳞，头背侧及头腹侧无鳞。侧线上侧位，前端斜直，后端平直，末端延伸至尾鳍基部。背鳍长且大，起始于鳃盖骨上棘上方，硬棘部与鳍条部有鳍膜相连，硬棘部鳍膜凹入，近基底，硬棘部的基底长于鳍条部的基底，具硬棘12、鳍条8～10；臀鳍起始于背鳍第二鳍条下方，鳍条延伸稍超过背鳍基部，具硬棘3、鳍条5；胸鳍宽长，下侧位，无鳍条分离，未延长至臀鳍，鳍条16～17；腹鳍胸位，具硬棘1、鳍条5；尾鳍圆形。体红色，头侧具深色斑块及黑色斑点；背鳍粉红色，于第五至第十硬棘处具1块黑色圆斑。胸鳍及腹鳍红色，具棕色或黑色斑纹与斑点；背鳍鳍条部、臀鳍及尾鳍红色，鳍条上散布黑棕色斑点。

分布范围： 中国东海与南海；印度—太平洋区。

生态习性： 栖息于深水的岩礁或沙底附近。体态与环境相似，常伏击小鱼和甲壳动物等。卵生。背鳍鳍棘下具毒腺，是海中的危险生物。

线粒体DNA COI片段序列：

CCTTTATCTAGTATTTGGTGCCTGAGCTGGAATAGTTGGTACAGCCCTAAGTCTGCTCATTCG
AGCAGAGCTGAGCCAACCCGGCGCCCTATTGGGGGATGATCAAATTTATAACGTAATTGTTAC
AGCACATGCCTTTGTAATAATTTTCTTTATAGTAATGCCTATTATAATTGGGGGCTTTGGAAAC
TGGCTGATCCCTTTAATAATTGGAGCCCCAGATATGGCATTCCCCCGAATAAATAACATGAGC
TTTTGACTCCTGCCCCCATCTTTCCTTCTGCTCCTCGCCTCCTCAGGGGTAGAAGCGGGTGCC
GGTACAGGATGAACGGTGTACCCCCCTTTAGCCGGCAACTTAGCCCATGCTGGCGCCTCCGT

TGATCTAACGATTTTTTCGCTTCACTTAGCAGGTATTTCATCAATCCTAGGGGCAATTAATTTT
ATCACTACAATTATCAATATGAAACCTCCAGCAATTTCGCAGTACCAAACACCGCTATTCGTAT
GGGCTGTCCTAATTACTGCCGTTCTCCTTCTTCTCTCCCTTCCCGTGCTCGCTGCCGGGATTAC
AATACTCCTTACAGACCGAAATTTAAACACCACGTTCTTCGATCCAGCTGGAGGAGGGGACC
CCATTCTTTACCAACACTTATTC

线粒体DNA 12S片段序列：

CACCGCGGTTATACGAGAGGCCCAAGTTGATAATTTCCGGCGTAAAGAGTGGTTATGGGATA
CATTAACTAAAGCCGTACCCCTTCAGAGCTGTCATACGCATATGAAGGGCAGAAGCCCAACC
ACGAAAGTGGCTTTATTAACCCTGACCCCACGAAAGCTATGGCA

棱须蓑鲉
Apistus carinatus

中 文 名： 棱须蓑鲉
学　　名： *Apistus carinatus*（Bloch & Schneider，1801）
英 文 名： Bullrout，Sulky
别　　名： 狮子鱼，国公，白虎，须蓑鲉
分　　类： 鲉科 Scorpaenidae，须蓑鲉属 *Apistus*
鉴定依据： 台湾鱼类资料库；中国海洋鱼类，中卷，p789

形态特征： 体延长，侧扁。头中大，头背棘棱弱。眶前骨具3棘，棘较长。吻圆钝。口大，端位；腭骨具细齿。下颌上有3条长须，1条位于联合部下方，2条在两侧。体被细鳞。前鳃盖骨有4～6棘。背鳍连续，有浅的缺刻，硬棘部的基底长于鳍条部的基底，具硬棘14～15、鳍条

8～10；臀鳍基底稍长于背鳍鳍条部的基底，具硬棘3、鳍条7～8；胸鳍尖长，末端延伸至臀鳍基底后；其下方具一游离鳍，具鳍条11～12；腹鳍胸位；尾鳍圆形。体侧上部灰蓝色，下部淡色。背鳍硬棘部具一大于眼径的黑斑；各鳍淡白色，散在暗色斑驳。

分布范围：中国南海、东海海域以及台湾海域；印度—西太平洋区，西起红海与波斯湾，南至南非的纳塔尔，东至印度与菲律宾，北至日本。

生态习性：主要栖息于大陆棚的软质底部。白天会埋藏身体于沙中，仅仅暴露眼部。当被惊扰时，会展开长长的胸鳍，利用其上明亮的颜色来制止掠食者。捕食时会使用它的鳍把猎物驱赶至一角，并且利用下颌敏感的触须来探察埋藏在底部的猎物，主要以甲壳类动物为食。背鳍鳍棘下具毒腺，是海中的危险生物。

线粒体DNA COI片段序列：

CCTTTATTTAGTATTTGGTGCCTGAGCTGGTATAGTGGGCACAGCCCTAAGCCTTCTAA
TTCGGGCAGAATTGAGTCAACCTGGTGCACTTCTAGGGGATGACCAAATTTATAATGT
AATCGTAACAGCTCATGCTTTTGTTATAATCTTTTTTATAGTAATACCAATTATGATTGG
GGGTTTTGGTAATTGACTAATTCCTCTAATAATTGGGGCCCCTGATATAGCCTTCCCTC
GAATAAATAACATAAGCTTCTGGCTTCTTCCCCCATCTTTTCTTTTACTGCTTGCATCTT
CAGGCGTTGAAGCAGGGGCAGGTACAGGTTGAACAGTATATCCACCCCTCGCTGGAA
ACCTTGCTCACGCAGGAGCATCCGTAGACTTAACAATTTTTTCTCTGCACTTGGCAGG
TATTTCTTCAATTTTAGGTGCAATCAACTTCATTACGACAATTATTAACATAAAACCCC
CAGCTATTTCACAATACCAAACACCCCTTTTCGTATGAGCAGTTCTCATTACAGCAGTA
CTACTTCTTCTTTCTTTACCTGTCCTCGCTGCAGGTATTACGATACTATTAACAGATCGC
AACCTGAATACAACCTTCTTTGACCCTGCAGGGGGAGGTGATCCCATCCTTTATCAAC
ACTTATTT

线粒体DNA 12S片段序列：

CACCGCGGTTAGACGAGAGGCCCAAGTTGATAGCCACCGGCGTAAAGCGTGGTT
AAAGAAATTGAAACACTAAGACTAAATGCTTTTGCTGCTGTTATACGCACACAAA
AGTTAGAAGCCCGACTACGAAGGTGGTCTTAATACATCTTGAACCCACGAAAGCT
ATGAAA

勒氏蓑鲉
Pterois russelii

中 文 名：勒氏蓑鲉
学　　名：*Pterois russelii* Bennett，1831
英 文 名：Planetail firefish，Spotless butterfly-cod
别　　名：肩斑蓑鲉，狮子鱼，长狮，魔鬼，国公，石狗敢
分　　类：鲉科Scorpaenidae，蓑鲉属*Pterois*
鉴定依据：台湾鱼类资料库；中国海洋鱼类，中卷，p791

形态特征： 体延长，侧扁。头中大，棘棱具明显的锯齿状。眼较小，上侧位；眼眶略突出于头背。口中大，端位，斜裂，上颌略长于下颌。前鳃盖骨具3～4棘，鳃盖骨具1扁棘，下鳃盖骨及间鳃盖骨无棘。吻背后部横凹，眼间隔深入。吻端具1对细尖皮须；鼻孔后缘具1尖形皮瓣；眶前骨下缘具2皮瓣，前者尖小，后者较大；眼上棘具一尖长皮瓣；前鳃盖骨边缘具3皮须。鳞颇小，圆鳞；胸鳍及尾鳍基部具细鳞；眼间距及顶枕部鳞片微小；前部、上下颌、背鳍、臀鳍、腹鳍无鳞。侧线上侧位，前端斜弧形，后端平直，末端延伸至尾鳍基部。背鳍长且大，起始于鳃孔上角上方，硬棘部与鳍条部有鳍膜相连，硬棘部鳍膜凹入，近基底，硬棘部的基底长于鳍条部的基底，具硬棘13、鳍条11～13；胸鳍宽长，下侧位，无鳍条分离，长度超过尾鳍基部，鳍条13，皆不分支；腹鳍延长且大，胸位，具硬棘1、鳍条5；尾鳍圆形。眼上皮瓣无节斑，体侧具20～21条深和浅棕色横纹，交替分布。背鳍、胸鳍及腹鳍红色，具棕色斑纹横列；背鳍鳍条部、臀鳍及尾鳍皆淡色，鳍条散布黑棕色斑点。

分布范围： 中国南海以及台湾海域；印度—太平洋区，西起东非、波斯湾，东至新几内亚岛及西澳大利亚。

生态习性： 主要栖息于珊瑚、碎石或岩石底质的礁石平台，也被发现于岸边到外礁区中有掩蔽的潟湖与洞穴区等，白天藏于洞穴或裂隙间，夜晚活动。有时会形成小群鱼群。在大洋性漂浮阶段时，可以移动很长的距离，并且远离原栖息地到亚热带区域。背鳍鳍棘下具毒腺，是海中的危险生物。

线粒体DNA COI片段序列：

CCTTTATCTAGTATTTGGTGCCTGAGCCGGCATAGTAGGCACAGCCTTGAGCCTGCTTATTCGAGCA
GAACTTAGCCAACCGGGCGCTCTATTGGGAGACGACCAAATCTATAATGTAATTGTTACAGCTCATG
CTTTCGTAATAATTTTCTTTATAGTAATGCCAATCATAATTGGGGGTTTTGGAAACTGGCTTATCCCGC
TGATGATTGGGGCACCAGACATAGCATTTCCTCGTATAAATAACATGAGTTTCTGGCTTCTCCCCCCT
TCCTTCCTCCTTCTCCTGGCCTCTTCAGGAGTTGAGGCAGGGGCTGGAACAGGATGAACTGTTTAC
CCTCCCTTAGCGGGCAATCTTGCCCATGCCGGGGCATCTGTAGACCTAACAATTTTCTCCTTGCACT
TAGCAGGCATTTCATCAATCCTGGGGGCAATCAATTTTATTACAACAATTATTAATATAAAACCCCCA

GCTATTTCCCAGTACCAAACTCCACTGTTTGTATGAGCTGTCTTAATTACGGCAGTTCTTTTACTTCT
TTCGCTCCCAGTCCTTGCCGCCGGTATTACAATACTGCTTACTGATCGAAACCTCAACACCACCTTC
TTTGACCCAGCGGGGGGAGGAGACCCAATTCTTACCAACACCTCTTC

线粒体DNA 12S片段序列：
CACCGCGGCTATACGAGAGGCCCAAGTTGTTATATTCCGGCGTAAAGAGTGGTTATGGAAAA
TTAAAATTAAAGCCGCACACCTTCAAAGCTGTTATACGCACCCGAAGTCTAGAAGCCCAATT
ACAAAAGTAGCTTTATCCTCCCAGACCCCACGAAAGCTCTGGCA

东方黄魴鮄
Peristedion orientale

中 文 名：东方黄魴鮄
学　　名：*Peristedion orientale* Temminck & Schlegel，1843
英 文 名：Oriental searobin
别　　名：鸡角，角仔鱼，飞角
分　　类：黄魴鮄科 Peristediidae，黄魴鮄属 *Peristedion*
鉴定依据：台湾鱼类资料库；中国海洋鱼类，中卷，p808

形态特征： 体延长，稍侧扁。头部狭平，边缘近平直。上、下颌均无齿；有6对触须生于下颌部位，最长的1对延伸至眼睛的前缘。吻突尖细，长度等于或略长于眼径，左、右吻突各自向外侧斜。前额无棘，鳃盖棘锐利且坚硬；具2个短的后颈棘。肛门前方有3对腹板。体被骨板状鳞，侧线鳞数32 ~ 34。背鳍连续，硬棘7 ~ 8、鳍条20 ~ 21，硬棘部与鳍条部之间有一凹刻；臀鳍鳍条19 ~ 20；胸鳍基部窄，后缘宽，下方具有2枚游离鳍条。体为淡棕色并散布有蠕虫状的暗棕色斑纹。胸鳍有2列或3列暗纹；背鳍的硬棘有暗色的边缘，鳍条有2列暗黑色斑点。

分布范围： 中国黄海、东海、南海北部和台湾海域；西北太平洋温暖水域。

生态习性： 为暖温性底层鱼类。主要栖息于沙泥底质水域。

线粒体DNA COI片段序列：

CCTTTATCTAGTATTCGGTGCCTGAGCTGGGATAGTAGGCACAGCTTTGAGCCTTTTAA
TCCGAGCAGAACTAAGCCAACCGGGCGCCTTATTAGGGGACGACCAGATCTATAACGT
CATTGTCACGGCGCACGCCTTCGTAATAATCTTCTTTATAGTAATACCAATCATAATTGG
AGGCTTCGGGAACTGACTAATCCCCCTTATGATTGGGGCCCCCGACATAGCATTCCCTC
GCATAAACAACATGAGCTTTTGACTACTACCTCCTTCCTTCCTCCTCCTCCTTGCTTCT
TCTGGGGTAGAAGCTGGGGCTGGCACAGGCTGAACAGTCTACCCCCCTCTGGCCGGT
AACCTTGCTCATGCAGGGGCCTCTGTCGACTTAACTATCTTTTCCCTCCACCTAGCAGG
CATCTCCTCAATCCTCGGGGCCATTAATTTTATTACAACCATCATTAATATGAAACCCCC
TGCCATTTCCCAATACCAGACCCCCCTATTCGTATGAGCAGTCCTCATTACCGCTGTTC
TCCTTCTCCTTTCTCTCCCCGTCCTCGCTGCCGGCATCACCATGCTTCTCACAGACCGA
AACCTAAATACAACCTTCTTTGACCCCGCTGGAGGAGGCGACCCCATCCTATACCAAC
ACCTATTC

线粒体DNA 12S片段序列：

CACCGCGGTTATACGAGAGGCCCAAGTTGACAGTTACCGGCGTAAAGAGTGGTTAAAGAAT
TAAAAAATACTAAAGCCGAACACCCTCAAAGCAGTTATACGCACCCGAAGGTTAGAAGCCCT
ATTACGAAGGTAGCTTTATCTCTCCTGAACCCACGAGAGCTATGGTA

尖棘角鲂鮄

Pterygotrigla hemisticta

中 文 名： 尖棘角鲂鮄

学　　名： *Pterygotrigla hemisticta*（Temminck & Schlegel，1843）

英 文 名： Spotted gurnard

别　　名： 鸡角，角仔鱼

分　　类： 鲂鮄科 Triglidae，角鲂鮄属 *Pterygotrigla*

鉴定依据： 台湾鱼类资料库；中国海洋鱼类，中卷，p804；南沙群岛至华南沿岸的鱼类，p70；南海海洋鱼类原色图谱，p181

形态特征： 背鳍Ⅵ～Ⅷ—11～12；臀鳍11～12；胸鳍14～15；腹鳍Ⅰ—5。侧线鳞数58～73。鳃耙数（2～3）+（9～11）。体较粗短，吻突尖，呈牛角状，稍向外张开。眼大，眼窝上缘平滑。后颞棘尖，宽大，伸达第一背鳍第二、第三鳍棘。第二背鳍的基底没有骨板。主鳃盖骨下棘尖长，可达第一背鳍第四、第五鳍棘下方。颈棘短，约为眼径的1/3；肩棘短，约为眼径的1/2。胸鳍基上方肱棘短小。体鳞片很小，除颈部及胸部无鳞外，其余各部被圆鳞。体红色，稀疏散布有褐色小斑点。第一背鳍具黑斑；胸鳍内侧蓝绿色，下半部具6～9个黄色圆斑；其他鳍浅红色，无斑纹。

分布范围： 中国台湾海域与南海；印度—西太平洋区。

生态习性： 为暖水性鱼类。主要栖息于沙泥底质海域，栖息水深400m。群栖，有短距离洄游习性。

线粒体DNA COI片段序列：

CCTTTATCTAGTATTTGGTGCCTGAGCTGGAATAGTAGGTACGGCTTTGAGCCTCCTCATTCG
AGCAGAACTGAGCCAACCTGGCGCCCTTCTGGGAGACGACCAGATCTACAATGTAATTGTAA
CGGCACATGCCTTCGTAATAATTTTCTTTATAGTAATACCAATCATGATTGGGGGCTTTGGGAA
CTGACTAATCCCCCTAATAATCGGGGCCCCTGATATGGCTTTCCCCCGTATAAATAACATAAGC
TTCTGACTCCTCCCTCCCTCCTTCCTTCTCCTCCTTGCCTCCTCTGGAGTGGAGGCCGGGGCT
GGAACGGGCTGAACCGTTTACCCCCCTCTAGCCGGAAATTTAGCGCACGCCGGGGCCTCTGT
TGACCTAACAATTTTTTCTCTGCACTTAGCAGGTATTTCCTCAATTCTTGGGGCAATCAACTTC
ATCACAACGATCATTAATATGAAACCCCCAGCCATCTCCCAATACCAAACCCCCCTATTCGTAT
GATCCGTGCTAATTACTGCCGTCCTACTTCTACTATCCCTGCCCGTCCTTGCTGCTGGAATTAC
AATGCTTCTTACAGACCGAAACCTAAACACCACCTTCTTCGACCCCGCGGGAGGAGGAGAC
CCCATTCTGTACCAGCATCTCTTC

线粒体DNA 12S片段序列：
CACCGCGGTTATACGAGAGGCCCAAGTTGACAAACAACGGCGTAAAGCGTGGTTAAAGAAC
AACTAACACTAAAGCCGAACACCCTCAAGGCAGTTATACGCATCCGAAGGTTAGAAGCCCA
ACTACGAAAGTGGCTTTATTTCCCTTGAACCCACGAGAGCTAAGGCA

鲽形目 PLEURONECTIFORMES

桂皮斑鲆
Pseudorhombus cinnamoneus

中 文 名：桂皮斑鲆
学　　名：*Pseudorhombus cinnamoneus*（Temminck & Schlegel，1846）
英 文 名：Cinnamon flounder，Japanese tamper
别　　名：扁鱼，皇帝鱼，半边鱼，比目鱼，肉瞇仔
分　　类：牙鲆科Paralichthyidae，斑鲆属*Pseudorhombus*
鉴定依据：台湾鱼类资料库；中国海洋鱼类，下卷，p1935

形态特征：体长卵圆形；两眼均在左侧；两眼间具狭小骨脊，上眼较下眼稍向前，上眼前方有凹陷。头中型。口稍大；上颌延伸至下眼中央下方，由背鳍起点至后鼻孔的直线通过上颌骨末缘或其后方；两颌齿小，右下颌齿22～26枚，上、下颌齿小而密，不为大犬齿状。鳃耙适长、

坚硬且具锯齿，呈栉状，第一鳃弓鳃耙数（4 ~ 8）+（10 ~ 12）。鳃耙矛状内缘有小刺。鳞中型，背鳍与臀鳍鳍条均被鳞，眼侧被栉鳞，盲侧被圆鳞；左、右侧均具侧线，侧线鳞数75 ~ 84。背鳍起点在鼻孔前缘上方，鳍条数77 ~ 89；臀鳍鳍条数58 ~ 69；胸鳍鳍条数11 ~ 13，胸鳍短于头长；尾鳍楔形。体左侧黄褐色，有许多环纹，侧线直线前部和中央稍后各有1个黑褐色斑；前面的黑褐色斑约与瞳孔等大，周缘有不规则乳白小点；后面的黑褐色斑较小。沿侧线另有2 ~ 3个更小的斑点。右侧头、体乳白色，无斑纹。鳍淡黄色。

分布范围：中国渤海、黄海、东海、南海以及台湾海域；西北太平洋温水域，日本南部海域、朝鲜半岛海域。

生态习性：为暖温性底层鱼类。主要栖息于沿岸内湾至水深164m的近海沙泥底质海域。肉食性鱼类，主要捕食底栖性的甲壳类或是其他种类的小鱼。

线粒体DNA COI片段序列：

CCTTTACCTAGTATTTGGGGCCTGAGCCGGAATGGTGGGCACAGCCCTCAGCCTACTC
ATTCGCGCTGAACTGAACCAGCCCGGCACCCTTCTCGGAGACGACCAAATTTATAACG
TAATCGTCACCGCACACGCCTTCGTCATAATCTTTTTTATGGTTATGCCTATCATAATTG
GAGGATTTGGAAATTGACTAATTCCCCTTATAATTGGTGCACCAGATATAGCATTCCCTC
GAATGAATAACATGAGCTTTTGACTCCTCCCTCCCTCCTTCTTCCTACTTCTTGCCTCCT
CAGGCATTGAAGCAGGGGCAGGCACTGGATGAACTGTCTACCCTCCACTGGCCGGCA
ATTTGGCCCATGCAGGAGCCTCCGTTGACCTAACCATCTTCTCCCTCCATCTTGCAGGG
ATTTCCTCAATCTTAGGGGCAATTAACTTCATTACTACCATCCTCAATATGAAACCCCCA
ACCATAACCATGTACCACATCCCACTCTTCGTATGAGCTGTCCTGATCACAGCTGTCTT
GCTCCTTCTATCCCTCCCAGTGTTGGCCGCAGGAATCACCATGCTACTCACAGACCGC
AACCTAAATACGACCTTCTTTGACCCCGCTGGAGGAGGAGACCCCATCCTGTACCAAC
ATCTTTTC

线粒体DNA 12S片段序列：

CACCGCGGTTATACGAGAGGCCCAAGTTGATAGACAACGGCACAAAGGGTGGTT
AGGGAAACAACATAAACTAAAGCAAAACTCTTTCCGGGCTGTTATACGCGCACCG
AAAGTCTGAGACCCAATTACGAAAGTAGCTTTAATTACCCTGATTCCACGAAAGCT
AAGAAA

五目斑鲆
Pseudorhombus quinquocellatus

中 文 名：五目斑鲆
学　　名：*Pseudorhombus quinquocellatus* Weber & de Beaufort，1929
英 文 名：Five-eyed flounder
别　　名：皇帝鱼，半边鱼，比目鱼
分　　类：牙鲆科Paralichthyidae，斑鲆属*Pseudorhombus*
鉴定依据：台湾鱼类资料库；中国海洋鱼类，下卷，p1937

形态特征：体长卵圆形；两眼均在左侧；两眼间具狭小骨脊，上眼较下眼稍向前，上眼前方有凹陷。头中型。吻钝，口前位，口稍大；上颌延伸至下眼后下方，但未达后部边缘。由背鳍起点至后鼻孔的直线切过上颌骨中部；上、下颌齿大而疏，为大犬齿状。鳃耙适长、坚硬且具锯齿，呈栉状，第一鳃弓鳃耙数（3 ~ 6）+（9 ~ 13）。鳞中型，背鳍与臀鳍鳍条均被鳞，眼侧被栉鳞，盲侧被圆鳞；左、右侧均具侧线，侧线鳞数74 ~ 79。背鳍起点在鼻孔前缘上方，鳍条数68 ~ 72；臀鳍鳍条数52 ~ 55；胸鳍短于头长；尾鳍楔形。眼侧褐色，有许多环纹及小暗点，并具有5个大眼斑；盲侧灰白色。

分布范围：中国南海、台湾海域；泰国海域、印度尼西亚海域、西北太平洋热带水域。

生态习性：为暖水性底层鱼类。主要栖息于大陆棚沙泥质的海域。肉食性鱼类，主要捕食底栖性的甲壳类或是其他种类的小鱼。

线粒体DNA COI片段序列：

CCTATACCTGGTATTTGGTGCCTGAGCCGGGATGGTGGGCACAGCCCTCAGCCTACTCATTCG
AGCCGAGCTAAGTCAGCCCGGCGCCCTTCTTGGAGACGACCAGATTTATAATGTAATCGTCA
CCGCACACGCTTTCGTAATAATCTTTTTTATAGTCATGCCTATCATGATTGGAGGCTTCGGGAA
TTGATTAATCCCCCTGATAGTAGGGGCTCCCGACATAGCCTTCCCCCGAATAAACAACATGAG
CTTCTGACTCCTTCCGCCCTCTTTCCTTCTACTCTTAGCATCTTCTGGTGTCGAAGCAGGGGC
AGGAACAGGATGAACCGTCTACCCCCCTCTAGCTGGCAACCTGGCCCACGCTGGAGCTTCC
GTCGATCTTACTATTTTCTCTCTTCACCTAGCCGGAATTTCTTCCATCTTAGGGGCAATCAACT
TCATTACAACCGTCATCAACATGAAACCCCCAGCTGTAACTATATATCATATCCCCCTATTTGT
CTGAGCTGTTCTAATCACCGCAGTCCTCCTTCTCCTGTCCCTCCCAGTTCTGGCTGCAGGGAT
TACCATGCTACTCACAGACCGAAATTTAAATACTACCTTTTTTGACCCCGCCGGCGGAGGAG
ACCCCATTCTCTACCAACACCTCTTC

线粒体DNA 12S片段序列：

CACCGCGGTTATACGAGAGGCCCAAGTTAACAGACAACGGCACAAAGGGTGGTTAGAGGTA
TAACAAAAACTAAGGCAGAACCCTTTCAACGCTGTGATACGCCCCGAAAGTGTGAAACTC
AATCACGAAAGTAGCCTTAACAACCCTGAATCCACGAAAGCTGGGAAA

长鳍羊舌鲆
Arnoglossus tapeinosoma

中 文 名：长鳍羊舌鲆
学　　名：*Arnoglossus tapeinosoma*（Bleeker，1865）
英 文 名：Drab flounder
别　　名：长鳍肢鲆，尖体羊舌鲽
分　　类：鲆科Bothidae，羊舌鲆属*Arnoglossus*
鉴定依据：台湾鱼类资料库；中国海洋鱼类，下卷，p1955；台湾鱼类志，p567

形态特征：背鳍92 ~ 99；臀鳍70 ~ 75；胸鳍12 ~ 13。侧线鳞55 ~ 56。鳃耙数0+(9 ~ 10)。本种一般特征同属。体呈长椭圆形，扁平，体长为体高的2.6 ~ 2.9倍。头较大，体长为头长的3.8 ~ 4.2倍。眼左侧，下眼稍前于上眼或齐平，两眼间有一狭小骨脊，眼前有凹槽。口较小，前位；上颌略超过眼前缘下方，两颌齿小，两侧齿相似。鳃耙较细；鳞小型易脱落，眼侧被弱栉鳞，盲侧被圆鳞；除雄鱼背鳍前端第一至第六鳍条延长成丝状外，背鳍和臀鳍正常；胸鳍短于头长；尾鳍尖型。头、体左侧淡黄褐色，眼后缘黑色，鳍淡黄色。福尔马林浸泡后体棕色，体上下缘有浅色斑，胸鳍上方有一黑斑，在侧线直线部有1或2个小斑点，背鳍和臀鳍后方基底有1对暗斑，余各处有小斑点，腹鳍和胸鳍末端具暗斑；盲侧灰白色。

分布范围：中国南海、台湾海域；印度尼西亚海域、印度—西太平洋暖水域。

生态习性：为稀有捕获的鱼种，生态习性所知甚少。为暖水性底层鱼类。栖息于沙泥底质浅海。

线粒体DNA COI片段序列：

CCTCTACCTTGTATTCGGTGCCTGAGCTGGGATAGTAGGCACAGCACTCAGCCTCCTTA
TCCGGGCAGAACTAAGCCAACCAGGAGCCCTTCTGGGGGACGACCAGATTTATAATGT
GATCGTCACGGCCCACGCCTTCGTAATAATCTTCTTTATAGTAATGCCAATCATGATTGG
GGGCTTCGGCAACTGATTAATTCCCCTAATGGTCGGGGCCCCAGACATGGCCTTCCCT
CGTATGAACAACATAAGCTTTTGACTTCTTCCCCCCTCATTCTTACTTCTATTGGCCTCT
TCGGGGGTTGAAGCGGGGGCCGGGACGGGTTGGACAGTTTACCCGCCCCTAGCTGGG
AACTTAGCACACTCAGGGGCCTCCGTAGATCTCACAATCTTCTCCCTCCACCTTGCAG
GTATCTCATCCATCCTTGGTGCAATTAACTTTATTACCACCATCTTCAACATGAAACCTT
CCGCCATGTCTATATACCAAGCCCCTCTGTTCGTATGGGCAGTACTGATCACAGCGGTC
TTGCTACTCCTCTCACTACCTGTCCTAGCAGCCGGCATCACAATACTCCTCACAGACCG
AAACCTAAATACAACATTTTTTGATCCCGTCGGCGGAGGGGACCCAATCCTTTACCAAC
ACTTGTTC

线粒体DNA 12S片段序列：

CACCGCGGTTACACGGACAGCCCAAGTTGACGGACCAACGGCGTAAAGGGTGGTTA
GGGAAAAACGTAAACTAAAGCCGAAAACCCCCAAGACTGTCGTACGTCACCTCGG
AGGAGAGAAGATCAACTACGAAAGTGGCTTTACAACACCCGACCCCACGAAAGCT
AAGAAA

凹吻鲆

Bothus mancus

中 文 名：凹吻鲆
学　　名：*Bothus mancus*（Broussonet，1782）
英 文 名：Tropical flounder
别　　名：扁鱼，皇帝鱼，半边鱼，比目鱼
分　　类：鲆科Bothidae，鲆属*Bothus*
鉴定依据：台湾鱼类资料库；中国海洋鱼类，下卷，p1951

形态特征：体卵圆形，两眼均在左侧；背缘呈弧形。吻略长。眼小，雄鱼眼前缘平滑或具一小棘，眼间隔极宽且凹陷。口小或中大；上颌骨稍长，延伸至下眼前缘后方；上、下颌具2行或更多尖锐锥状齿；腭骨无齿。鳃盖膜不与喉峡部相连；鳃耙尖形不呈锯齿状。眼侧被小栉鳞，盲侧被圆鳞；背鳍与臀鳍鳍条均被鳞；眼侧具侧线，盲侧无侧线，侧线鳞数76 ~ 89。背鳍鳍条正常，鳍条数96 ~ 102；臀鳍鳍条正常，鳍条数74 ~ 81；胸鳍延长，特别是雄鱼；尾鳍圆形。眼侧体棕色具黑色或暗棕色斑点，胸鳍后上方有一大形斑；盲侧乳黄色，雄鱼具许多黑色小点。

分布范围：中国南海、台湾海域；日本和歌山以南海域，印度—太平洋热带、亚热带水域。

生态习性：主要栖息于珊瑚礁区的泥沙地或平贴在礁石上。属于肉食性鱼类，觅食时会在沙泥地上四处翻搅，找寻藏在沙泥里的底栖性甲壳类或小鱼。多变的斑纹是其欺敌的利器。

线粒体DNA COI片段序列：

CCTCTACCTCGTATTCGGTGCTTGAGCGGGCATGGTCGGGACCGCACTTAGCCTTCTTATCCG
GGCTGAGCTCAGCCAGCCCGGGGCCCTGCTGGGCGACGACCAGATTTATAATGTCATCGTCA
CGGCCCATGCGTTCGTGATGATCTTCTTTATAGTAATGCCTATTATGATCGGGGGCTTTGGTAA
CTGGCTAATCCCCCTGATGGTGGGAGCCCCCGATATGGCATTCCCCCGCATAAACAACATGAG
CTTCTGACTACTTCCCCCCTCTTTCCTCCTCCTGTTAGCCTCCTCTGGGGTAGAGGCAGGGGC
GGGGACCGGGTGGACTGTCTACCCCCCATTGGCGGGCAATCTTGCACACGCCGGAGCATCA
GTAGACCTAACTATCTTCTCTCTACACCTCGCGGGTATCTCGTCCATCTTGGGGGCCATCAAC
TTCATTACCACAATTTTGAACATGAAGCCGCCGGCTATGACGATGTACCAGGTTCCGCTGTTC
GTCTGGGCAGTCCTAATCACTGCGGTCCTCCTACTGCTTTCCCTACCAGTGCTCGCAGCAGG
AATCACCATGCTCCTGACAGACCGAAACTTAAACACTACCTTCTTCGACCCGGCCGGAGGG
GGGGACCCAATTCTATACCAGCACCTATTC

线粒体DNA 12S片段序列：

CGCCGCGGTTATACGAGAGGCCCAAGTTGACAGACAACGGCGTAAAGGGTGGTTAGGGGGA
CACATCGACTAAAGCCGAAGGCCATCAAGGCCGTGATACGCCCCTTCGATGGCACGAAGAC
CAACTACGAAAGTGGCTTTACTTAACCTGACCCCACAAAAGCTGAGGAA

东方宽箬鳎
Brachirus orientalis

中 文 名： 东方宽箬鳎
学　　名： *Brachirus orientalis*（Bloch & Schneider，1801）
英 文 名： Black sole，Oriental sole
别　　名： 龙舌，鳎沙，比目鱼
分　　类： 鳎科 Soleidae，宽箬鳎属 *Brachirus*
鉴定依据： 台湾鱼类资料库；中国海洋鱼类，下卷，p1995

形态特征： 体长椭圆形，侧扁；两眼均位头右侧，眼间隔处有鳞片。吻圆；口小，口裂弧形；仅盲侧上、下颌具细齿；腭骨无齿。前鼻管单一、短小，仅达下眼前缘。前鳃盖骨边缘被皮膜与鳞；鳃盖膜与喉峡部分离。两侧皆被栉鳞，侧线被圆鳞。背鳍与臀鳍鳍条大多分支，与尾鳍相连，背鳍鳍条数61 ~ 65，臀鳍鳍条数44 ~ 48；胸鳍不分支，两侧均具胸鳍；尾鳍圆钝。眼侧体灰褐色，散布黑色小点，沿体背、腹缘及中央各有1列云状灰黑色斑，体中部有1列垂直黑色短纹，胸鳍黑褐色；盲侧淡黄白色。

分布范围： 中国南海、台湾海域；琉球海域、澳大利亚海域、印度—西太平洋暖水域。

生态习性： 为暖水性底层鱼类。栖息于沿岸较浅的泥沙底质海域，栖息水深15 ~ 20m，常可发现于河口域，甚至淡水域。以底栖性甲壳类为食。

线粒体DNA COI片段序列：

CCTTTACCTCGTATTTGGTGCCTGAGCCGGAATAGTCGGCACAGCCCTAAGCCTCTTAATTCGAG
CAGAACTCAGCCAACCAGGGGCTTTACTGGGAGACGACCAAATTTACAACGTAATCGTTACCG
CACATGCTTTTGTAATAATTTTTTTATAGTCATACCTATCATGATTGGTGGCTTCGGAAACTGACT
AATCCCACTAATAATTGGTGCCCCGGATATAGCATTTCCTCGAATAAATAACATAAGTTTCTGACT
GTTACCCCCATCATTTATTCTCCTGCTCGCCTCTTCAGGGGTTGAAGCCGGGGCCGGCACTGGTT
GAACTGTTTATCCGCCGTTAGCAGGAAATCTCGCCCATGCTGGAGCATCCGTCGACTTAACCATT

TTCTCTCTTCACTTGGCCGGCGTATCTTCAATCTTGGGGGCCATTAACTTTATTACAACTATTATCA
ACATAAAACCGACTACCATATCTATATATCAAATCCCGCTATTTGTATGAGCCGTACTAATCACAGC
TGTCCTCCTCCTCCTCTCACTACCAGTCCTAGCCGCAGGAATTACAATACTTTTAACAGACCGAA
ATCTGAACACAACCTTTTTCGATCCTGCAGGGGGAGGAGATCCTATTCTTTACCAACACTTATTC

线粒体DNA 12S片段序列：
CACCGCGGTTAGACGAGAAGCTCAAGTTGACAGACAGCGGCACAAAGTGTGGTTAGGGAA
CTTTAACATGACTAAAGTCAAACGCTTTCAAAGCAGTCATACGCATCTGAAAGTATGAGGAT
CATTAACGAAAGTAACTTTACTCCACCTGAATCCACGTAAGCTAAGACA

斑纹条鳎
Zebrias zebrinus

中 文 名： 斑纹条鳎
学　　名： *Zebrias zebrinus*（Temminck and Schlegel，1846）
英 文 名： Zebra sole
别　　名： 舌头鱼
分　　类： 鳎科Soleidae，条鳎属*Zebrias*
鉴定依据： 中国海洋鱼类，下卷，p1993; Wang Z, Kong X, Huang L, et al. Morphological and molecular evidence supports the occurrence of a single species of *Zebrias zebrinus* along the coastal waters of China. Acta Oceanologica Sinica，2014，33(8): 44-54.

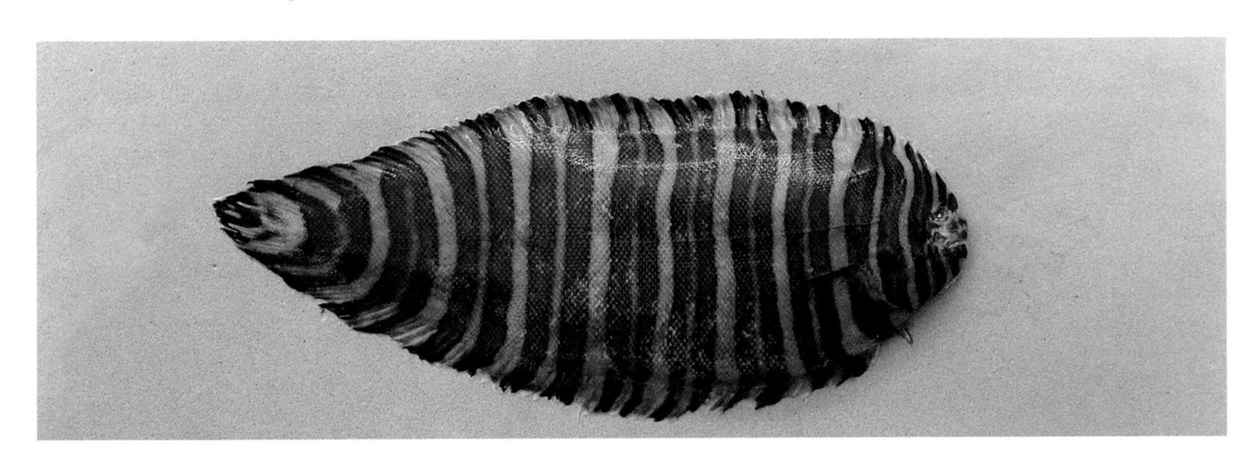

形态特征： 背鳍68 ~ 82；臀鳍56 ~ 70；胸鳍7 ~ 9；腹鳍4。侧线鳞87 ~ 110。鳃耙(0 ~ 3) + (4 ~ 30)。体呈长舌状，体长为体高的2.6 ~ 3.1倍。头短钝，体长为头长的5.5 ~ 6.9倍。眼小。右侧前鼻孔管不达下眼。体被小栉鳞，侧线鳞为埋入皮下的小圆鳞。背鳍、臀鳍完全与尾鳍相连成一体。右侧胸鳍镰刀状，左侧胸鳍宽短，最多等长于眼径。体右侧淡黄褐色，有11 ~ 12对黑褐色横带。尾鳍黑褐色，有弧状黄斑。体长20cm。

分布范围： 中国渤海、黄海、东海、南海、台湾海域；日本北海道以南海域、朝鲜半岛海域、印度—西太平洋暖水域。

生态习性： 为暖温性底层鱼类。栖息于水深100m以浅的沙泥底质海区。

线粒体DNA COI片段序列：

CCTCTATCTTGTATTTGGTGCCTGAGCCGGAATAGTTGGCACAGCCCTTAGCCTTCTTATCCG
GGCCGAACTAAGCCAACCTGGCGCCCTGCTCGGAGACGATCAAATCTACAATGTAGTCGTCA
CCGCACATGCCTTCGTTATAATCTTCTTTATAGTAATACCTATCATAATCGGGGGCTTTGGAAA
CTGATTAGTACCACTAATAATTGGAGCCCCAGACATAGCCTTTCCCCGTATAAATAATATAAGC
TTCTGATTGCTCCCCCCATCTTTTCTCCTCCTCTTAGCTTCTTCGGCGGTAGAGGCCGGAGCT
GGAACAGGGTGAACAGTATACCCGCCTTTATCAAGCAACCTCGCCCACGCAGGAGCATCCGT
AGACCTGACCATTTTTTCCCTTCACCTAGCAGGGGTCTCCTCCATCTTAGGAGCCATCAATTT
TATCACAACCATCATCAACATGAAACCTGCTACCATGTCTATGTACCAAATCCCCTTATTTGTA
TGATCCGTGTTAATTACAGCTGTCCTCCTACTCCTCTCCCTCCCAGTCCTAGCAGCAGGCATC
ACTATACTCCTAACTGACCGAAACCTGAACACAACTTTCTTTGACCCCGCCGGAGGGGGAG
ACCCAATTCTTTATCAACACCTATTC

线粒体DNA 12S片段序列：

CACCGCGGTTAGACGAGAAACCCAAGTTGACAAACAACGGCACAAAGCGTGGTTAGGAAA
CCCCATAAAACTAAAGCCAAACCCTTTCATGGCCGTTATACGCATCCGAAAGCACGAAGCCC
GACAACGAAAGTGGCTTTATCCCCCTGAACCCACGAAAGCTAAGGAA

峨眉条鳎

Zebrias quagga

中 文 名： 峨眉条鳎
学　　名： *Zebrias quagga*（Kaup，1858）
英 文 名： Fringefin zebra sole
别　　名： 龙舌，鳎沙，比目鱼
分　　类： 鳎科 Soleidae，条鳎属 *Zebrias*
鉴定依据： 台湾鱼类资料库；中国海洋鱼类，下卷，p1991

形态特征：背鳍63 ~ 70；臀鳍53 ~ 58；胸鳍6 ~ 8；腹鳍4。侧线鳞数83 ~ 87。鳃耙数0+（4 ~ 5）。本种一般特征同属。体长椭圆形，甚侧扁，呈长舌状，体长为体高的2.6倍、为头长的43 ~ 53倍。两眼均位头的右侧，突出，两眼相邻，每一眼具一黑褐短触须；眼间隔窄，眼间隔处无鳞片。两眼各有一黑褐色指状皮突。前鼻管单一，达下眼前缘之后。口小；吻圆钝；上、下颌眼侧无齿，盲侧具绒毛状细齿；腭骨无齿。鳃盖膜与峡部分离。体两侧皆被栉鳞；侧线单一，几乎成直线，侧线被圆鳞。背鳍与臀鳍鳍条均不分支，尾鳍完全与背鳍、臀鳍相连；盲侧无胸鳍或不发达，眼侧具胸鳍，鳃盖膜与胸鳍上半部鳍条相连，胸鳍不分支。眼侧体浅褐色，有11条上、下分别达背鳍、腹鳍的单或双环带，尾鳍为黑褐色，有白斑点。

分布范围：中国南海、台湾海域；印度尼西亚海域、印度—西太平洋暖水域。

生态习性：栖息于沿岸较浅的泥沙底质海域。以底栖性甲壳类为食。

线粒体DNA COI片段序列：

CCTCTACCTAGTATTCGGTGCCTGGGCCGGGATGGTTGGCACGGCACTTAGCCTTCTTATCCGAGCCGAACTCAGCCAACCAGGGACCCTCCTCGGAGACGACCAAATCTACAACGTAATTGTTACCGCCCACGCCTTCGTGATAATCTTCTTTATAGTGATACCAATCATGATTGGGGGGTTCGGTAACTGACTAGTCCCCCTAATAATTGGGGCCCCAGACATGGCATTCCCTCGTATAAACAACATAAGCTTTTGACTACTCCCCCCATCCTTTCTCCTGTTACTAGCCTCCTCAGGAGTTGAAGCCGGAGCCGGAACAGGATGAACTGTATACCCCCCCCTATCAGGGAACCTGGCCCACGCGGGGGCATCCGTTGACCTTACCATCTTTTCCCTACACTTGGCAGGAATCTCCTCCATCCTAGGGGCAATCAACTTTATTACAACAATCATCAATATAAAGCCTATCGCCATATCCATATACCAAATCCCCCTATTCGTGTGGTCAGTCCTGATTACTGCTGTCCTCCTTTTACTATCTCTTCCCGTCCTAGCGGCAGGTATCACCATGCTTTTAACAGACCGAAACCTAAACACAACCTTCTTTGACCCCGCTGGGGGTGGAGACCCAATCCTCTACCAACACTTATTC

线粒体DNA 12S片段序列：

CGCCGCGGTTAAACGAGAAGCTCAAGTTGACAAACAACGGCACAAAGCGTGGTTAAGGAGCACAGTAAAACTAAAGTAGAACCCTTTCAAGGCCGTCATACGCATTCGAAAGTACGAAGCCCAACAACGAAAGTGACTTTACACCCACCTGAATCCACGAAAGCTAAGGAA

半滑舌鳎

Cynoglossus semilaevis

中 文 名：半滑舌鳎

学　　名：*Cynoglossus semilaevis* Günther，1873

英 文 名：Tongue sole

别　　名：牛舌头，鳎目，鳎板

分　　类：舌鳎科Cynoglossidae，舌鳎属*Cynoglossus*

鉴定依据：中国海洋鱼类，中卷，p2004

形态特征： 背鳍122 ~ 128；臀鳍95 ~ 100；胸鳍0；腹鳍4。侧线鳞（13 ~ 15）+（123 ~ 132）。体呈长舌状，体长为体高的3.5 ~ 4.4倍。头稍短，头长小于头高，体长为头长的4.3 ~ 4.7倍。两眼位于头左侧中部，眼间隔有鳞。吻钝，吻钩不达左侧前鼻孔下方。口歪，下位，口角达下眼后缘下方。头、体左侧被小带鳞，侧线3条；体右侧被近似圆鳞的弱栉鳞，体中央有一纵行圆鳞，无侧线。头、体左侧淡黄褐色；奇鳍淡褐色，外缘黄色。体右侧白色，各鳍淡黄色。体长约60cm。

分布范围： 中国渤海、黄海、东海、南海；日本中部海域、朝鲜半岛海域、西北太平洋暖温水域。

生态习性： 为暖水性底层鱼类。栖息于水深20 ~ 80m的沙泥底质海区。

线粒体DNA COI片段序列：

CCTCTTGATCCGAGCGGAATTAAGCCAACCAGGAGCACTTCTAGGGGACGATCAAATTTATA
ATGTAATCGTGACTGCTCATGCCTTCGTAATGATTTTCTTCATAGTAATGCCAATTCTAATTGG
CGGCTTTGGAAACTGACTAGTGCCGCTTATATTAGGGGCACCTGACATAGCATTCCCACGAAT
AAACAACATAAGTTTCTGACTCCTTCCCCCCTCATTCCTTTTATTACTTGCCTCATCAGGGGTT
GAAGCAGGGGCAGGAACCGGATGGACAGTGTACCCGCCCTTAGCAGGAAATTTAGCCCACG
CAGGAGCATCAGTGGACCTTACCATTTTTTCATTACACTTGGCAGGAATCTCGTCCATTCTAG
GGGCTATTAATTTTATTACTACAATTATTAACATGAAACCGCCTGCAATCTCACAATATCAGAC
ACCCCTATTCGTCTGAGCCGTGCTAATCACAGCAGTACTCTTACTCCTATCCCTCCCAGTGCT
AGCTGCCGGAATTACAATACTTCTTACAGATCGGAACCTTAACACCACCTTCTTTGACCCGGC
AGGGGGGGGTGACCCAATCCTTTACCAGCACTTGTTCTGATTC

线粒体DNA 12S片段序列：

AACCGCGGTTATACGAAAGACCTAAGTAGATGAGCTACGGCGTAAAGAGTGGTTAAAGCATC
AACCCTGCTAAAGTTAAATTCTCTCCTAGTCATTTACAAACCTATGAGACCAAGAAACACAAT
TACGAAAGTAACTTTACCTTATTGACCCCACGAAAGCTAGGGCA

日本须鳎
Paraplagusia japonica

中 文 名：日本须鳎
学　　名：*Paraplagusia japonica*（Temminck & Schlegel，1846）
英 文 名：Black cow-tongue
别　　名：牛舌，龙舌，扁鱼，皇帝鱼，比目鱼
分　　类：舌鳎科Cynoglossidae，须鳎属*Paraplagusia*
鉴定依据：台湾鱼类资料库；中国海洋鱼类，下卷，p1998

形态特征：体长舌形，体长为体高的3.4～4.2倍、为头长的4～4.7倍。两眼均位于左侧，两眼分开。口下位，口裂呈显著钩状弯曲，吻钩稍短，不达眼后缘下方；口角缘近鳃盖后缘，上颌向后达下眼下方；眼侧唇缘具触须或穗状物；眼侧无齿，盲侧具细小绒毛状齿；锄骨与腭骨无齿。鳃盖膜与喉峡部分离。眼间隔处具鳞片；眼侧被栉鳞，盲侧被圆鳞；眼侧具3条侧线，盲侧无侧线。侧线鳞88～113。背鳍、臀鳍与尾鳍相连；无胸鳍；腹鳍与臀鳍相连；尾鳍尖形。背鳍鳍条数106～117；臀鳍鳍条数84～92；腹鳍鳍条数4；尾鳍鳍条数7～8。脊椎骨数58～59。眼侧体灰黑色至黑褐色，体具不规则小斑点，鳍黄褐色；盲侧白色，鳍黑色。体长可达33cm。

分布范围：中国黄海、东海、南海台湾海域；日本北海道以南海域、朝鲜半岛海域、西北太平洋温暖水域。

生态习性：栖息于近海大陆棚泥沙底质海域。以底栖无脊椎动物为食。

线粒体DNA COI片段序列：

GTGTTTGGTGCCTGAGCCGGTATGGTAGGAACCGCCCTAAGTCTGCTTATTCGAGCAGAACT
TAGCCAACCCGGTAGCCTCCTAGGCGATGACCAAATTTACAATGTTATTGTGACCGCTCATGC

ATTCGTAATAATTTTCTTTATAGTAATACCCATTATGATCGGAGGTTTTGGAAATTGATTAATTC
CACTAATGATCGGAGCACCTGATATAGCTTTCCCTCGAATAAATAATATAAGTTTCTGACTTCT
TCCACCTTCCTTCCTTCTTCTCCTTGCCTCATCTACTGTAGAAGCTGGGGCTGGTACAGGATG
AACAGTATATCCTCCCCTTGCAGGAAACCTCGCCCATGCCGGCGCCTCTGTCGACCTGACAA
TCTTCTCATTACACCTAGCCGGAGTATCATCTATTCTTGGGGCTATTAATTTTATCACAACAGT
CTTAAATATAAAACCTGAAGGGATAACAATATATCAATTACCTTTATTTGTTTGAGCTGTTTTTA
TTACAGCAATTCTTCTACTCCTCTCACTCCCTGTTTTAGCCGCAGGAATCACCATGCTTTTAAC
AGATCGTAATCTTAACACTACCTTCTTTGACCCCGCAGGTGGAGGAGATCCTAT

线粒体DNA 12S片段序列：

AACCGCGGTTATACGAAAGGCCTAAGTGGATGGATTGCGGCGTAAAGGGTGGTTAGGGAAC
CCTATCACTAAAGTTAAACCCCCTCTTGGCAGTTTTAAGCTTATGAGGATGAGAAACTCACCC
ACGAAAGTGACTTTACCCTCCTGACCCCACGAAAGCTAGGGAG

石鲽

Kareius bicoloratus

中 文 名：石鲽
学　　名：*Kareius bicoloratus*（Basilewsky，1855）
英 文 名：Stone flounder
别　　名：石板，石岗子，色鲽
分　　类：鲽科Pleuronectidae，石鲽属*Kareius*
鉴定依据：中国海洋鱼类，下卷，p1969

形态特征： 体呈长椭圆形，两眼位于头右侧。口小，上颌骨约达眼前缘下方。两颌有扁齿1行，齿端截形。体光滑，成鱼沿右线及背鳍有3纵行粗骨板。侧线平直，颞上支短。尾舌骨钝钩状。头、体右侧黄色，骨板色淡。鳍橙黄色，尾鳍色较暗。幼鱼体上有白色斑点。左侧乳白色。体长约35cm。

分布范围： 中国渤海、黄海、东海；日本海域、朝鲜半岛海域、俄罗斯库页岛以南海域、西北太平洋温带水域。

生态习性： 为冷温性底层鱼类。栖息于水深30 ~ 100m的沙底质或岩礁海区。

线粒体DNA COI片段序列：

CCTCTATCTCGTATTTGGTGCCTGAGCCGGAATAGTGGGGACAGGCCTAAGTCTACTCATTCGAGCAGAGCTAAGCCAACCTGGGGCTCTCCTGGGAGACGACCAAATTTATAACGTAATCGTCACCGCACACGCCTTTGTAATAATTTTCTTTATAGTAATACCAATTATGATTGGAGGGTTCGGAAACTGGCTTATCCCATTGATAATTGGGGCCCCCGATATGGCCTTCCCTCGAATAAATAACATGAGCTTCTGGCTTCTACCCCCATCCTTTCTGCTTCTCCTAGCCTCTTCAGGTGTTGAAGCCGGGGCGGGAACAGGGTGAACGGTGTATCCCCCACTAGCTGGAAACCTAGCACACGCCGGGGCATCCGTAGACCTCACAATCTTTTCTCTTCACCTTGCTGGGATTTCATCAATTCTAGGAGCAATCAACTTTATTACTACCATCATCAACATGAAACCAACGGCAGTCACTATGTACCAAATCCCGCTATTTGTTTGGGCCGTACTAATTACCGCCGTCCTTCTTCTCCTCTCCCTTCCGGTCCTAGCCGCTGGCATTACAATGCTACTAACAGACCGCAACTTAAACACAACCTTCTTTGACCCTGCTGGAGGGGGTGACCCCATCCTCTACCAACACCTATTC

线粒体DNA 12S片段序列：

CACCGCGGTTATACGAGAGGCCCAAGTTGACAAACAACGGCGTAAAGAGTGGTTAGGGGATTTACTAAACTAGAGCCGAACGCTTTCAAAGCTGTTATACGCACCCGAAAGTATGAAACCCAACTACGAAAGTAGCTCTACCTATCCTGAACCCACGAAAGCTAAGGAA

舌形斜颌鲽
Plagiopsetta glossa

中 文 名： 舌形斜颌鲽
学　　名： *Plagiopsetta glossa* Franz，1910
英 文 名： Tongue flatfish
别　　名： 扁鱼，皇帝鱼，半边鱼，比目鱼
分　　类： 冠鲽科Samaridae，斜颌鲽属*Plagiopsetta*
鉴定依据： 台湾鱼类资料库；中国海洋鱼类，下卷，p1977

形态特征：体椭圆形，侧扁。两眼均在右侧，眼间隔凹平。吻钝圆。头小，下半部圆滑。眼间隔窄，具鳞片；吻端和眼上半部裸露。口小，倾斜，对称，上颌达眼前1/4处；齿小呈圆锥状。鳃耙呈梳状。两侧被圆鳞，尾鳍后缘被鳞片，其余鳍裸露；侧线笔直状但在胸鳍处上扬。背鳍起点在眼之前，鳍条数64 ～ 75；臀鳍鳍条数49 ～ 55；胸鳍仅眼侧有，鳍条数8 ～ 10；尾鳍尖圆形。体黄褐色，在背鳍、腹鳍缘有5对斑点，胸鳍前方有一黑斑，沿侧线有2 ～ 3个黑斑，奇鳍和腹鳍浅褐色，鳍末稍灰白色，背鳍、臀鳍膜上有6个斑点，胸鳍灰黑色具黑点；盲侧体前半部白色，后半部灰褐色或黑色，奇鳍灰白色。

分布范围：中国南海、东海、台湾海域；日本南部海域、西北太平洋暖水域。

生态习性：近海沙质底海床底栖鱼类。栖息于水深100 ～ 150m的沙泥底质海区。肉食性鱼类，多静伏在海床上，伺机捕食甲壳类、贝类及小型鱼类。

线粒体DNA COI片段序列：

CCTTTATTTAATTTTTGGTGCCTGAGCCGGCATAGTGGGCACAGCCCTGAGCCTTTTAATCCG
AGCTGAACTAAGTCAGCCCGGAGCCTTACTAGGGGATGACCAGATTTATAATGTCATCGTGA
CTGCTCACGCTTTCGTTATAATTTTCTTTATAGTAATACCAATTTTAATTGGCGGTTTCGGTAAT
TGACTAGTCCCCTTAATAATTGGAGCCCCAGATATAGCATTCCCTCGAATGAATAATATAAGCT
TCTGACTACTACCTCCCTCATTCTTACTTCTTCTTGCATCTTCTGGAGTTGAGGCCGGGGCAG
GTACTGGTTGAACTGTCTACCCCCCTTTAGCAAGCAACCTTGCCCATGCAGGAGCCTCTGTA
GATCTCACCATTTTCTCCCTTCACTTAGCAGGGGTCTCATCTATTTTAGGCGCAATCAATTTTA
TTACTACTATTTTTAACATAAAACCCGCAGCCGTTTCAATATGCCAAATTCCTCTTTTCGTCTG
ATCCGTCTTAATTACAGCCATCCTCCTCCTATCATTACCCGTCTTAGCTGCTGGAATTACA
ATACTACTCACAGACCGAAACCTAAATACAGCTTTCTTCGACCCCGCCGGGGGAGGAGACCC
AATTCTCTATCAACATCTTTTC

线粒体DNA 12S片段序列：

AACCGCGGTTAGACGAGTCGACCCAAGCTGATAGAACACGGCGTAAAGTGTGGCCTGGGTTCAATTAAAACTAAAGTCGAAGACCTCCCAGACTGTTATACGTTTATGGAGACATGAAGCCCAACTACGAAAGTGATTTTATTATACCACTGGCCACGAAAACTGAGACA

鲀形目 | TETRAODONTIFORMES

白点箱鲀

Ostracion meleagris

中 文 名：白点箱鲀

学　　名：*Ostracion meleagris* Shaw，1796

英 文 名：Moa

别　　名：白斑箱鲀，花木瓜，箱河鲀

分　　类：箱鲀科Ostraciontidae，箱鲀属*Ostracion*

鉴定依据：台湾鱼类资料库；中国海洋鱼类，p2063

形态特征：体长方形；体甲具四棱脊，背侧棱与腹侧棱发达，无背中棱，仅在背鳍前方有一段稍隆起；各棱脊无棘，但明显尖锐，中背侧棱较不尖锐；腹面则平坦，不成弧状。口位低，唇极厚，但上唇不具肿块；体甲前开口，长为眼径的1.3 ~ 2.0倍。背鳍短小，位于体后部，无硬棘，鳍条数7 ~ 8；臀鳍与背鳍同形，鳍条数8；无腹鳍；尾鳍后缘圆形。幼鱼体褐色，满布黄色小斑；成鱼体色变化多，由蓝褐色、黑褐色至黄褐色皆有，且布满小黑斑或与瞳孔等大的黄斑，此黄斑在尾柄或连成线状。各鳍条色深，与体同色，鳍膜则透明。

分布范围：中国南海、台湾海域；日本田边湾以南海域、印度—西太平洋热带水域。

生态习性：为暖水性珊瑚礁鱼类。主要栖息于澄清的潟湖区及面海的珊瑚礁区，栖息在潮间带至水深至少30m处。独立生活。主要以海藻及底栖无脊椎动物为食。

线粒体DNA COI片段序列：

CCTCTATTTAGTATTTGGTGCTTGAGCCGGTATAGTAGGGACGGCCCTAAGCCTACTTATCCGA
GCAGAACTAAGCCAGCCAGGCGCTCTTCTTGGGGATGATCAGATTTATAATGTAATCGTAACA
GCACATGCATTTGTAATAATTTTCTTTATAGTAATGCCAATTATAATTGGAGGCTTTGGAAACT
GATTAGTACCTCTAATAATTGGAGCCCCTGATATAGCATTTCCCCGAATGAACAACATAAGCTT
CTGGCTCCTTCCTCCTTCATTCCTACTCCTCCTGGCCTCTTCAGGAGTTGAAGCAGGTGCTGG
AACTGGGTGAACAGTTTATCCTCCCTTAGCAGGTAACCTGGCACATGCAGGGGCATCTGTTG
ATCTAACCATCTTTTCCCTCCATCTGGCAGGAGTTTCCTCAATTTTAGGGGCTATTAATTTTATC
ACCACAATTATTAATATGAAACCCCCAGCTATCTCCCAATATCAAACCCCTCTATTTGTATGGG
CAGTTCTGATTACCGCTGTTCTCCTCCTTCTATCACTACCAGTTCTTGCTGCTGGTATCACAAT
ACTTCTAACAGACCGAAACCTAAACACCACATTCTTTGACCCAGCAGGAGGCGGGGACCCA
ATCCTTTATCAACACTTATTC

线粒体DNA 12S片段序列：

CACCGCGGTTATACGAGAGACCCAAGTTGTTAGTTACCGGCGTAAAGCGTGGTTAAAAATAT
ACTTCACTAAAGCCGAAAACTTTCAAAGCTGTTATACGCATCCGAAAGTAAAAAGACCAATA
ACGAAAGTAGCTTTACTTATTTGAACCCACGAAAGCTACGGCA

无斑箱鲀
Ostracion immaculatus

中 文 名：无斑箱鲀
学　　名：*Ostracion immaculatus* Temminck & Schlegel，1850
英 文 名：Bluespotted boxfish
别　　名：箱河鲀，海牛港
分　　类：箱鲀科Ostraciidae，箱鲀属*Ostracion*
鉴定依据：台湾鱼类资料库；中国海洋鱼类，下卷，p2064

形态特征： 体长方形；体甲具四棱脊，背侧棱与腹侧棱发达，无背中棱，仅在背鳍前方有一段稍隆起；各棱脊无棘，但明显尖锐，腹面较突，呈弧状。口位置稍高，唇极厚，上唇中央有明显肿块；体甲前开口（即口部）长等于眼径的0.9 ~ 1.2倍。背鳍短小位于体后部，无硬棘，鳍条数9；臀鳍与其同形，鳍条数9；无腹鳍；胸鳍鳍条数10；尾鳍后缘圆形。本种与粒突箱鲀相似。幼鱼体甲上散布黑色小圆点，以致曾被认为是粒突箱鲀的幼鱼。幼鱼头部及身体呈黄色而散布许多比瞳孔小的黑色斑；成鱼头、体以及尾部均无黑色小圆点，或体侧有淡蓝绿色小圆点，体甲每一鳞片中央则有一约与瞳孔等大的镶黑缘的淡蓝色斑或白斑。各鳍灰黄色至灰褐色，无小黑点；尾鳍较暗。

分布范围： 中国南海、东海以及台湾海域；西太平洋暖水域，日本岩手县以南海域。

生态习性： 主要栖息于潟湖区及岩礁区的浅水域，沿海内湾，也可深至大陆架边缘海区。主要以海藻、底栖无脊椎动物及小鱼为食。

线粒体DNA COI片段序列：

CGGCCCTAAGCCTACTTATCCGAGCAGAACTAAGCCAACCAGGCGCTCTTCTTGGGGATG
ATCAGATTTATAATGTAATCGTAACAGCACATGCATTTGTAATAATTTTCTTTATAGTAATGC
CAATTATAATTGGAGGTTTTGGAAACTGATTAGTACCTCTAATAATTGGAGCTCCTGATATA
GCATTTCCCCGAATAAATAACATAAGCTTCTGGCTTCTTCCTCCCTCCTTCCTCCTCCTCCT
GGCCTCTTCAGGGGTTGAGGCAGGAGCTGGAACTGGGTGAACAGTCTATCCCCCCTTAGC
AGGCAACCTGGCACATGCAGGGGCATCTGTAGATCTAACCATCTTTTCCCTCCATCTGGCA
GGGGTTTCCTCAATTTTAGGGGCTATTAATTTTATTACCACAATTATTAACATAAAACCCCCA
GCTATCTCCCAATATCAAACCCCTCTATTTGTGTGGGCAGTTCTGATTACCGCTGTCCTCCT
CCTTCTATCACTGCCAGTTCTTGCTGCTGGTATTACAATACTTCTAACAGACCGAAACCTAA
ACACCACATTCTTTGACCCAGCAGGAGGAGGGGACCCAATCCTTTATCAACACTTATTCTG
ATTCTTC

线粒体DNA 12S片段序列：

CACCGCGGTTATACGAGAGACCCAAGTTGTTAGTCACCGGCGTAAAGCGTGGT
TAAAAATATACTTCACTAAAGCCGAAAACTTTCAAAGCTGTTATACGCATCCGA
AAGTAAAAAGACCAATAACGAAAGTAGCTTTACTTATTTGAACCCACGAAAGCT
ACGGCA

双棘三刺鲀
Triacanthus biaculeatus

中 文 名： 双棘三刺鲀
学　　名： *Triacanthus biaculeatus*（Bloch，1786）
英 文 名： Short-nosed tripodfish
别　　名： 三刺鲀，三脚钉，三角狄
分　　类： 三棘鲀科 Triacanthidae，三刺鲀属 *Triacanthus*
鉴定依据： 中国海洋鱼类，下卷，p2025

形态特征：体长椭圆形，侧扁；尾柄细长，后端在尾鳍基部背、腹面各有一凹陷；头部背面眼睛至第一背鳍棘间呈直线；眼小，上侧位，眼间隔稍突起，中央具一隆起，眼后区长约等于眼径长。吻短；口端位；上颌外列齿8～10个，内列齿4个。唇肥厚，上唇后面有线毛状鳞。背鳍2个，基底分离，第一背鳍位于胸鳍基底后上方，第一棘粗大，第二至第四或第五棘较细小，第二棘不及第一棘的1/2长；臀鳍基长为背鳍鳍条基长的1.2～1.6倍。头部及体部被小而粗糙的鳞，鳞面有“十”字形的低脊棱，棱上有许多绒状小刺。体腹部白色，背部深色。第一背鳍棘膜上有一大黑斑，基底下方也具黑斑；胸鳍基底上端通常具黑色腋斑；其余各鳍黄色。

分布范围：中国黄海、东海、南海、台湾海域；日本静冈以南海域、朝鲜半岛海域、印度—西太平洋暖水域。

生态习性：主要栖息于沿岸近海沙泥底海域或河口域，常被发现于水深60m内的水域。以底栖无脊椎动物为食。

线粒体DNA COI片段序列：

CCTCTATTTAGTATTTGGTGCTTGAGCAGGCATAGTGGGCACTGCCCTCAGCCTTCTTATTCG
AGCAGAGCTTAGCCAGCCCGGCGCTCTTCTGGGCGATGATCAGATTTACAATGTAATCGTCA
CAGCACATGCATTTGTAATAATTTTCTTCATGGTCATACCTATCATAATTGGAGGGTTTGGAAA
CTGACTGATCCCACTAATGATTGGGGCCCCCGATATGGCCTTCCCCCGAATAAATAATATGAG
TTTTTGACTACTTCCTCCCTCTTTCCTTCTCTTACTCGCCTCCTCAGGCGTAGAAGCGGGGGC
CGGAACTGGCTGAACAGTATATCCACCTTTAGCAGGAAACCTGGCACATGCGGGGGCCTCTG
TAGATCTGACCATCTTCTCCCTGCATTTAGCAGGGGTGTCCTCAATTCTTGGGGCTATTAATTT
TATTACAACCATCATTAACATGAAACCCCCCGCCATTTCGCAATATCAAACGCCCCTATTTGTG
TGGGCAGTTCTAATCACGGCAGTTCTGCTTCTTCTATCCCTCCCAGTTCTGGCCGCCGGTATT
ACAATGCTCCTCACAGACCGAAATCTTAACACAACCTTCTTTGACCCGGCTGGGGGAGGAG
ATCCTATTCTATATCAACACTTATTC

线粒体DNA 12S片段序列：

CACCGCGGTTATACGAGGGACCCAAGTTGATATTCGCCGGCGTAAAGAGTGGTTAAGACATA
CAATGAAACTAAGGCGGAATTTCTTCACAGTCGTCATACGCTTTTGGAGATAAGAAACCCAA
TAACGAAAGTAGCCTTATGATATCCGAATCCACGAAAGCTAGGGCA

阿氏管吻鲀

Halimochirurgus alcocki

中 文 名：阿氏管吻鲀
学　　名：*Halimochirurgus alcocki* Weber，1913
英 文 名：Tripodfish
别　　名：尖嘴鲀
分　　类：拟三棘鲀科 Triacanthodidae，管吻鲀属 *Halimochirurgus*
鉴定依据：台湾鱼类资料库；中国海洋鱼类，下卷，p2020

形态特征：体延长，稍侧扁；尾柄细扁；上枕骨区扁平。吻管状，极长，向背侧上翘，吻宽为眼眶隔长的1/2。口上位，唇薄，口宽约与口后吻宽同长；上下颌齿皆为1列，极小，皆为犬状齿。鳃孔短，下缘仅达胸鳍基底1/2处，眼径为其2.5～3倍。体被细鳞，每一鳞片的表面有5～6个直立的棘突排列成行，棘多细尖，无分叉的棘突，有时具1～2个辅助小棘。背鳍2个，硬棘6，但仅第一、第二棘发育良好，第三棘极小，仅稍露出皮外，其余后3棘皆在皮肤之下，未露出；腹鳍通常只有鳍条1，腹鳍骨扁平而窄；胸鳍尖长，位低；尾鳍圆形。体浅黄褐色至淡红色，自眼后沿体侧中央至肛门上方有一浅褐色纵纹。各鳍与体同色。

分布范围：中国南海、台湾海域；日本高知海域、菲律宾海域、印度尼西亚海域、西太平洋暖水域。

生态习性：为暖水性底层鱼类。栖息于大陆架边缘底层水域。

线粒体DNA COI片段序列：

CCTTTATCTAGTATTTGGTGCTTGAGCCGGAATAGTGGGCACAGCCTTAAGCCTGCTAATTCGAGCA
GAACTAAGCCAACCCGGCGCCCTTCTCGGCGACGATCAAATTTATAATGTAATTGTTACAGCTCATG
CATTTGTAATAATTTTCTTTATGGTGATACCAATCATAATTGGAGGATTTGGAAATTGACTGGTCCCA
CTAATAATCGGCGCCCCAGACATAGCATTTCCTCGAATAAACAACATAAGCTTCTGACTGCTGCCCC
CCTCTTTCCTACTCCTTCTTGCTTCTTCCGGAGTAGAAGCCGGGGCTGGGACTGGATGAACAGTGT
ATCCTCCCCTAGCAGGCAACCTAGCACATGCTGGAGCCTCTGTCGACTTAACTATTTTTTCCCTACA
TTTAGCAGGGGTCTCCTCAATTCTAGGGGCTATCAACTTTATTACAACCATTATTAATATAAAACCCC
CGGCCATCTCCCAATATCAAACCCCTCTATTTGTGTGATCCGTACTAATTACTGCTGTTCTCCTCCTTT
TATCCCTCCCAGTCCTAGCCGCCGGGATCACAATGCTCCTTACGGATCGTAATTTAAACACTACCTT
CTTCGACCCGGCGGGCGGGGGAGATCCCATCCTTTACCAACACCTATTC

线粒体DNA 12S片段序列：

CACCGCGGTTATACGAGAGACCCAAGTTGTTAGTCACCGGCGTAAAGAGTGGTTAAGACAA
ACTAATATACTAAAGCCGAACACCTTCAAGGCTGTTATACGCATCCGAAGGTATGAAGACCAA
TAACGAAAGTGGCTTTACATTATCTGAACCCACGAAAGCTACGGCA

大斑刺鲀

Diodon liturosus

中 文 名： 大斑刺鲀

学　　名： *Diodon liturosus* Shaw，1804

英 文 名： Black-blotched porcupinefish

别　　名： 柴氏刺鲀，九斑刺鲀，刺规，气瓜仔

分　　类： 刺鲀科 Diodontidae，刺鲀属 *Diodon*

鉴定依据： 南海海洋鱼类原色图谱（一），p345；中国海洋鱼类，p2099

形态特征：体短圆筒形，头和体前部宽圆。尾柄锥状，后部侧扁。吻宽短，背缘微凹。眼中大。鼻孔每侧2个，鼻瓣呈卵圆状突起。口中大，前位；上、下颌各具1个喙状大齿板，无中央缝。头及体上的棘甚坚硬且长；尾柄无小棘；眼下缘下方具一指向腹面的小棘；前部棘具2棘根，可自由活动，后部棘具3棘根，不可自由活动。背鳍1个，位于体后部、肛门上方，具鳍条14 ～ 16；臀鳍与其同形，具鳍条14 ～ 16；胸鳍宽短，上侧鳍条较长，具鳍条21 ～ 25；尾鳍圆形，具鳍条9。体背侧褐色，头、体部有大黑斑，黑斑周缘尚有黄白色环纹；眼下方有一横行喉斑。腹部灰白色。各鳍黄色，鳍上无斑点。体长可达60cm。

分布范围：中国南海、台湾海域；日本津轻海峡、和歌山以南海域，印度—西太平洋温热水域。

生态习性：热带暖水性底层鱼类。主要栖息于浅海礁石周缘或陡坡附近。成鱼一般行独居生活；幼鱼则行大洋漂游性生活。日间躲于洞穴或缝穴间，夜间捕食。肝脏、卵巢有剧毒。

线粒体DNA COI片段序列：

TCTTTATTTAGTATTCGGTGCCTGAGCCGGAATGGTTGGGACGGCGCTTAGCCTCCTAATCCG
GGCCGAACTTAGTCAACCAGGGAGCCTCCTTGGGGATGACCAAATTTACAACGTCATTGTTA
CAGCACACGCTTTTGTAATAATTTTCTTTATAGTAATGCCAATTATGATCGGAGGCTTCGGAAA
CTGGCTGGTACCACTAATAATCGGCGCCCCTGACATGGCCTTTCCCCGAATAAATAATATGAG
CTTTTGACTCCTTCCTCCTTCTTTCCTCCTTCTCCTTGCCTCCTCGGGCGTAGAGGCCGGTGC
CGGCACAGGATGGACAGTCTATCCACCACTCGCGGGCAACCTTGCACATGCAGGAGCCTCC
GTAGACCTGACTATCTTTTCTCTTCACCTCGCAGGGGTTTCTTCTATTTTGGGAGCAATTAATT
TTATTACAACAATTATCAACATAAAACCCCCCGCAATTTCCCAATACCAGACCCCTCTTTTTGT
CTGAGCCGTTCTAATCACTGCCGTTCTCTTGCTTCTCTCCCTCCCAGTTCTTGCTGCAGGGAT
TACAATGCTCCTCACCGACCGAAATCTCAACACCACTTTCTTTGACCCGGCAGGGGGCGGCG
ACCCCATCCTTTATCAACACCTCTTC

线粒体DNA 12S片段序列：

CACCGCGGTTATACGAGAGACCCAAGTTGTTAGGCATCGGCGTAAAGGGTGGTTAAGGCAA
ATACCTAAACTAAAGCCGAACATCTTCCAAGCCGTCATACGCACACGAAGACAAGAAGCCC
AATAACGAAAGTGGCTCTAACCTGCCTGAACCCACGAAAGCTATGACA

密斑刺鲀
Diodon hystrix

中 文 名：密斑刺鲀
学　　名：*Diodon hystrix* Linnaeus，1758
英 文 名：Porcupine fish，Porcupinefish
别　　名：刺规，气瓜仔
分　　类：刺鲀科Diodontidae，刺鲀属*Diodon*
鉴定依据：中国海洋鱼类，下卷，p2098；台湾鱼类资料库

形态特征： 体短圆筒形，头和体前部宽圆。尾柄锥状，后部侧扁。吻宽短，背缘微凹。眼中大。鼻孔每侧2个，鼻瓣呈卵圆状突起。口中大，前位；上、下颌各具1个喙状大齿板，无中央缝。头及体上的棘甚坚硬且长；尾柄也具小棘；眼下缘下方无小棘；前部棘具2棘根，可自由活动，后部棘具3棘根，不可自由活动。背鳍1个，位于体后部，肛门上方，具鳍条14 ~ 17；臀鳍与其同形，具鳍条14 ~ 16；胸鳍宽短，上侧鳍条较长，具鳍条22 ~ 25；尾鳍圆形，具鳍条9。体背侧灰褐色，腹面白色，背部及侧面有许多深色卵圆形斑点，体腹面在眼下方有1条褐色弧带；背鳍、胸鳍、臀鳍及尾鳍皆有圆形黑斑。

分布范围： 中国南海、台湾海域；日本津轻海峡、和歌山以南海域、太平洋、印度洋大西洋温热带水域。

生态习性： 为暖水性底层鱼类。栖息于浅海、内湾、珊瑚礁或岩礁海区。热带海洋性表中层鱼类，主要栖息于浅海内湾、潟湖及面海的礁区。一般行独居生活，偶会聚集成群；幼鱼则行大洋漂游性生活。主要于夜间捕食软体动物、海胆、寄居蟹及螃蟹等无脊椎动物。

线粒体DNA COI片段序列：

TCTTTATTTAGTATTCGGTGCCTGAGCCGGAATGGTTGGGACGGCGCTTAGCCTCCTGATCCG
GGCCGAACTTAGTCAACCAGGGAGCCTCCTTGGAGACGACCAAATTTACAACGTCATTGTTA
CGGCACACGCTTTTGTAATAATTTTCTTTATAGTAATGCCAATTATGATTGGAGGTTTTGGAAA
CTGACTGGTACCGTTAATAATCGGCGCCCCTGACATGGCCTTCCCTCGAATGAATAATATGAG
CTTTTGACTTCTTCCCCCTTCTTTCCTCCTTCTCCTCGCCTCTTCAGGGGTAGAAGCCGGTGC
CGGCACAGGATGGACAGTCTACCCGCCACTCGCAGGTAACCTCGCACATGCAGGGGCCTCC
GTAGACCTGACTATCTTTTCTCTCCACCTCGCGGGAGTTTCTTCTATTTTAGGAGCAATTAATT
TTATTACAACAATTATCAACATAAAACCCCCCGCAATTTCCCAGTACCAAACCCCTCTTTTTGT
CTGAGCTGTTCTAATCACTGCCGTCCTCTTACTTCTCTCCCTCCCAGTTCTTGCTGCAGGGAT
TACAATACTCCTCACCGACCGAAATCTCAACACCACCTTCTTTGACCCAGCAGGGGGCGGCG
ACCCCATCCTTTATCAACACCTCTTC

线粒体DNA 12S片段序列：

CACCGCGGTTATACGAGAGACCCAAGTTGTTAGGCATCGGCGTAAAGGGTGGTTAAGGCAATACCCAAACTAAAGCCGAACATCTTCCAAGCCGTCATACGCACACGAAGACAAGAAGCCCGATAACGAAAGTGGCTCTAACCTGCCTGAACCCACGAAAGCTATGACA

黑斑叉鼻鲀

Arothron nigropunctatus

中 文 名：黑斑叉鼻鲀

学　　名：*Arothron nigropunctatus*（Bloch & Schneider，1801）

英 文 名：Blackspotted puffer

别　　名：狗头，污点河鲀

分　　类：鲀科 Tetraodontidae，叉鼻鲀属 *Arothron*

鉴定依据：台湾鱼类资料库；中国海洋鱼类，p2094

形态特征：体长椭圆形，体头部粗圆，尾柄侧扁。体侧下缘无纵行皮褶。口小，端位；上、下颌各有2个喙状大牙板。吻短，圆钝。眼中大，侧上位。无鼻孔，两侧各具一个叉状鼻突起。除吻端、鳃孔周围与尾柄外，全身布满小棘。背鳍圆形至稍微尖形，位于体后部，具鳍条10～11；臀鳍与其同形，具鳍条10～11；无腹鳍；胸鳍宽短，后缘呈圆弧形；尾鳍宽大，呈圆弧形。体背部褐色，腹部白色，体具不大于瞳孔的黑点，直径却较大，且多集中于腹部；吻与鳃孔黑色；肛门上有一黑斑。胸鳍基黑色；各鳍浅灰色或白色，无小黑点；但尾鳍色深，鳍缘白色。幼鱼背部黑色，腹部深棕色；背部有小黑点，愈往侧边黑点愈大，腹部黑点稀少；各鳍白色，但尾鳍色深。

分布范围：中国南海、台湾海域；琉球群岛以南海域、印度—西太平洋暖水域。

生态习性：为暖水性底层鱼类。主要栖息于珊瑚礁区。行独立生活。主要以珊瑚枝芽的尖端为食，也以藻类、海绵及小型底栖无脊椎动物等为食。卵巢、肝脏有剧毒，皮、肉、精巢也有毒。

线粒体DNA COI片段序列：

CCTCTACCTAGTATTTGGTGCCTGAGCCGGAATAGTGGGAACGGCCCTTAGCCTTCTCATTCGGGCT
GAACTCAGCCAACCAGGCGCACTCCTGGGCGACGATCAAATTTATAACGTAATCGTCACAGCCCAC
GCATTCGTAATAATTTTCTTTATAGTAATACCAATCATGATTGGTGGCTTCGGGAACTGACTGGTACC
ACTCATGATCGGAGCCCCTGACATGGCATTCCCTCGAATGAATAACATAAGCTTTTGACTGCTTCCC
CCTTCCTTCCTCCTTCTCCTGGCATCCTCTGGTGTAGAAGCGGGAGCTGGTACAGGCTGAACCGTC
TACCCACCACTAGCGGGTAATTTAGCCCACGCAGGAGCATCTGTCGACCTTACTATTTTCTCCCTCC
ACTTAGCGGGTGTCTCATCAATTCTTGGCGCCATTAACTTCATCACCACAATCATCAACATAAAACC
CCCAGCCATCTCTCAATACCAAACACCCCTGTTCGTATGAGCCGTTTTAATCACCGCCGTCCTTCTC
TTGTTATCCCTGCCAGTCCTCGCAGCCGGTATCACGATGCTCCTTACAGACCGAAACCTAAACACC
ACCTTCTTCGATCCTGCAGGCGGAGGGGACCCAATCCTCTACCAACACTTATTC

线粒体DNA 12S片段序列：

CACCGCGGTTATACGAGAGACCCAAGTTGTTAGCTCCCGGCGTAAAGAGTGGTTAAAAACA
CAACATTAAACTGAGGCCGAACATCCTCAAGGCAGTTATACGCTCCCGAGGACATGAAGAA
CAATTACGAAAGTAGCCCCACCCCATTTGAACCCACGAAAGCTAGGACA

水纹扁背鲀
Canthigaster rivulata

中 文 名：水纹扁背鲀
学　　名：*Canthigaster rivulata*（Temminck & Schlegel，1850）
英 文 名：Brown-lined puffer
别　　名：条纹尖鼻鲀，尖嘴规，规仔，刺规
分　　类：鲀科 Tetraodontidae，扁背鲀属 *Canthigaster*
鉴定依据：台湾鱼类资料库；中国海洋鱼类，下卷，p2074

形态特征：体高，呈卵圆形，侧扁，眼后枕骨区突出，尾柄短而高。体侧下缘平坦，无纵行皮褶，腹部中央自口部下方至肛门前方则有一棱褶。吻较长且尖；鼻孔单一，不甚明显。背鳍近似圆刀形，位于体后部，具鳍条10 ～ 11；臀鳍与其同形，具鳍条9 ～ 10；无腹鳍；胸鳍宽短，上方鳍条较长，近呈方形，下方后缘稍圆形；尾鳍宽大，呈圆弧形。体红褐色，腹面较淡色，体背具许多黑色小斑；眼四周有橘黄色放射状细线；头部及体侧自吻和颊部具有向后下方斜行至腹侧中部呈不连续的短纹或点，以及直至尾部而向上斜行的橘黄细纹；体侧具2条水平的黑带，从胸鳍基向后延伸至尾柄，向前在鳃盖前相连接，形成一圆弧状。背鳍基及胸鳍基部各有一黑斑；尾鳍具多条黑褐色的弧纹，基部上下侧也具一黑斑；除此，各鳍均为淡色至淡黄色。

分布范围：中国南海以及台湾海域；印度—太平洋区，西起非洲东岸，东至夏威夷，北至日本南部，南至澳大利亚西北部。

生态习性：暖水性小型鱼类。主要栖息于珊瑚礁及岩礁等水域，栖息深度较深。以甲壳类、多毛类、被囊动物、海绵、小型腹足类和鱼类等为食。

线粒体DNA COI片段序列：

CCTCTACCTAGTATTTGGTGCCTGAGCCGGAATAGTAGGAACAGCCTTAAGCCTCCTTATTCG
AGCTGAGCTCAGCCAACCCGGCGCACTTTTAGGTGACGACCAAATTTATAATGTAATCGTCA
CAGCCCATGCATTCGTAATAATTTTCTTTATAGTAATGCCAATCATGATTGGCGGCTTTGGGAA
CTGGCTAGTGCCCCTTATAATCGGAGCACCCGACATGGCATTCCCTCGAATAAATAATATAAG
CTTCTGACTACTACCCCCCTCTTTCCTGCTCCTTCTAGCATCCTCCGGAGTAGAAGCAGGAGC
TGGTACAGGCTGAACAGTCTACCCACCACTAGCAGGCAACCTAGCCCACGCAGGAGCATCT
GTTGACCTCACAATTTTCTCCCTCCACCTGGCAGGTGTCTCATCAATTCTAGGTGCTATCAAT
TTTATTACTACAATTATTAACATGAAGCCCCCAGCCATTTCTCAATACCAAACTCCCCTTTTTG
TATGAGCTGTCCTAATTACTGCTGTTCTACTATTATTATCACTACCAGTTCTCGCAGCCGGAAT
TACAATACTTCTCACAGATCGAAACCTAAACACCACCTTCTTTGACCCAGCAGGAGGAGGAG
ACCCCATTCTTTATCAACACCTATTT

线粒体DNA 12S片段序列：

CACCGCGGTTATACGAGAGACCTAAGTTGTTAACCCCCGGCGTAAAGAGTGGTTAGAACCCC
AAACACCAAAACTGAGGCCGAACACCCTCAAAGCAGTTATACGCTCCCGAGGGCATGAAGA
ACAACTACGAAAGTAGCCTCACCCCACTTGAACCCACGAAAGCTAGGATA

头纹窄额鲀
Torquigener hypselogeneion

中 文 名：头纹窄额鲀
学　　名：*Torquigener hypselogeneion*（Bleeker，1852）
英 文 名：Orange-spotted toadfish
别　　名：花纹河鲀，宽纹鲀，气规，规仔
分　　类：鲀科Tetraodontidae，窄额鲀属*Torquigener*
鉴定依据：台湾鱼类资料库；中国海洋鱼类，下卷，p2087

形态特征：体亚圆筒形，稍侧扁，体前部粗圆，向后渐细，尾柄长圆锥状。鼻孔小，每侧2个，鼻瓣呈卵圆形突起。体腹侧下缘具一纵行皮褶。体背自鼻孔至背鳍前方具稀疏排列小棘，腹面自鼻孔下方至肛门前方有小棘，头侧和胸鳍后方也有小棘。鳃孔内侧白色。背鳍尖形，位于体后部，具鳍条8，明显位于臀鳍之前；臀鳍与其同形，具鳍条7；无腹鳍；胸鳍短宽，近方形，后缘稍圆，具鳍条13～15；尾鳍宽大，截形。体背部及侧面为浅褐色，腹面乳白色；体背部和侧面布满大小不一的黑褐色小斑点；头侧颊部有4条褐色带；体侧另具一连续的黄色纵行带。背鳍、臀鳍白色；胸鳍浅褐色；尾鳍浅褐色，上方鳍条有多个褐色小斑排列。

分布范围：中国南海、台湾海域；日本南部海域、印度—西太平洋暖水域。

生态习性：热带及亚热带近海底层小型鱼类。肉食性，主要以软体动物、甲壳类、棘皮动物及鱼类等为食。

线粒体DNA COI片段序列：

CCTATACCTAGTTTTTGGTGCCTGAGCCGGAATAGTGGGCACAGCACTAAGCCTTCTTATCCG
GGCCGAACTCAGCCAACCCGGCGCACTCTTGGGCGACGACCAAATCTATAATGTGATCGTCA
CAGCCCATGCATTCGTTATGATTTTCTTTATAGTAATACCAATCATAATTGGAGGCTTTGGAAA
CTGATTAGTTCCTCTTATAATTGGGGCCCCCGACATGGCCTTCCCTCGAATAAACAACATAAG
CTTTTGACTTCTTCCCCCTTCCTTCTTACTCCTTCTCGCCTCCTCAGGGGTTGAGGCCGGGGC
GGGTACAGGTTGAACCGTTTACCCCCCATTAGCAGGAAACCTTGCCCACGCAGGCGCCTCTG
TAGACCTCACCATCTTCTCTCTACATCTTGCGGGTGTATCCTCCATTTAGGGGCGATCAACTT
CATTACAACAATTATTAACATAAAACCACCAGCAATCTCCCAATACCAGACACCTCTTTTCGT
ATGAGCTGTCCTAATTACTGCCGTACTCCTTCTGCTTTCCCTTCCAGTTCTTGCAGCAGGCATT
ACAATGCTCCTAACCGACCGAAACCTTAACACAACCTTCTTTGACCCGGCAGGAGGAGGAG
ACCCCATCCTATACCAACACTTATTC

线粒体DNA 12S片段序列：

CACCGCGGTTATACGAGAGACCCAAGTTGTTAGCCAACGGCGTAAAGGGTGGTTAGAAACA
TTTCAATAAACTGAGACCGAACATCTTCAAGGCTGTTATACGCTTCCGAAGCAACGAAGAAC
AATAACGAAAGTAGCCTCATTAATTCGAACCCACGAAAGCTAGGACA

黑边角鳞鲀
Melichthys vidua

中 文 名：黑边角鳞鲀
学　　名：*Melichthys vidua*（Richardson，1845）
英 文 名：Pinktail triggerfish，Tattooed triggerfish，White-tailed triggerfish
别　　名：黑鳞鲀，黄鳍黑鳞鲀，粉红尾炮弹
分　　类：鳞鲀科 *Balistidae*，角鳞鲀属 *Melichthys*
鉴定依据：中国海洋鱼类，下卷，p2027；南海海洋鱼类原色图谱，p320；台湾鱼类资料库

形态特征：体呈长椭圆形。口端位；齿白色，无缺刻，至少最前齿为门牙状。眼前有1个深沟。除口缘唇部无鳞外，全被骨质鳞片；鳃裂后有大型骨质鳞片。尾柄短，无小棘列。背鳍2个，基底相接近，第一背鳍位于鳃孔上方，第一棘粗大，第二棘则细长，第二背鳍棘极小；背鳍及臀鳍鳍条截平，前端较后端高；胸鳍14 ~ 16；臀鳍27 ~ 31；尾鳍截平。体深褐或黑色；背鳍与臀鳍鳍条部白色，具黑边；尾鳍基部白色，后半部粉红色；胸鳍黄色。

分布范围：中国西沙群岛海域、台湾海域；日本岩手县以南海域、印度—西太平洋热带水域。

生态习性：为暖水性珊瑚礁鱼类。主要栖息于向海礁区，一般被发现于水深60m以浅的水域，通常在有洋流流经且珊瑚繁生的水域活动。

线粒体DNA COI片段序列：

CCTATACTTGATTTTTGGTGCTTGAGCTGGGATAGTAGGCACAGCTTTAAGCTTATTAATCCGA
GCAGAACTAAGCCAGCCAGGCGCTCTCTTGGGAGACGACCAAATTTATAATGTAATCGTTAC
AGCACATGCTTTCGTAATAATCTTCTTTATAGTAATGCCAATTATAATTGGAGGATTTGGAAAC

TGACTCATCCCTCTAATAATTGGAGCCCCTGACATAGCATTTCCCCGAATGAATAACATGAGC
TTTTGGCTTCTACCCCCTTCACTTCTTCTGCTCCTTGCCTCTTCAAGCGTAGAAGCAGGGGCT
GGGACTGGATGAACCGTGTACCCCCCTCTTGCGGAAACCTGGCCCACGCAGGAGCCTCCG
TAGACTTAACTATCTTTTCACTACATCTAGCAGGTATTTCATCTATTCTAGGAGCAATTAACTTC
ATCACCACAATTATTAATATGAAACCCCCCGCTATTTCCCAATACCAAACGCCCTTATTTGTTT
GGGCCGTCCTAATTACAGCAGTCCTTCTTCTCCTGTCTCTCCCTGTACTAGCCGCCGGAATCA
CAATATTACTTACTGATCGAAATTTAAACACCACATTCTTTGACCCTGCTGGAGGAGGAGACC
CAATTCTTTACCAGCACTTATTC

线粒体DNA 12S片段序列：

CACCGCGGTTATACGAGAGGCCCAAGCTGACAGACGCCGGCGTAAAGAGTGGTTAGGAAAA
CATAACAAATTAGGGCCGAACGCCCTCAAGGCTGTTATACGCACCCGAGAGTAAGAAGTACA
ACAACGAAAGTAGCCCTATAAATTCTGAACCCACGAAAGCTAAGGCA

波纹钩鳞鲀
Balistapus undulatus

中 文 名：波纹钩鳞鲀
学　　名：*Balistapus undulatus*（Park，1797）
英 文 名：Orange triggerfish，Redlined triggerfish，Undulate triggerfish
别　　名：黄带炮弹，钩板机鲀
分　　类：鳞鲀科Balistidea，钩鳞鲀属*Balistapus*
鉴定依据：台湾鱼类资料库；南海海洋鱼类原色图谱（二），p319；中国海洋鱼类，下卷，p2033

形态特征： 体稍延长，呈长椭圆形，尾柄短，宽、高约略等长，每边各有6个极强大的前倾棘，成2列排列。口端位；上、下颌齿为具缺刻的楔形齿，白色。眼中大，侧位，位高，眼前无深沟。除口缘唇部无鳞外，全身被大型骨质鳞片。背鳍2个，基底相接近，第一背鳍位于鳃孔上方，第一棘粗大，第二棘则细长，第三棘较发达，明显超出棘基部深沟甚多；背鳍及臀鳍鳍条弧形；腹鳍棘短，扁形，上有粒状突起；胸鳍短圆形；尾鳍圆形。体深绿色或深褐色，具许多斜向后下方的橘黄线，幼鱼及雌鱼的吻部及体侧均有，但雄鱼其吻部的弧线消失，体侧呈波浪纹。第一背鳍深绿色或深褐色，其他各鳍为橘色，尾柄有一大圆黑斑。

分布范围： 中国南海；日本和歌山以南海域、印度—西太平洋热带水域。

生态习性： 主要栖息于珊瑚繁生的较深潟湖区及向海礁区，一般被发现于水深50m以内的水域。通常独自在礁盘上的水层活动，行独立生活，具强烈领域性。以底栖生物为食，包括藻类、海绵、被囊动物、小型甲壳类、软体动物、小鱼等。

线粒体DNA COI片段序列：

CCTCTATTTGATTTTTGGTGCTTGAGCTGGGATAGTGGGCACAGCCTTAAGCTTGCTAATCCG
AGCAGAACTAAGCCAACCCGGCGCTCTTTTGGGTGATGACCAGATTTATAATGTGATCGTCA
CAGCACATGCTTTCGTAATAATTTTCTTTATAGTAATGCCAATTATGATTGGAGGGTTTGGAAA
CTGACTTGTCCCCCTAATGATTGGGGCCCCTGATATAGCATTCCCTCGAATGAATAACATGAG
CTTTTGACTTCTACCTCCCTCACTTCTCCTACTCCTAGCCTCCTCAAGCGTAGAAGCAGGGGC
CGGTACCGGATGAACCGTCTACCCACCCCTTGCAGGAAACCTGGCCCACGCAGGAGCCTCT
GTAGACCTTACTATTTTCTCACTACACTTAGCGGGTATTTCATCCATCCTTGGCGCAATCAATT
TTATCACCACTATTATTAACATGAAACCTCCCGCCATTTCACAGTACCAAACACCCCTATTTGT
ATGAGCCGTTCTAATTACAGCAGTACTTCTTCTCCTCTCTCTCCCCGTACTAGCTGCCGGAATT
ACAATACTACTAACCGATCGAAATTTAAACACCACATTCTTTGACCCTGCCGGAGGGGGAGA
TCCAATCCTTTATCAACATTTATTC

线粒体DNA 12S片段序列：

CACCGCGGTTATACGAGAGGCCCAAGCTGACAGACGCCGGCGTAAAGAGTGGTTAGGAAAA
GTACAACAAATTAGAGCCGAACGCCCTCAAGGCTGTTATACGCACCCGAGAGTAAGAAGCA
CAACAACGAAAGTGGCTCTATTATTTCTGAACCCACGAAAGCTAAGGCA

花斑拟鳞鲀

Balistoides conspicillum

中 文 名： 花斑拟鳞鲀
学　　名： *Balistoides conspicillum*（Bloch & Schneider，1801）
英 文 名： Clown triggerfish
别　　名： 小丑炮弹
分　　类： 鳞鲀科Balistidea，拟鳞鲀属*Balistoides*
鉴定依据： 台湾鱼类资料库；中国海洋鱼类，下卷，p2031

形态特征：体稍延长，呈长椭圆形，尾柄短。口端位，齿白色，具缺刻。眼前有一深沟。除口缘唇部无鳞外，全身被骨质鳞片；颊部也全被鳞；鳃裂后有大型骨质鳞片；尾柄鳞片具小棘列，向前延伸不越过背鳍鳍条后半部。背鳍2个，基底相接近，第一背鳍位于鳃孔上方，第一棘粗大，第二棘则细长，第三棘明显突出甚多；背鳍及臀鳍鳍条截平；尾鳍圆形。成鱼体深黑褐色；腹部有成列的大白斑，背部在眼后至第二背鳍间黄色，具小黑斑；吻部黄色；眼前有一黄带。第一背鳍黑色，第二背鳍与臀鳍白色，基部与鳍缘橘黄色；胸鳍白色，基部黄色；尾鳍黄色，基部与鳍缘黑色。

分布范围：中国南海；日本相模湾以南海域、印度—西太平洋热带水域。

生态习性：主要栖息于珊瑚繁生的较深潟湖区及向海礁区，一般被发现于水深50m以内的水域。通常独自在礁盘上的水层活动，行独立生活，具强烈领域性。主要以海胆、小型甲壳类、被囊动物、软体动物等为食。

线粒体DNA COI片段序列：

CCTATACTTAGTTTTTGGTGCTTGAGCTGGAATAGTAGGTACAGCCTTAAGCTTGCTAATCCG
AGCAGAACTAAGCCAACCCGGCGCTCTCTTAGGTGACGATCAAATTTATAATGTAATCGTTAC
AGCACATGCCTTCGTAATAATCTTCTTTATAGTAATGCCAATTATGATTGGAGGGTTTGGAAAC
TGACTTATCCCTTTAATAATTGGAGCCCCCGACATAGCATTTCCTCGAATAAATAACATGAGCT
TCTGACTTCTACCCCCTTCTCTCCTTCTACTCCTTGCCTCCTCAAGCGTAGAAGCAGGGGCTG
GAACCGGATGAACTGTGTATCCTCCTCTCGCAGGAAACCTGGCCCATGCCGGAGCCTCTGTA
GACCTTACTATCTTCTCATTACATTTAGCGGGTATTTCCTCAATTCTGGGAGCAATTAACTTTA
TTACTACAATTATTAATATGAAACCCCCTGCTATCTCCCAATATCAGACACCTCTATTTGTTTGA
GCCGTCCTAATCACAGCAGTACTCCTACTCCTATCCCTTCCCGTACTAGCTGCCGGAATCACA

ATACTACTTACTGACCGAAACTTAAACACCACATTTTTGACCCTGCTGGAGGGGGAGACCC
AATTCTTTACCAACATTTATTT

线粒体DNA 12S片段序列：
ACCGCGGTTATACGAGAGGCCCAAGCTGACAGACATCGGCGTAAAGAGTGGTTAGGAAAAT
ACAACAAATTAGAGCCGAACGCCCTCAAGGCTGTTATACGCTCCCGAGAGTAAGAAGTACA
ACAACGAAAGTAGCCCTATAATTTCTGAACCCACGAAAGCTAAGGCA

黄边副鳞鲀
Pseudobalistes flavimarginatus

中 文 名：黄边副鳞鲀
学　　名：*Pseudobalistes flavimarginatus*（Rüppell，1829）
英 文 名：Yellowface triggerfish，Yellowmargin triggerfish
别　　名：黄缘炮弹，板机鲀
分　　类：鳞鲀科 Balistidae，副鳞鲀属 *Pseudobalistes*
鉴定依据：中国海洋鱼类，下卷，p2029；台湾鱼类资料库

形态特征：背鳍Ⅲ—24 ～ 26；臀鳍23 ～ 25；胸鳍14 ～ 15。体稍延长，呈长椭圆形，尾柄短。口端位，齿白色，齿上缘皆具缺刻。眼前鼻孔下具一楔形深沟。吻前半部无鳞片，后半部覆有比体鳞小的鳞片；颊部具数条水平的浅沟；鳃裂后有大型骨质鳞片；尾柄具5 ～ 6行小棘列。背鳍2个，基底相接近，第一背鳍位于鳃孔上方，第一棘粗大，第二棘则细长，第三棘明显；背

鳍及臀鳍鳍条同形，前部低、后部高；尾鳍新月形。体色黄褐色；体与尾部的每一鳞片具一深绿色点。第一背鳍黄色，第二背鳍与臀鳍深绿色，鳍缘橙色；胸鳍绿色，具橙边；尾鳍深绿色，具橙边。

分布范围：中国南海、台湾海域；日本相模湾以南海域、菲律宾海域、印度—西太平洋热带水域。

生态习性：主要栖息于潟湖区及珊瑚礁区，一般被发现于水深50m以内的水域。通常独自或成对活动。以底栖生物为食，包括水螅体、海胆、被囊动物、小型甲壳类等。

线粒体DNA COI片段序列：

CTTATACCTGATTTTCGGTGCTTGAGCCGGAATGGTAGGAACCGCTTTAAGCCTACTAA
TCCGAGCAGAATTAAGCCAACCCGGCGCTCTTTTAGGAGACGATCAAATTTATAACGT
TATCGTCACAGCACATGCTTTCGTGATAATTTTCTTTATAGTAATGCCAATTATGATTGG
AGGATTCGGGAACTGACTCGTTCCTCTAATAATTGGAGCCCCCGACATAGCATTCCCTC
GCATGAACAATATGAGCTTCTGACTCCTACCTCCATCGCTTCTTCTCTTACTTGCCTCAT
CAAGCGTAGAAGCAGGGGCCGGTACCGGATGAACGGTCTACCCTCCACTAGCAGGAA
ACCTAGCCCACGCAGGTGCTTCTGTAGACCTTACCATTTTCTCACTACACTTAGCAGG
AATCTCCTCTATTCTTGGAGCAATCAATTTTATTACAACCATTATTAACATGAAACCCCC
TGCCATTTCTCAATACCAGACGCCACTGTTCGTCTGAGCTGTCCTTATCACCGCAGTCC
TACTGCTCTTGTCCCTCCCTGTTTTAGCTGCCGGAATTACCATACTACTTACCGACCGA
AATCTAAACACCACCTTCTTTGACCCTGCTGGAGGAGGAGACCCAATTCTTTACCAAC
ATTTATTC

线粒体DNA 12S片段序列：

CACCGCGGTTATACGAGAGGCCCAAGCTGACAGACACCGGCGTAAAGAGTGGTTA
GGGATGACTAACAAATTAGGGCCGAACGCTTTCAAGGCTGTTATACGCACCCGAA
AGTAAGAAGAACAACAACGAAAGTGGCCTTATAAGACCTGAACCCACGAAAGCTA
AGGCA

拟态革鲀
Aluterus scriptus

中 文 名：拟态革鲀
学　　名：*Aluterus scriptus* (Osbeck, 1765)
英 文 名：Scrolled filefish
别　　名：乌达婆，剥皮鱼
分　　类：单角鲀科Monacanthidae，革鲀属*Aluterus*
鉴定依据：中国海洋鱼类，下卷，p2042；台湾鱼类资料库

形态特征：体长，侧面观呈椭圆形，侧扁而高；尾柄中长，上下缘明显，双凹形。吻上缘稍凹，下缘极凹。头高约等于体高。口端位，唇薄；上下颌齿楔形，上颌齿2列，下颌齿1列。鳃孔在眼前半部下方或眼前缘下方，与体中线成45°～50°夹角，鳃孔几乎全落于体中线下方。体表不甚粗糙，被小鳞，有许多小棘散布直立于整个鳞片上。背鳍2个，基底分离甚远，第一背鳍位于鳃孔上方，第一背鳍棘位于眼中央或眼前半部上方，棘弱、细长且易断，棘前缘具一列小突起，棘下方体背的棘沟浅，棘膜极小；第二背鳍棘退化，埋于皮膜下。背鳍鳍条数45～47，臀鳍鳍条数46～49，其前部皆长于后部，鳍缘截平，臀鳍基稍长于背鳍基；腹鳍膜不明显，几乎无；尾鳍长圆形，随成长而变长。体浅褐色，具许多小黑点与短水平纹。尾鳍色深；余鳍淡色。

分布范围：中国南海与台湾海域；太平洋、印度洋以及大西洋热带水域。

生态习性：主要栖息于潟湖及面海的礁区。通常喜欢停栖于海藻丛中，身体采用头下尾上的倒立姿势，细长的身体配合波动的鳍及体上的斑纹，拟态成海藻而藏身其中。以藻类、海草、水螅虫、角珊瑚、海葵及被囊动物等为食。

线粒体DNA COI片段序列：

CCTTTATATGATTTTCGGTGCCTGAGCCGGAATAGTAGGAACTGCTTTAAGCCTACTTATTCGAGCAGAACTAAGCCAGCCCGGCGCCCTCCTTGGAGACGACCAAATTTATAACGTAATCGTGACAGCCCACGCTTTCGTAATGATTTTCTTTATAGTAATGCCAATCATGATCGGGGGCTTTGGAAACTGACTTATCCCCCTAATGATCGGTGCCCCTGACATAGCATTCCCTCGCATGAATAACATGAGCTTCTGACTGCTCCCGCCCTCCTTCCTGCTGCTCCTTGCGTCTTCAGGGGTCGAAGCTGGGGCCGGAACAGGATGGACTGTCTACCCCCCTCTAGCAGGCAACCTCGCCCATGCAGGAGCGTCTGTAGACCTGACAATTTTCTCTCTGCACCTAGCAGGCATTTCTTCAATCTTGGGTGCAATCAATTTTATTACAACAATCATTAACATAAAACCCCCTGCTATCTCCCAATACCAGACCCCACTATTTGTGTGAGCTGTCTTAATTACAGCCGTCCTTCTCCTCCTCTCCCTGCCAGTACTCGCCGCAGGCATTACAATGCTTCTAACCGACCGCAATCTTAACACCACCTTCTTTGACCCTGCCGGGGGAGGAGACCCCATCTTATACCAGCACCTATTT

线粒体DNA 12S片段序列：

CACCGCGGTTATACGAGAGGCCCAAGCTGATAGACACCGGCGTAAAGCGTGGTTAAGAGAACGAGCACAATTAAAGCCGAATGCTTTCAAAGCTGTTATACGCATACGAAAGCTAGAAGCCCAACAACGAAGGTGGCTTTACAATTTCTGAACCCACGAAAGCTAAGGCA

鮟鱇目 LOPHIIFORMES

裸躄鱼
Histrio histrio

中 文 名： 裸躄鱼
学　　名： *Histrio histrio*（Linnaeus，1758）
英 文 名： Frogfish，Sargassum anglerfish，Sargassumfish
别　　名： 五脚虎，死囝仔鱼
分　　类： 躄鱼科Antennariidae，裸躄鱼属*Histrio*
鉴定依据： 中国海洋鱼类，p567；台湾鱼类资料库

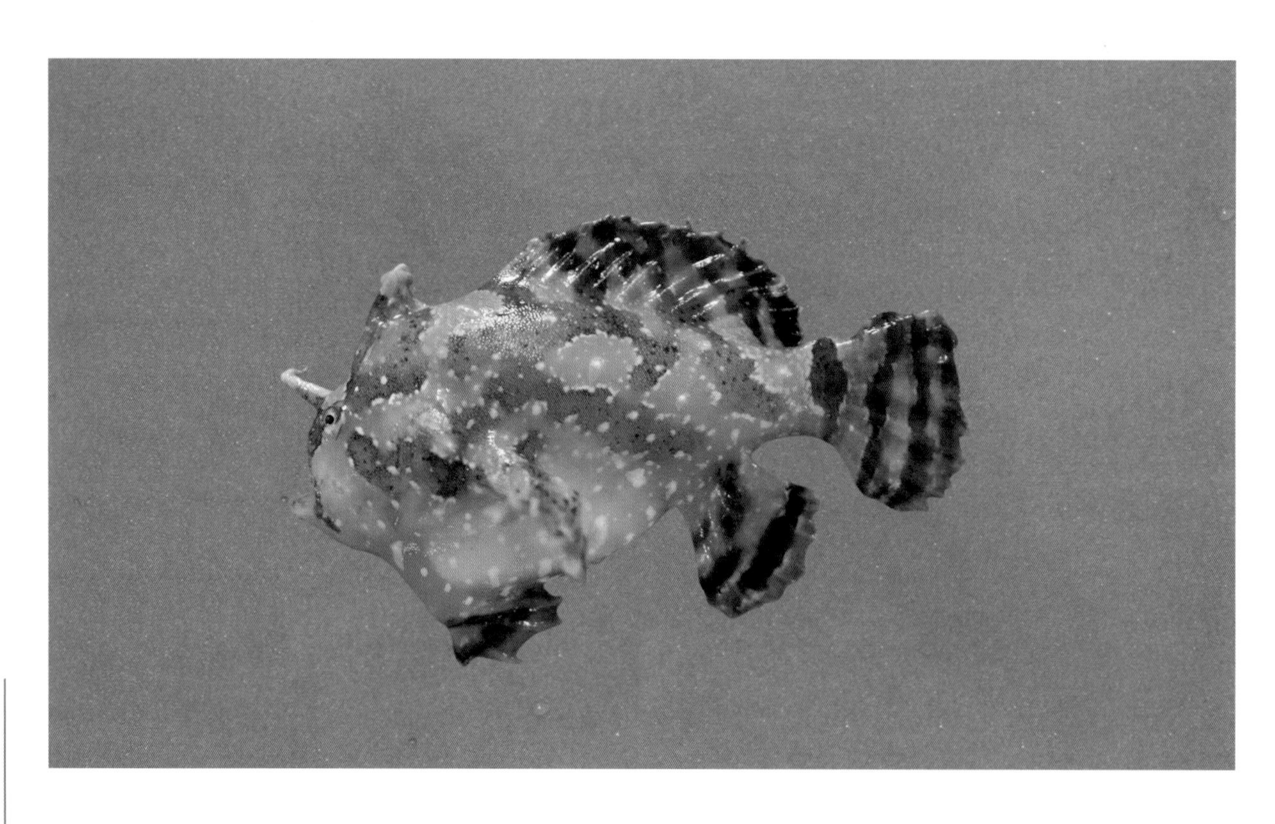

形态特征： 体侧扁，卵圆形，腹部膨大，尾柄明显。头高大，头背缘陡斜。眼小。吻短。口裂大，下颌突出；上、下颌及锄骨、腭骨均具齿。鳃孔小。体裸出或被微细单棘。背鳍硬棘3个，第一硬棘特化为吻触手，且位于吻部，其长较第二硬棘短，末端具钓饵，吻触手光滑，钓饵

呈球状，有成束的丝状物，第二硬棘位于第一硬棘后方，第三硬棘短，部分埋于皮下；第二背鳍长，具鳍条11 ~ 13；臀鳍具鳍条6 ~ 8；腹鳍显然短于胸鳍；胸鳍鳍条9 ~ 11；尾鳍圆形。体灰白至黄褐色，散布有黑色蠕纹或斑点。

分布范围： 中国黄海、东海、南海；日本海域，印度洋、太平洋、大西洋的温暖水域。

生态习性： 为暖水性藻丛小型底栖鱼类。栖息于马尾藻群中，具拟态习性。栖息水深0 ~ 11m，常被发现隐身在漂游物或海藻丛中。利用吻触手顶端的衍生物——钓饵及配合极具保护色的身体，可吸引其他种小鱼来觅食，然后出其不意地将其吞食。5—8月产卵。所产的卵形成丝状团状，具有漂浮力。

线粒体DNA COI片段序列：

CCTATATCTTGTATTCGGCGCATGAGCCGGCATAGTGGGGACAGCCCTCAGCCTGCTA
ATTCGCGCAGAGCTAAGTCAACCAGGCGCACTTTTAGGTGATGATCAAATTTATAATG
TTATCGTCACAGCGCACGCTTTCGTTATAATCTTTTTTATAGTTATACCAATTATAATCG
GCGGATTCGGCAATTGACTAATCCCATTAATAATTGGCGCACCAGACATGGCATTCCCT
CGAATAAATAACATAAGCTTCTGACTTCTACCTCCATCTTTTCTCCTTCTATTAGCATCA
TCGGGAGTAGAAGCTGGGGCAGGTACGGGATGAACAGTTTACCCGCCTCTTGCAGGC
AACCTGGCCCACGCCGGAGCATCCGTTGATCTAACTATTTTCTCACTCCACCTCGCAG
GTGTATCATCCATTTTAGGGGCTATTAATTTTATTACAACTATTATTAATATAAAACCCCC
GGCCCTTTCACAATACCAAACACCATTATTTGTATGAGCTGTGTTGGTCACTGCTGTAC
TACTTCTTCTCTCTCTTCCTGTTCTTGCTGCAGGAATCACAATGCTACTGACCGATCGA
AACCTGAATACGACCTTTTTTGATCCTACAGGCGGAGGGGACCCTATTCTTTATCAAC
ACCTTTTC

线粒体DNA 12S片段序列：

CACCGCGGTTATACAAGTGAGCCCAAGCTGATAAAGATCGGCGTAAAGGGT
GGTTAAGAATACTGATCAGTAAAGCCGAGAATCCCAGCAGCTGTTCAATGCT
TGCAAGGTATAAAACGAAAGTAGCTTTACAATTTCTGACCCCACGAAAACT
AGGACA

圆头单棘躄鱼

Chaunax pictus

中 文 名： 圆头单棘躄鱼
学　　名： *Chaunax pictus* Lowe，1846
英 文 名： Sea toad
别　　名： 单棘躄鱼，五脚虎
分　　类： 单棘躄鱼科Chaunacidae，单棘躄鱼属*Chaunax*
鉴定依据： 台湾鱼类资料库；中国海洋鱼类，上卷，p574

形态特征： 全长约23cm。背鳍Ⅰ，Ⅱ—11；臀鳍7；胸鳍12～13；腹鳍5。体长卵圆形；头部及躯干部平扁。口裂大，呈垂直状；下颌突出；上、下颌及锄骨、腭骨均具齿。鳃孔小。体无鳞，密被细棘。侧缘发达。背鳍硬棘具3棘，但仅第一棘露出皮外而形成吻触手，可退缩至吻沟中，后2棘埋于皮下；第二背鳍具鳍条11～12；臀鳍小型，位于尾部；胸鳍腹位，呈步脚状；尾鳍圆形。体橙红色，背面中央和背鳍鳍条起始处无黄色大斑。体盘和胸鳍上散布比瞳孔大的黄绿色圆斑。

分布范围： 中国东海、台湾海域；日本南部海域。

生态习性： 为暖水性深海中小型底层鱼类。已知栖息水深90～500m。常摆动吻触手诱食小生物。肉味鲜美。

线粒体DNA COI片段序列：

CCTATACCTAGTTTTTGGCGCCTGAGCTGGAATAGTCGGCACAGCTTTAAGCCTACTTATTCG
AGCCGAACTAAGCCAACCAGGCTCACTTTTAGGGGACGACCAGATTTATAATGTAATTGTTA
CAGCACATGCCTTTGTAATAATCTTTTTCATAGTAATGCCAGTCATGATCGGGGGGTTTGGAA
ATTGACTTATCCCCCTAATGATTGGGGCCCCTGACATAGCATTCCCTCGAATAAATAACATAAG
CTTTTGACTCCTGCCCCCCTCCTTCCTTCTCCTACTCGCTTCCTCCGGAGTCGAAGCCGGAGC
CGGCACCGGGTGGACCGTCTACCCCCCACTAGCAGGGAACCTCGCCCATGCGGGAGCATCT
GTTGATTTAACAATCTTTTCTCTTCATCTAGCAGGGATCTCATCAATTCTTGGAGCCATTAACT
TTATTACAACAATTATTAATATAAAACCCCCAGCTATCTCGCAATATCAGACCCCCCTCTTCGT
CTGGGCCGTTTTAATTACCGCCGTCCTTCTTTTGCTCTCCCTACCTGTACTTGCTGCCGGCATC
ACCATACTTCTCACAGACCGAAACCTAAATACAACATTCTTCGACCCCGCAGGAGGGGGGG
ACCCGATTCTTTACCAACACCTGTTC

线粒体DNA 12S片段序列：

CACCGCGGTTATACGAAGGGCCCAAATTGATAGCCATCGGCGTAAAGGGTGGTTAAGATTATA
TTCAAATAAAGCCAAATGCCTTCAAGGCTGTAATAAGCATCCGAAGATAAGAGGCTCAACTA
CGAAAGTGGCTTTACAAGATCTGACCCCACGAAAGCTGGGGCA

棘茄鱼
Halieutaea stellata

中 文 名：棘茄鱼
学　　名：*Halieutaea stellata*（Vahl，1797）
英 文 名：Batfish
别　　名：棘茄鱼，死团仔鱼
分　　类：蝙蝠鱼科 Ogcocephalidae，棘茄鱼属 *Halieutaea*
鉴定依据：台湾鱼类资料库；中国海洋鱼类，上卷，p582

形态特征：体盘呈圆形，甚平扁。吻短，不突出，具吻棘。口小，前位；上、下颌及舌上具绒毛状齿，腭骨无齿。下鳃盖骨棘不突起。背面密被强棘，腹面具绒毛状细棘；体盘及尾部边缘则具的分叉棘。背鳍2个，第一背鳍特化呈吻触手，藏于吻部凹槽内，第二背鳍位于尾部，具鳍条5；臀鳍位于肛门及尾鳍基部中央，具鳍条4；胸鳍中长，水平伸展；尾鳍略呈圆形。体背一致为红褐色，具许多黑色小点，连成网状纹，腹面白色。

分布范围：中国东海、南海、台湾海域；日本岩手县海域、鹿儿岛海域，朝鲜半岛海域，菲律宾海域，印度海域。

生态习性：为暖水性深海底层鱼类。栖息水深50 ~ 400m。平常潜伏于沙泥底中，不具游泳能力，用发达的胸鳍及腹鳍匍匐爬行于海底。鳃孔可能具有喷射推进功能。以特化的饵球分泌特殊物质吸引猎物。

线粒体DNA COI片段序列：

CCTTTATTTAATCTTTGGTGCCTGGGCCGGGATAGTCGGCACCGCTTTAAGCCTTCTCATCCG
TGCCGAATTAAGCCAGCCAGGAGCTCTTCTGGGTGACGATCAAATCTATAACGTGATCGTCA
CAGCCCATGCTTTTGTTATAATTTTCTTCATAGTAATGCCTATTATAATTGGAGGGTTCGGAAAT
TGACTAGTGCCCCTTATAATTGGGGCCCCTGACATAGCCTTCCCTCGCATAAATAATATAAGCT
TTTGATTACTTCCTCCCTCTTTTCTTCTTTTACTTGCATCTTCAGGAGTTGAAGCCGGAGCTGG
TACTGGTTGAACAGTATACCCTCCCCTAGCGGGCAACTTAGCTCACGCAGGAGCTTCAGTAG
ACTTAACAATCTTCTCCCTCCATCTCGCAGGGGTATCCTCCATCCTCGGGGCCATTAACTTTAT
CACCACTATCTTCAATATAAAACCTCCATCAACCTCACAATATCAAACCCCCCTCTTTGTATGA
TCTGTTCTCATCACTGCAGTATTACTACTTTTAGCCCTTCCTGTATTAGCCGCAGGTATTACAAT
ACTACTTACCGACCGAAACCTTAACACCACCTTTTTTGACCCTGCAGGGGGAGGAGACCCTA
TTCTTTACCAACACCTTTTC

线粒体DNA 12S片段序列：

TACCGCGGTTATACGAGAGACCCAAATTGACAAGTTCGGCGTAAAGCGTGGTTAAGGATAAC
TTAAAGTAAAGCCGAATATACTCAAGGCTGTTATAAGCTCCCGATTACAAGAAGCCCGACTA
CGAAAGTGACTTTACAATACCTGATCCCACGAAAGCTAGGGTA

中文名索引

J

K

L

M

N

P

Q

拉丁名索引

A

B

C

D